区域水资源系统临界特征值识别
与综合调控技术

王建华　王庆明　翟家齐　李海红　赵　勇　李发文　屈吉鸿等　著

科学出版社

北京

内 容 简 介

面向水资源系统常态与应急综合管理的目标,本书研究了如何科学界定、客观识别水资源系统的临界状态,定量描述变化环境对水资源系统状态的影响,提出水文过程临界特征值的评价方法,并以水库系统和地下水系统作为管理的关键抓手,提出两个系统临界状态识别方法及调控路径。最后基于流域水资源系统临界特征值识别,提出适用于我国实践需求的常态与应急管理模式与实施路径。

本书可供从事洪涝灾害应对、水文水资源、水文模拟、地下水管理、水库管理等方面的学者和科研人员参考,也可作为相关领域研究生教学和科研的参考用书。

图书在版编目(CIP)数据

区域水资源系统临界特征值识别与综合调控技术 / 王建华等著 . —北京:
科学出版社,2022.4
ISBN 978-7-03-068248-2

Ⅰ.①区… Ⅱ.①王… Ⅲ.①海河–流域–水资源管理–研究 Ⅳ.①TV213.4

中国版本图书馆 CIP 数据核字(2021)第 039483 号

责任编辑:王 倩 / 责任校对:樊雅琼
责任印制:吴兆东 / 封面设计:无极书装

科 学 出 版 社 出版
北京东黄城根北街 16 号
邮政编码:100717
http://www.sciencep.com
北京虎彩文化传播有限公司 印刷
科学出版社发行 各地新华书店经销
*
2022 年 4 月第 一 版 开本:787×1092 1/16
2022 年 4 月第一次印刷 印张:17
字数:410 000
定价:218.00 元
(如有印装质量问题,我社负责调换)

前 言

面向我国南北方丰枯趋势进一步加剧、极值天气发生频率提高以及社会经济保障需求不断增加等水资源问题，以及水资源系统单一的常态与应急分离管理的弊端，水资源系统常态与应急综合管理模式日益提上日程。识别水资源系统临界状态是实现常态与应急综合管理的基础，本书基于自然-社会二元水循环全过程，引用自组织临界性思想系统解析了水资源系统临界状态，研究提出了两套水文系列的非一致性诊断方法，选取海河流域北系为典型区，定量评估了典型区水文系列非一致性时空变化特征；针对地表水库系统，研究提出了基于分期识别的水库系统动态汛限水位计算方法和考虑供水限制的旱限水位动态调控方法，并在于桥水库进行了应用；针对区域地下水系统，研究提出了基于功能评价的地下水系统临界状态定量识别与调控方法，定量评估了天津市地下水系统临界开采水量；从区域水资源系统视角，提出了面向常态与应急综合管理的区域水资源系统临界状态识别与调控方法，明晰了区域常态与应急综合管理实施路径。本书提出的区域水资源系统常态与应急管理模式、框架和实施路径对于我国水资源管理改革及完善构架提供了可行的参考模式，将有助于我国水资源管理综合水平的进一步提升。

本书共分6章，第1章从我国水资源系统常态与应急综合管理的实践出发，介绍了开展水资源系统临界状态的研究背景及国内外研究进展；第2章从系统学的角度，以系统自组织临界性理论为指导思想，剖析了水资源系统临界状态，提出了水资源系统临界特征值的表征指标体系和评估方法；第3章以降雨径流系统为对象，从水文系列非一致性入手，系统分析了海河流域北系水文非一致性发生的原因、表征及定量评估方法；第4章以地表水库为研究对象，研究了常态与应急综合管理视角下的水库汛限水位和旱限水位识别方法，并以天津市于桥水库为例，提出水库系统临界特征值识别方法和调控路径；第5章以地下水系统为研究对象，基于地下水不同的功能划分，提出地下水系统不同功能水位识别方法及管理调控模式，并以天津市为案例区开展应用；第6章从流域水资源系统层面，以干旱和洪涝临界状态识别为重点，研究了海河流域北系旱涝演变过程及识别评价方法，最后提出面向常态与应急综合管理的流域水资源系统调控路径。

本书各章节参编人员如下：第1章由王建华、赵勇、朱永楠撰写；第2章由王庆明、李海红、姜珊、王丽珍撰写；第3章由翟家齐、章数语、王庆明、何国华、汪勇撰写；第4章由李发文、王建华、曹润祥、张越撰写；第5章由屈吉鸿、于福荣、杨莉、姜珊、汪勇撰写；第6章由王庆明、张越、朱永楠、何国华撰写。全书由王建华、王庆明统稿，马梦阳、刘蓉、李恩冲、邓皓东等博士研究生做了大量的文字和图表修改工作。

本书研究工作得到国家重点研发计划项目（2016YFC0401400、2021YFC3200200）、国家自然科学基金项目（52025093、52061125101）、中国水利水电科学院院专项项目"国家水网实施布局与关键技术创新团队"等的支持。

区域水资源系统极其复杂，仍有许多研究待深入，加之作者的知识和能力有限，本书难免有不妥之处，恳请读者批评指正。

作　者

2022 年 1 月 20 日

目　　录

第1章 绪 论

1.1 研 究 背 景

1.1.1 水资源系统常态与应急综合管理的实践需求

1. 我国面临的主要水资源问题

我国水资源自然禀赋特点决定了我国是旱涝灾害频发的国家，长期以来，北方水资源短缺与南方洪涝频发、非汛期干旱与汛期防洪共存。目前来讲，旱灾受害主体主要为广大农村和农业，而洪灾受害主体主要为城市和工业。此外，由于短时强降雨的频发，城市内涝问题也直接影响城市安全。

1）南北方丰枯趋势进一步加剧

在强人类活动和气候变化的影响下，中国许多地区的产水规律发生变异，使得水资源的情势发生了变化。一方面从水资源总量来看，20 世纪 80 年代以后，中国北方地区的水资源量明显减少，北方水少南方水多的水资源分布特点更为突出。中国水资源综合规划调查评价成果显示，在全国 10 个水资源一级区中，北方的辽河区、海河区、黄河区和淮河区等一级区水资源总量明显减少，其中尤以海河区减少幅度最大。而南方大部分区域总体上呈现水资源总量略为偏丰的情势。

2）极值天气发生频率提高

洪水及其引发的泥石流灾害时有发生，给国家造成巨大损失。1998 年长江流域发生特大洪水；2003 年，淮河流域发生了持续性洪涝灾害；2005 年黑龙江省发生洪灾；2007 年淮河流域再次发生全流域性大洪水，安徽省遭受严重的洪涝灾害；2008 年 6 月，浙江、福建、江西、湖南、广东、广西等地部分地区遭受强暴雨袭击，造成严重洪涝、山体滑坡和泥石流灾害；2010 年全国范围内受洪灾影响人数达 2 亿人。

除了流域大规模洪水外，近年来，城市短时强降雨频发，导致城市内涝灾害不容忽视。北京市仅 2011 年 7 月就发生三次短时强降雨，特别是 7 月 27 日，三小时内，市区多个地区的降雨量超过 100mm，城市面临严重内涝灾害威胁。

受降雨本身的不确定性以及全球气候变化影响，很多传统丰水地区也面临短期缺水影响。2005 年春末夏初，中国云南省多数地区旱情达中等至严重强度。2006 年春夏，四川、重庆遭遇 1949 年以来最严重的旱灾，近千万人出现临时饮水困难。2007 年 9 月下旬，中国南方大部地区降雨明显减少，湖南、江西、贵州、广西等地旱情严重，为 50 年来所罕见。2008 年初，重庆遭受持续旱灾，约 140 万人、100 万余头大牲畜存在饮水困难。2009～2010 年，中国西南地区的云南、贵州、四川、重庆、广西、湖南等地遭遇秋、冬、春、初夏四季连续的百年一遇特大旱灾，湖泊干涸，河道断流。2011 年，长江中下游地区遭遇 50 年来罕见干旱，降雨与多年同期相比偏少 40%～60%，为 1961 年以来同期最少年份，5 月以后，降雨虽较前期略有增加，但湖北、湖南、江西、安徽、江苏等长江中下游地区，降水与多年同期相比仍偏少 20%～40%。这种短期干旱给传统丰水地区带来巨大灾害，如何应对季节性干旱已经成为中国南方地区水资源管理不得不面对的问题。

3）社会经济保障需求不断增加

一方面，基于中国社会经济发展趋势与总体用水要求，保障率要求相对较低的农业用水将逐渐向保障率要求高的生活用水、工业用水、第三产业用水转移，一旦供水大规模短缺，将造成巨大的损失。未来中国社会经济用水保障不仅体现在供水总量上，更为重要的是供水过程需要保证持续、均衡、稳定，最大限度消除来水丰枯的时空不确定性是供水管理的难题。另一方面，随着人口的增加，社会经济的大规模发展，人口密度与经济产值密度显著提高，承受洪水灾害的能力大幅下降，因此防洪任务日益加剧。

2. 水资源问题的破解路径

1）单一管理及其存在的弊端

常态下的水资源管理虽然贯穿于全年的水利工作中，但主要针对的是平水年或非汛期的水资源调配，目标仅是满足各行业部门的常规用水需求；其重点在于通过闸涵或大坝等工程实施蓄水、引水、提水、灌水，支持国民经济建设；在管理中讲求按规划实施，按部就班，主要归属于水利部水资源司管理；而应急状态下的水资源管理则仅仅集中在一年内有限的几个月，尤其是春旱和秋汛时节，即丰水期和枯水期；目标是保证极端状态下的社会安定，主要采取的手段是极端干旱时的集中全力抗旱打井或极端洪水时的抗洪抢险；在应急状态下，人财物等一切储备力量都向防洪抗旱倾斜；其随机性强，支出金额也较大，具体的负责部门是水利部防汛抗旱总指挥部。这种职能和体制上的分割表面上看是合适的，但两者各司其职，互不干涉，却在一定程度上造成了资源共享上的沟通壁垒，有时会因为部门间的职责交叉出现管理的真空。

一般情况常态管理与应急管理各自独立运行，根据水资源系统所处的状态选取不同的管理手段。这种管理模式的缺点是：①滞后性，往往在洪涝或者干旱发生后一段时间才能有效地介入管理。②独立性，常态管理和应急管理以不同的管理理念为指导，常态管理主要指导思想是"供"和"控"，主要是保障水资源系统的正常运行，应急管理主要指导思想在洪涝管理中为"泄"和"排"，在干旱管理中为"保"和"供"，主要目标是尽快将灾害消除。在不同的管理理念指导下，很少考虑常态管理和应急管理的内在联系，即常态管理中考虑灾害发生的风险，应急管理中不以单纯抵御灾害为目的，而是以区域弹性恢复为导向，从硬管理转向软管理，如抵御小规模的洪水不单纯靠建坝抵御，而是充分利用地下的各种蓄水空间调蓄洪水。③片面性，水资源系统的正常运行与非正常运行都统一于整个水循环过程，水循环过程中的各个水文要素，降水、下垫面、径流、土壤水、地下水等都与水资源系统的状态相关，单纯的常态管理和应急管理都关注某一个具体水文要素，例如，农业干旱只关注降水量或地下水位，很少从区域水文循环的角度考虑各水文要素之间的联系。

2）常态与应急综合管理是解决水资源问题的重要路径

随着以降雨为主要参数的气象因子不确定性增加，洪水、干旱等极端事件与过程的频率和极值日益加大，在水利工程数量增多、监测技术提高以及预测精度增大等科学技术的支撑下，对取用水的过程控制也不断更新，并表现为应急标准提高化、常态管理范围扩大化。

针对常态管理与应急管理分离的不足，近些年，有专家提出常态与应急综合管理理念。常态与应急综合管理就是从整个区域自然-社会二元水循环的角度，根据各水文要素之间的联系，预判水资源系统的状态，在水资源系统正常运行的条件下，为应急调控预留空间，在水资源系统非正常运行时，考虑优化常态管理手段，采用柔性的管理方式规避灾害，而不是与水资源灾害正面交锋，避免工程措施带来的其他不利影响，如生态破坏等。

在常态模式下，全面设防、封堵、消除突发事件的诱因，虽然可以降低事件发生的风险，但管理成本很高，容易造成大量资源的闲置浪费，甚至超出社会的承受能力；在应急模式下，应急处置措施虽然可以随机应变，但离不开日常对人力物力的准备，否则不但难以有针对性地把握有利时机控制事态发展，还极有可能给生命财产安全带来新的风险，处置成本也会失控。常态和应急综合管理，就是面向系统全周期发展过程，基于正常和非正常的视角，将系统运行的常规状态与应急状态统筹考虑，以维护系统可持续运行、降低系统运行风险、应对系统突发事件、实现系统发展目标为任务，针对系统运行中出现的或可能出现的管理需求，联立进行的一系列计划、组织、指挥、协调和控制行为（刘宁，2014a）。在常态管理中为应急管理留足调控空间，在应急管理中考虑水资源的储备和充分利用，实现水资源开发利用、防洪除涝和抗旱减灾的有机融合，提高水安全保证程度，变水害为水利，以解决我国存在的严峻水资源问题。

3. 国内外水资源系统常态与应急综合管理实践

目前，水资源系统常态与应急综合管理主要应用于以下三个方面。

1）雨洪水的资源化利用

我国季风区陆地面积占到陆地总面积的三分之二，在季风区降雨多集中在6~8月，雨量占到全年降水量的50%~90%，集中降雨一方面成为城市洪涝灾害的主要原因，另一方面却是缺水城市的潜在资源。以前对雨洪水的管理以"排"为主，要求尽快将雨洪水排入河道，避免形成洪涝灾害，而随着城市的发展，雨洪水的资源化需求不断强烈，对雨洪水的态度也转变为以"蓄"为主，如住房和城乡建设部（简称住建部）主推的"海绵型城市"建设，要求把雨水的渗透、滞留、集蓄、净化、循环使用和排水密切集合（仇保兴，2015）。国内外对雨水资源化已进行了大量的研究和实践。德国制定了雨水利用设施标准和雨水排放费征收标准，并开发了洼地-渗渠技术以及雨水的分类收集技术（Schuetze，2013）。美国制定了雨水利用条例保障雨水的调蓄及利用，强调非工程生态技术的开发和应用（Alghariani，2010）。日本推行雨水贮留渗透计划，通过屋顶收集、沉淀和过滤技术进行雨水收集。以色列制定水法、水井法等相关法律，促进雨水资源的收集和利用，通过预测雨水流量，安排雨水流向，大量雨水渗入地下或建筑堤坝被集蓄利用（Avraham and Baruch，2013）。另外还有希腊（Sazakli et al.，2007）、新西兰（Schets et al.，2010）等国家也开展了相关实践。国内也有一些城市开展城市雨水资源利用实践，北京出台了首部屋顶绿化地方标准，设置屋顶雨水收集利用系统，并提出环保型透水砖铺装地面设计和施工方法（左建兵等，2008）。上海利用排水路面、泵站、存储池等收集雨水，在绿地上修建雨水收集系统，并研究通过降低绿地高程等调蓄雨水（倪华明，2012）。天津也提出了雨水利用的各项技术指南，包括自然净化技术、透水铺装技术、雨水调蓄技术等（邵兆凤等，2012）。

2）人工补给地下水

我国北方地区多数城市靠抽取地下水维持供给，常年超采地下水形成了大面积的地下漏斗，以海河流域为例，海河流域山前平原已有约 1 万 km^2 的浅层地下水含水层被疏干，地下水最大埋深已达 105m（乔瑞波，2009）。据统计，海河流域已有 30 余个漏斗区，甚至已经形成漏斗群，当地至今仍然没有停止对地下水的掠夺式开发（郭海朋，2004）。然而，为防洪安全考虑，北方地区在汛期为腾出库容防洪而将大量蓄水排入大海，而在春季为抗旱接着超采地下水。人工回补地下水是解决水资源时空分布错位的方法之一，充分利用汛期非致灾性径流以及雨洪资源，利用池塘、水窖、集水坑、绿地等作为集水器，实现季节性回补（Eusuff and Lansey，2004）。目前人工回补地下水在国内外已经开展了诸多的研究。20 世纪 50 年代，荷兰通过引莱茵河水回补地下水，通过条带渗透沟、渠，利用风机天然沙丘地层自然过滤补给地下水，年补给量达到 1.5 亿 m^3（江剑等，2014）。利雅得市（阿拉伯半岛城市）在大坝后布置回灌井，利用雨水补给地下水，在干旱地区非常可观（Alrehaili and Tahir，2012）。Herman（2002）认为人工回补地下水的必要性越来越大，因为相对水库蓄水，地下水储备具有减少蒸发损失，避免泥沙沉积，不会引发生态危害以及降低人类疾病等优势。

3）洪涝、干旱灾害的风险管理

洪涝风险通常指发生有洪水造成的损失与伤害的可能性。随着极端气候事件的频繁发生，未来城市自然灾害的发生将变得更加具有隐伏性和突发性（尚志海，2007），在这种背景下，原来的防洪减灾措施已经不能满足现代城市发展的需要，洪涝风险管理成为新兴的管理手段，传统的"抗洪救灾"思路将逐步转化到"风险管控"上来。风险包括两方面要素：一是危害发生的概率；二是可能造成的损失程度。"抗洪救灾"应对战略是防治灾害进一步扩大和减轻灾害损失；"风险管控"则综合考虑灾害发生的概率和损失程度。

洪涝风险管理主要环节包括风险分析、风险评估和风险降低过程（秦波和田卉，2012）。国外的风险管理起步较早，Schanze（2006）的书中详细介绍了洪水风险管理的框架，并指出世界很多城市都在从洪水防御向洪水风险管理转变。

1.1.2　亟待解决的科学问题

所谓"常态"，即常见之态，表现出事物的一般规律，持续性发生的状态。而"应急"状态指突然发生的、紧急的状态，表现出事物突变的规律，短时间内发生的超出正常工作程序的状态。基于自然–社会二元水循环全过程，统筹考虑水资源系统常态管理和应急管理，必须充分认识常态水资源系统管理和应急水资源系统管理的真正内涵，并从管理高效化的角度出发，寻求二者综合管理的契机。实现水资源系统常态与应急综合管理，亟须四方面理论技术与方法层面的支撑。

一是科学界定客观识别水资源系统的临界状态。不同过程下的控制阈值是区分常态管理和应急管理的主要指标。实施水资源系统常态与应急相结合的管理，必须正确区分从常态到应急状态、从应急状态转向常态的阶段及其管理阈值，以采取相应的管理手段。将常态与应急之间的过渡状态视为临界状态，那么准确定量的识别水资源系统所处的状态，是实现常态与应急综合管理的关键。

二是定量描述变化环境对水资源系统状态的影响。在变化环境下，流域径流系列的一致性已经受到破坏，采用现有的洪水频率分析方法进行流域水资源开发利用工程、防洪抗旱工程及水利工程梯级调度等，有可能面临由于环境变化导致的洪水设计频率失真的风险。水利工程实践中经常应用的洪水重现期概念的有效性开始变得可疑。过去曾采用流域内工农业、生活等用水量调查方法，还原了天然产水量中的引水量、耗水量、流域内各水库蓄水变量、水面蒸发的增耗量，只能解决流域出口断面所测验不到的水量，而无法解决由于水库调度、下垫面变化而引起的径流量发生变异等问题，难以适应变化条件下水资源系统综合管理的发展要求。因此，亟须开展水文径流系列的"一致性"演变规律问题研究，系统分析变化环境下水文演变的基本特征，重新识别和认知变化环境下的水文过程临界特征值。

三是基于调蓄系统的水资源系统临界状态识别与调控方法。水库系统与地下水系统是有效的持水系统，对于水资源系统的调控发挥着重要的作用，也是水资源系统常态与应急综合管理的关键抓手。因此，明晰两个子系统临界状态及其调控路径，对于常态与应急综合管理十分重要。

四是常态管理与应急管理有机结合的管理模式与途径。水资源系统常态与应急的综合管理，是降低来水不确定性，实现"以丰补枯，以枯治丰"的战略举措，体现了从单一管理向综合管理的转变，从确定型管理向风险管理的转变，从分段式管理向全过程管理的转变。亟须通过研究与实践，逐步提炼适用于我国实践需求的常态与应急综合管理模式与实施路径，以指导未来的管理实践。

1.2 相关研究进展

1.2.1 水资源系统临界状态研究

对水资源系统临界状态的定量分析，国内外学者做过大量研究，已经有很多成熟的指标目前仍在运用。如针对不同类型的干旱，有多种表述干旱的指标，对不同的干旱程度进行描述和评估。针对气象干旱，一类是通过对降水量的评判反映干旱程度，如降水距平百分率、标准化降水指标、旬干燥度指标和先前降水指数、下次降水平均等待时间等指标（冯平等，2002）。这些指标没有考虑降水的时空分布差别，而不同地区、不同时间尺度并不是同一的标准。另一类是考虑降水、蒸散发、径流和土壤含水量等条件，反映区域水分收支的综合指标评价区域干旱程度，如 De.martonne 干旱指标（李建芳等，2002）、PDSI干旱指标（Alley，1984）、渭北旱度指数模式（马延庆，1998）等。最常用的是 Palmer 指数，但是该指数对于某些特性定量时，使用了相当任意的假设（王玲玲等，2004）。孙荣强（1994）指出，用 Palmer 指数讨论水文、农业干旱有待商榷，因为该指标中的有些假设不符合水文学的水平衡理论。农业干旱需综合考虑植物、土壤、大气等各种作用因素，常用的指标有：土壤水分指标、植物冠层温度指标、作物水分指标、供需水比例指标、作物缺水指标等（Vyas et al.，2015）。水文干旱指标主要体现了降水和水资源收支不平衡时造成的水分亏缺程度，以河川径流量为研究对象，以时间尺度的平均径流量小于某临界值来定义干旱。丁晶（1997）以年径流量序列的负轮长（以多年平均值为切割水平）作为水文干旱现象的定量指标，对中国主要河流 177 个站的干旱特性做了统计分析。冯平等（1997）提出考虑供水系统对径流过程的调节作用以及水文干旱开始与结束时间的干旱程度指标 RDSI，RDSI 绝对值越大，干旱程度越严重。Shukla 和 Wood（2008）提出标准径流指数（standardized runoff index，SRI）和水流干旱指数（streamflow drought index，SDI）表征水文干旱程度。该指数能够反映气候变化引起降雨的滞后而导致干旱时间发生变化的问题。Vicente-Serrano 等（2014）提出标准流量指数（standardized streamflow index，SSI），根据径流资料的不同频率分布来分析区域干旱状况。社会经济干旱是指由自然降雨系统、地表和地下水量分配系统及人类社会需排水系统三大系统不平衡造成的水资源短缺现象。社会经济干旱是四种干旱中最复杂的一种形式，目前研究仍处于起步阶段。王劲松（2007）给出社会经济干旱的判别式，即水分总需求量大于总供给量，但是过于概化，无法量化计算。袁文平和周广胜（2004）提出社会水压力指数指标，该指标无法全面衡量社会经济干旱所涉及的外部条件和内部因素。Sullivan（2002）提出水贫乏指数指标（water poverty index，WPI）。通过对水资源状况、供水设施状况、水资源利用能力、水资源利用效率和生态环境五个方面的评估，反映社会经济的干旱程度（Sullivan，2001）。陈金凤和傅铁（2011）对水贫乏指数进行改进，构建了包含 23 个指标的评价体系，评估了我国 31 个省级行政区的社会经济干旱现状。但是这种评价方法有一定的主观随意性，对每项指标的打分，以及每项指标的权重都是根据经验设定，导致结果的不确定性。对于洪涝灾害而言，目前的水资源系统临界状态体现在两个方面：一是根据降雨径流关系，基于历史样本统计资料划分洪水频率，判断洪水的量级（Stediger and Burges，2000）；二是构建以洪涝灾害损失为核心的洪灾风险评价体系（马国斌等，2012）。这两类临界状态识别实质上一类是反映水资源系统中自然水循环部分的状态指标，另一类是反映与社会水循环部分交互的社会经济系统状态指标。这两类指标之间的状态响应关系正是本次研究的重点。有关洪水频率的划分已经有成熟的方法，多年的运用经验，不再赘述。这种洪水频率划分实际上是气象学意义上的洪涝，侧重点是大气降水及其引起的干湿状况变动，并不考虑河网、地势以及水利工程调蓄的影响，这与灾害学上的洪涝有所区别，灾害学上的洪涝灾害与社会紧密相连，是由人类受到的损失程度判断的（陈业新，2009）。而对于洪涝灾害风险评价是近几年研究的热点，付意成（2009）基于洪涝灾害的生命损失评价、经济损失评价等构建了区域洪灾风险评价体系，归纳了多种反映灾害程度的指标。魏一鸣（2002）根据洪涝灾害特点构建了包括孕灾环境指标、致灾因子指标、承载体指标、灾情指标、减灾指标和救灾指标等6个指标子系统、24个指标集合的综合洪涝灾害评价体系。

1.2.2　水资源系统定量分析方法研究

　　水资源系统是一个宏观的概念，对水资源系统的研究可以从多个维度开展，如水资源演变过程规律、水资源优化配置的研究、水资源可持续利用管理的研究等。由于本研究对水资源系统的切入点是从水资源的水循环过程入手，因此，应着重分析自然-社会二元水循环过程模拟的研究进展情况。目前，研究自然水文过程的模型非常多，从20世纪60年代开始，各种水文模型层出不穷，但总体来说分为两类：一类是用于洪水预报的概念性模型；另一类是基于物理基础的分布式水文模型（李致家，2010）。概念性模型又称集总式模型，用概化的方式描述水文现象，将流域视作一个整体研究，不考虑气候因子和下垫面因子的空间变异性，其参数虽具有一定的物理含义，但与流域的物理特性之间不是严格的推理关系，通常需要通过实测资料进行率定（余钟波，2008）。具有代表性的集总式模型有美国的萨克拉门特模型（SAC模型）（刘金平和乐嘉祥，1996）、日本的TANK模型（Bergstorm，1995）、英国的TOPMODEL模型（Beven，1979），以及我国的新安江模型（赵人俊等，1992）和陕北模型（文康等，1982）等。集总式模型多用于洪水预报，具有计算简单、输入参数少、实用性强、模拟精度能够满足需求等特点，在20世纪90年代以前得到广泛的应用（Klijn et al.，2004）。但是集总式模型对径流形成过程的刻画是近似的，许多参数是根据经验或者统计资料归纳出来的，不具有物理意义，因此，实测资料的精度和长度直接影响集总式模型的模拟精度（Nasr and Bruen，2008）。集总式模型也有一些固有的缺陷，它往往借助概念性元素或者经验函数关系模拟水文过程，不涉及区域产汇流的物理机制，结构上不考虑水文空间的分散性，只反映影响因素对径流形成过程的平均作用，它对实测资料的依赖性很大，并且具有统计和经验的性质，不利于参数的外延（Szymkiewicz，2002）。在20世纪80年代以后，流域水循环模型遇到新的挑战，包括水文循环的规律和过程如何随时间和空间尺度变化，水文过程的空间变异性等问题，集总式模型并不能解决这些问题，因此发展逐渐停滞。

随着计算机技术、空间技术和遥感技术在水文模拟中的应用，高精度的地理信息数据得以方便的获取，可以清晰地刻画流域空间的水文异质性，极大地促进了分布式水文模型的发展（雷晓辉等，2009）。分布式水文模型根据地理要素对水文过程的作用机制，把流域内具有一定的自然地理要素特性和水文特征的部位看成一个独立个体，将研究区域划分为大量的基本单元（栅格网、不规则三角网等）来考虑各种水文响应因素的空间分布，并以 GIS、RS 和雷达等空间分布的信息为数据，根据水文过程形成机制计算流域内不同部位的水文过程，再根据空间分布格局和水文过程机制将流域内不同部位的水文过程联合起来得到流域水文过程（余钟波，2008）。Freeze 和 Harlan（1969）发表《一个具有物理意义基础数值模拟的水文响应模型蓝图》，首次提出分布式水文模型概念。丹麦、法国及英国的水文学者 Abbott 等（1986）联合开发并改进 SHE（system hydrological European）模型是第一个典型的分布式水文模型（Mcmichael et al.，2006），在 SHE 模型汇总中，流域在平面上被剖分为若干矩形网格，不同的网格输入相应的降雨及其他模型参数；在垂直方向，分为若干水平层，用以处理土壤水、地下水等运动问题，随后的分布式水文模型多采用这种思路（Rubarenzya et al.，2007）。1994 年在美国农业部（USDA）的资助下，Arnold 等（1998）开发了 SWAT（soil and water assessment tools）模型，SWAT 模型是典型的基于物理机制的分布式水文模型，经过 20 年的发展，尤其是与 GIS 的紧密结合，能够响应降雨、蒸发等气候因素和下垫面因素的空间变化，以及人类活动对流域水文循环的影响，使SWAT 模型成为运用最广泛的分布式水文模型（Tool，2010）。另外，常见的分布式水文模型还有 THALES 模型（Grayson et al.，1992）、USGS 模型（Mohseni et al.，1998）、TOPKAPI 模型（Todini et al.，2002）、HMS 模型（Yu，2000）、PRM 模型（Lund，1996）、WATFLOOD 模型（Kouwen and Mousavi，2002）、SLURP 模型（Thorne et al.，2008）、VIC 模型（Lohmann et al.，1998）等。相对国际水文学界，我国在分布式水文模型上的研究起步稍晚，夏军等（2003）依据 DEM、RS 信息和单元水文过程，提出了水文非线性系统理论的事变增益模型（TVGM）（夏军，2004）和考虑流域时空变化模拟的分布式时变增益模型（DTVGM）（夏军等，2005）。杨大文等（2004）采用了流域的"山坡-河沟组成"的地貌特征来描述流域的地形，构建了基于山坡的分布式水文模型（GBHM），并在黄河流域应用。贾仰文等（2005）在黄河流域研究中建立了分布式自然-人工二元水循环模拟模型，模型考虑的灌溉用水和水库调节，较好地模拟了强人类活动影响区域的水循环规律。余钟波（2008）构建的分布式水文模型由土壤水文模型、陆地水文模型、地下水水文模型和地表地下水交互模型四个子模型组成，可以模拟不同尺度范围内的水文过程。随着人类活动对自然水循环过程的扰动不断加剧，尤其是在人类活动频繁的平原地区，人工取用水过程如农业灌溉，工业、生活用水、排水，超采地下水等水循环过程中，蒸发、下渗等垂向运动加剧，而河道径流等水平运动明显减弱。传统的分布式水文模型较少考虑人工影响过程，通常是把人工干扰过程做简单的概化，针对传统水文模型的不足，赵勇、翟家齐和刘文琨等开发了自然-人工二元水循环（WACM）模型，在模拟自然水循环的基础上，考虑了人类活动的干扰，对强人类活动区域水文过程的模拟明显增强（翟家齐，2012）。

与常态相比，应急状态往往表现出突发性和破坏性，响应时间短，破坏力大，一旦发生，即使迅速采取干预措施也很难避免损失。对于水资源系统来说，应急状态通常表现为干旱灾害和洪涝灾害。据统计，洪涝灾害和干旱灾害带来的损失分别占到全球各种自然灾害损失的40%和15%（张继权，2007），水资源系统灾害给经济社会带来的损失超过总损失的一半，并且随着气候变化和人类活动的影响，水资源系统灾害有进一步扩大的风险。在应对洪涝和干旱灾害的思路上，把灾害当作突发事件，采用应急管理的方案，即在灾害发生后采取补救措施，通过临时协调各个部门，组织大量人力物力以救灾为目的，为受灾区提供援助。这种管理方式，只能应对眼前而忽视长远，着眼局部忽视大局，立足抗灾忽视防灾（顾颖，2006）。

卡罗抽样方法则不同，该方法具有抽样"记忆"功能，可以避免因直接抽样法数据点集中而导致的仿真循环重复问题。同时，在它强制抽样过程中采样点必须离散分布于整个抽样空间。

在用抽样方法得到输入输出数据集的基础上，建立双响应面模型、径向基函数（RBF）神经网络模型两种地下水数值模拟模型的替代模型，在替代模型基础上，结合地下水功能研究结果进行地下水的常态与应急综合调控研究。

人类生产生活对地下水的过度开发利用，造成了各种生态地质环境问题。这些问题的产生一方面是由于人类对地下水不合理的开发利用，另一方面也与传统地下资源管理方法存在缺陷有关。对于现代地下水资源的管理应考虑地下水系统临界水位、地下水临界开采量等方面，从开采总量和控制性关键水位两方面来实行严格的控制。但目前还没有一个统一的标准来划定开采总量和控制性关键水位以及它们之间的关系。我国许多地区仍然只从总量上对地下水进行控制，造成局部地段集中开采，水位大幅度下降，导致地质环境问题的产生。因此针对不同地区，确定适宜于该地区的最佳控制管理水位，并结合该地区的地下水临界开采量，同时从水量和水位两方面对地下水资源的开发利用进行约束管理，可以更好地保证地下水资源的可持续开发利用。本研究利用地下水模拟模型找到地下水开采量和地下水水位的关系，并在分析用水量与地下水位之间关系的基础上，结合地下水功能评价的结果及常态与应急管理内涵，利用监测水位数据与给定的常态水位和应急水位比较，以此来判别当前时段其管理分区的水位所处的状态，然后再根据预先设定的管理原则以及管理策略对地下水资源进行量化和科学管理。如对于浅层含水层地下水位处于应急水位之上时，处于"应急管理"等级，此时采取"强制性开采"原则；对于深层含水层来说，当地下水位处于应急水位之下时，处于"应急管理"等级，此时应采取"强制性减采"原则；当地下水位处于合理范围即常态水位时，处于"常态管理"等级，此时采取"合理开采"原则。地下水常态与应急综合调控模型可为有效管理和保护地下水提供技术支持。

1.2.3　变化环境对水资源系统影响研究

随着气候变化的加剧，人类活动对水文过程的影响逐渐显著，人们认为水文过程的一致性不再存在，提出了非一致性，研究者们根据理解基于非一致性展开了诸多研究。Strupczewski 和 Kaczmarek（2001）和 Strupczewski 等（2001a，2001b）将趋势性成分嵌入分布的一、二阶矩中，由此提出了一个非一致性极值系列的频率分析模型，他认为非一致性的水文序列表现为水文要素的概率密度函数的统计参数是时变的。熊立华等（2017）认为非一致性表现为同一量级洪水的重现期随时间变化。Panthou（2013）认为极端降水事件中的非一致性即为极端降水序列被检验出显著的趋势和突变点。Bender 等（2014）在计算洪峰洪量联合概率密度时认为，当边缘密度函数（洪峰和洪量各自的概率密度函数）和联合概率密度函数的参数中的任何一个随时间发生改变时，即为发生非一致性变化。冯平和李新（2013）则认为，非一致性即为水文时间序列的概率分布形式发生改变，水文变量不符合独立同分布假设，传统的单变量概率分布形式已不足以描述变化环境下洪水序列的真实分布情形。梁忠民等（2011）同样认为，当水文序列的独立同分布假设不再成立时，即为非一致性。丁晶和邓育仁（1988）在《随机水文学》中将水文极值系列拆分为随机性成分和确定性成分的基础上，发展出随机性成分反映一致性成分，确定性成分反映非一致性变化的观点。谢平等（2010，2013a，2013b）对水文变异进行了诸多研究，在水文序列的确定-随机组成理论的基础上进一步发展出，水文序列的非一致性是确定性成分的非一致性，即确定性成分在变异前后不属于同一总体，而随机成分仍属于同一总体的理论，并基于此建立了水文变异诊断系统。

1.2.4　水库临界特征值识别方法

1. 汛限水位研究

目前国内针对汛限水位的研究相对较多，对汛限水位的各种优化设计方法各有优缺点。在新的环境要求下，目前大部分的研究主要集中于对水库汛限水位优化设计，目的在于提升水库的防洪能力，增加水库供水效益（李玮和郭生练，2004）。

从设计理念的角度来看，汛限水位控制方法有静态和动态之分；从理论基础的角度来看，汛限水位研究中涉及的有水文统计法、确定性优化法和不确定性推理等方法；从水位方案的角度来看，汛限水位控制方法又有固定和分期之分（邱瑞田等，2004）。刘攀和郭生练（2007）提出采用独立、保守组合两种频率不等式，用分期频率计算年频率，提出了分期汛限水位的优化模型，并在分期设计洪水调洪演算的基础上，给出了模型解法，同时保证水库的防洪标准不变。王义民和吴成国（2011）分别对不考虑预报的水库预泄模式动态控制和考虑预报情况下的动态控制进行了深入讨论，并指出水库预泄判别流量、预泄流量和预泄控制水位是预泄模式控制的三个重要控制指标。高波和吴永祥（2005）认为提高水库汛限水位动态控制实施效果的关键手段一是延长洪水预报有效预见期，二是提高预报结果的精度。指出在新的科技背景下，水库实时调度将依赖气象卫星、天气雷达和相关软件系统支持，在此思路下提出了整合新技术用以改善水库洪水预报精度与科学决定水库蓄水时机的具体实施路径。张改红和周慧成（2009）提出利用洪水预报的方法预测退水阶段水库的入流量，在预见期内依据水库上下游实时的降雨、来水及受灾情况和工程信息推算水库的预蓄预泄能力，结合实时的短期气象预报计算水库的后续起调水位，从而确保大坝安全和下游顺利行洪，通过这样的方式使实时预蓄预泄能力与后续起调水位耦合在一起，并提出一个可在风险范围内实现提高汛末水位的水库汛限水位动态控制模型。郭生练等（2010）认为入库洪水预报存在的误差以及洪水过程线形状的不确定性均会对防洪调度造成一定风险，从而提出关键风险源的风险约束条件，并通过数学方法将其量化。将入库洪水不确定性、风险分析与汛限水位动态控制域的确定过程有机结合起来，利用预泄能力约束法和 Monte-Carlo 模拟方法推求汛限水位动态控制域。梁国华等（2014）在预蓄预泄法的基础上纳入洪水预报系统，改进之后的实时汛限水位动态控制方法中的主要指标值有汛限水位动态控制阈、洪水预报方案有效预见期以及水库下游河道的安全泄量，在实际运用过程中通过比较允许超蓄的最大水量值和面临阶段超蓄的水量两者的大小而决定水库面临危机时刻是预蓄或者预泄。

2. 旱限水位研究

干旱预警是抗旱工作的首要环节和重要的非工程措施，但由于对相关技术方法研究比较薄弱。国家防汛抗旱总指挥部办公室及水利部水文局联合制定的《旱限水位（流量）确定办法》，对旱限水位新的思想理念进行了阐述解析：旱限水位是确定江河湖库干旱预警等级的重要指标，是启动抗旱应急响应的重要依据，是做好抗旱指挥调度的重要基础。但目前国内对旱限水位的研究相对较少，目前旱限水位的研究尚没有统一的理论与方法。

目前对江河湖库旱限水位（流量）较为普遍接受的定义是：江河湖库水位持续偏低，流量持续偏少，影响城乡生活、工农业生产、生态环境等用水安全，应采取抗旱措施的水位（流量）。

江河湖库的旱限水位确定方法是：结合河道自身特征，根据不同的用水方式和类型，确定水位或者流量为旱限指标，选择城乡供水、企业生产、农业灌溉、交通航运或环境生态等用水需求对应的水位作为关键因子，用关键因子的最高值来确定旱限水位，为达到预警效果允许有恰当的超高。

现阶段计算水库旱限水位主要步骤如下：①计算水库设计来水情况；②分析水库供水任务；③以逐月滑动计算的水库应供水量；④计算"应供水量+死库容"的最大值作为制定旱限水位的依据；⑤综合考虑水库工程因素如取水高程。

刘攀等（2012）参照水库汛限水位分期控制的方法，对水库实行分时段旱限水位的可行性和必要性进行了论证。并指出水库水位最低的时段是水库分期旱限水位控制的关注重点，此外还必须考虑水库的入流特征和需水状况，比较明确地指出了旱限水位分期控制的实现途径。刘宁（2014b）剖析干旱定义，对抗旱工作中的干旱进行概念分析，并探索了其成因，在此基础上从抗旱实际工作的角度，针对现阶段干旱预警手段存在问题，对干旱预警水文指标进行甄选，为水库干旱预警水位提供新的确定办法。

国内对于水库优化调度管理也进行过大量的研究，但是大部分是针对充足供水情况下的供水效益进行的优化调度研究，对于供水不足时期的调度研究较少涉及。目前国内的水库调度研究主要是着眼于优化算法。水库优化调度的最基本优化方法是线性规划（LP）和动态规划（DP）。近些年，随着基因遗传算法、人工智能技术、控制理论等的发展和引入，新的优化理论方法正逐渐运用于水库和水库群的调度运用当中。

国外水库管理调度学科开始较早，Maass 和 Hufschmidt（1962）提出了标准调度规则（SOP），调度目标是在供水期尽可能多地满足用户需求，但这种调度规则只追求减少当前阶段的供水短缺，没有充分考虑未来的缺水风险和短缺程度，从而使这种标准调度规则（SOP）在干旱期造成较大的缺水损失。Bower（1996）首次在水库调度中引入了"对冲"的概念，"对冲"的概念源于经济学，其核心就是以当前较小的缺水损失为代价，来减少未来较大缺水的损失和风险。在干旱期，管理者往往会愿意接受当前阶段较小的缺水损失而避免将来出现更严重的损失，在这种情况下，即使当前水库蓄水量可以满足供水需要，管理者也会选择多蓄少供。之后的研究证明了对冲规则的优越性。Neelakantan 和 Pundarikanthan（2000）根据不同时段的水库蓄水水平建立了离散对冲规则。Draper 和 Lund（2004）证明了对冲规则使水库调度达到最优的经济学条件，即供水的边际效益和蓄水的边际效益达到平衡时对冲最优。Taghian 等（2014）用混合模型使对冲规则下的调度过程实现配水和蓄水最优。

1.2.5 地下水系统临界特征值识别方法

地下水水位和开采量是地下水系统研究的两个重要变量，二者之间存在确定的定量关系。地下水系统演变过程与地下水开采密切相关，并通过地下水水位的高低直接体现。因此，可以用地下水水位和开采量来辨识地下水系统的临界状态。地下水系统临界特征值的识别包括地下水系统临界水位和临界开采量识别两个方面。

1. 地下水系统临界水位识别方法

地下水系统临界水位识别方法主要有试验法、数值模拟法、情景分析法以及回归模型等。

试验法多见于土壤水分运移与植被、地下水位关系方面的研究，通过大量试验观测数据，来分析地下水位与生态之间的关系，其标志性参考是植被的生态状况，从而给出了一系列地下水位生态指标。

数值模拟法多见于土壤水分运移以及地下水资源评价研究中。如邵景力（2009）、崔亚莉等（2001）在对西北地区地下水与生态需水关系研究中，通过分析潜水埋深与生态需水之间的规律，推导了潜水生态埋深的数学计算公式，实际潜水埋深所能够提供的生态需水量以及潜水极限埋深的数学计算公式，并以玛纳斯河流域为例，建立了地下水数值模型，进行了地下水生态分区（依据地下水位埋深），提出玛纳斯河流域水资源合理开发利用模式。

情景分析法，概括地说，情景分析的整个过程是通过对环境的研究，识别影响研究主体或主题发展的外部因素，模拟外部因素可能发生的多种交叉情景分析和预测各种可能前景。孙才志等（2006）采用情景分析的方法，根据地下水资源在不同情景下的具体功能，在参照有关地下水不同岩性极限埋深、最佳埋深和给水度基础上，确定出辽河流域平原区不同的生态水位，以此为基础，构建两套地下水生态标准，计算出地下水生态调控量。

神经网络法是人们在模仿人脑处理问题的过程中发展起来的一种新型智能信息处理理论，它通过大量的被称为神经元的简单处理单元构成非线性动力学系统，对人脑的形象思维、联想记忆等进行模拟和抽象，实现与人脑相似的学习、识别、记忆等信息处理能力。BP 神经网络是一个有指导的前馈型网络，由输入层、隐蔽层（可有多层）和输出层三个部分组成，每层有若干个神经元。人工神经网络具有非线性、不确定性和并行处理的强大功能。

时间序列法的基本思想是认为地下水水质水位在随时间变化的过程中，任一时刻的变化和前期要素的变化有关，利用这种关系建立适当的模型来描述它们变化的规律性，然后利用所建立的模型做出地下水动态未来时刻的预报值估计。用时间序列分析的方法，可以建立多种用于预报的随机模型，如一维时间序列分析（包括一次滑动平均模型、一次指数平滑模型、方差分析周期模型、季节交乘趋势模型、季节趋势模型、逐步回归模型等）是一种典型的自因子分析方法；多维时间序列分析法是一个既考虑自因又考虑外因的分析方法。

回归模型是地下水动态预测中较成熟，广为大家熟悉的一种预测方法。依照考虑影响因素的数目及其间存在的关系分为一元线性回归模型、多元线性回归模型、多元非线性回归模型、逐步回归模型、自回归模型。多元回归模型和逐步回归模型常见于开采条件下的长期和中短期地下水系统预测，能反映实际的地下水水位变化规律。

2. 地下水系统临界开采量识别方法

地下水系统临界开采量识别方法又分为集中式参数模型和分布式参数模型两类，集中式参数模型主要包括水均衡法、开采系数法、系统分析法和数量统计法。分布式参数模型则主要有解析法和数值法两类。目前常利用水均衡评价模型与地下水动力学评价模型相结合的方式来进行地下水系统临界开采量识别。

有些学者从水位约束的角度，分别采用半解析模型和数值模型进行临界开采量的评价。Kalf（2005）结合澳大利亚的实际情况，提出一套基于水均衡原理的可持续开采量计算方法，并强调任何确定可持续开采量的方法和可持续发展都必须保证地下水系统能够及时达到新的平衡。Hans 等（2008）采用综合指标确定了丹麦整个国家的安全开采量，其指标的确定历经多轮专家学者的交互式讨论，考虑地下水开采引发的河流流量减少和地下水水质变化两个方面的环境负效应，最终确定了考虑地下水位下降、河流流量减少、深层含水层补给量增加和基流量减少四个指标作为评判标准，第一次将可持续开采量的评价标准由定性推向定量。杨泽元（2004）考虑地下水引起的表生生态效应，建立生态环境评价模型和地下水数值模型，分别对地下水生态效应和地下水水位与水质进行评价，通过数值模型结果与生态环境评价模型的耦合，对不同开采方案所能引起的表生生态效应进行评价和预警，从而求得区域的地下水临界开采量。殷丹等（2006）针对岩溶含水系统的复杂特点，建立了难老泉泉域的神经网络模型，所得到的地下水可采资源量评价结果与该地区地下水开发利用实际情况较为一致。田胜龙和佟胤铮（2006）以水均衡理论为基础，采用多元线性回归方法，对黑龙洞泉域地下水资源进行了评价。王皓等（2007）采用水均衡法和数理统计法对南闫水源地水资源量及可开采量进行核算。王家兵等（2007）以天津市地面沉降量控制在10mm/a以内为约束，采用数学模型评价深层地下水的安全埋深以及临界开采量。

综上可见，虽然目前已有不少定量评价地下水系统临界特征值的识别方法，但是都没有从地下水资源功能、生态环境功能和地质环境功能协调统一的角度出发，没有从地下水资源系统常态与应急综合管理的需求出发，对满足多变量约束的地下水系统临界特征值的评价模型和综合调控技术还未见相关报道。

1.2.6 小结

我国南北方丰枯趋势进一步加剧、极值天气发生频率提高以及社会经济保障需求不断增加等水资源问题给水资源管理提出更高的要求。水资源系统常态与应急综合管理是解决我国水资源问题的重要路径，与常态管理和应急管理分离模式相比，综合管理措施面向系统全周期发展过程，基于正常和非正常的视角，将系统运行的常规状态与应急状态统筹考虑，以维护系统可持续运行、降低系统运行风险、应对系统突发事件、实现系统发展目标为任务，针对系统运行中出现的或可能出现的管理需求，联立进行的一系列计划、组织、指挥、协调和控制行为。实施水资源系统常态与应急相结合的管理，必须正确区分从常态到应急状态、从应急状态转向常态的阶段及其管理阈值，以采取相应的管理手段。将常态与应急之间的过渡状态视为临界状态，那么准确定量的识别水资源系统所处的状态，是实现常态与应急综合管理的关键。本研究分别从水资源系统临界状态解析及指标识别、变化环境对水资源系统的影响、水库系统临界特征水位识别及地下水系统临界特征值识别四个方面研究区域水资源系统的临界状态，最后提出区域水资源系统常态与应急综合管理的调控模式与关键技术。通过本研究对水资源系统常态与应急综合管理的理论依据、关键技术及实施路径做出系统的分析，无论从科学问题还是管理方法上都具有前瞻性和创新性，同时也能为水资源系统综合管理的实施提供有力的支撑。

第2章 水资源系统临界状态解析

2.1 水资源系统内涵及其特征

2.1.1 水资源系统的定义

水资源一词最早出现于1894年美国地质调查局（USGS）设立的水资源处，其业务范围主要是地表径流和地下水的观测以及资料的整编和分析。联合国教科文组织（UNESCO）和世界气象组织（WMO）在1988年定义水资源为："作为资源的水应当是可供利用或有可能被利用，具有足够数量和可用质量，并适合某地对水的需求而能长期供应的水源。"通常认为，作为维持人类社会存在并发展的重要自然资源之一的水资源应当具有下列特性：

（1）可以按照社会的需要提供或有可能提供的水量。

（2）这个水量有可靠的来源，且这个来源可以通过自然界水文循环并不断得到更新或补充。

（3）这个水量可以由人工加以控制。

（4）这个水量及其水质能够适应人类用水的要求。

从水资源的特性可以看出，水资源不仅具有资源的自然属性，而且具有人类可利用的社会属性，并不是地球上所有的水都是水资源，只有可被人类社会利用的水才可以被称为水资源。

水资源系统是水资源在地球上存在形式、运行状态、组织结构等行为的总括，是对水资源的不同状态、循环过程、演变规律的具体描述，通俗地讲，水资源系统就是水资源加各种储水空间，包括地表的河道、湖泊、湿地、水库，土壤的孔隙、包气带，地下的潜水含水层和承压水含水层等。对应于水资源的特性，水资源系统也具有自然-社会的二元结构特征。因此，将水资源系统定义为：在一定区域内，可为人类利用的各种形态的水资源，在地表、土壤、地下的各自储水空间中，通过自然水循环和社会水循环过程相互转化，实现水资源特定服务功能的有机结构体。这里的水资源系统既包括地表水、土壤水及地下水水资源本身，也包括贮存地表水、土壤水和地下水的各类型空间，如河道、湖泊、湿地、水库、土壤孔隙、包气带、地下水潜水含水层及地下水承压含水层等，水资源系统状态的变化实际上一方面是自身及与其他类型水资源的转化，另一方面是由于各类型储水空间的变化而导致水资源系统状态的变化，而水资源系统在转化过程中会出现种种临界状态。

2.1.2　水资源系统的特征

水资源系统作为系统的一种，既有一般系统共有的通性，也有水资源系统所专属的特性。

从水资源系统组成来看，包括两个循环系统即自然水循环系统和社会水循环系统。自然水循环系统包括大气水、地表水、土壤水和地下水四个部分，社会水循环系统包括来水、取水、调水、蓄水、输配水、用水、耗水和再生水等部分。水资源系统中的自然水循环和社会水循环过程的研究视角不完全相同，在自然水循环过程中，通常以水资源的存在形式划分研究对象，如大气水、地表水等；而在社会水循环过程中，通常以水资源服务于社会经济系统中的不同阶段来划分，如来水、取水、调水、用水等。社会水循环过程以从自然水循环过程中引水为始，以排水至自然水循环过程为终，因此社会水循环过程属于自然水循环过程的一个侧支，有时也称人工侧支水循环过程。水资源系统的二元性特征要求我们在分析水资源系统时，既要考虑水资源系统的自然特性，也要考虑水资源系统的社会特性，以自然水循环为基础，充分考虑水资源社会水循环过程中体现的服务功能，将两者统一在水资源管理中。

水资源系统包括自然水循环和社会水循环两个层面，如图 2-1 所示。自然水循环视角更多地从水循环中的形态划分，包括大气水、地表水、土壤水和地下水等部分；社会水循环视角更多地从水循环的过程划分，包括来水、取水、调水、蓄水、输配水、用水、耗水和再生水等部分。对于整个水资源系统来说，社会水循环是自然水循环的一个侧支循环，社会经济系统根据其发展需求从自然水循环中取水，通过各种路径为社会经济系统所利

图 2-1　自然-社会二元水循环过程示意图

用，最后排水到自然水循环中，这部分水资源及其在社会经济系统中的路径就是社会水循环过程。从水资源循环过程来看，水资源系统与社会经济系统的关系为：水资源系统涵盖两个循环过程——自然水循环过程和社会水循环过程，社会水循环状态影响社会经济系统的状态，自然水循环状态影响社会水循环的状态。

2.2　水资源系统临界状态的系统学解析

系统的自组织临界性解释了系统形成临界状态的原因以及系统在临界状态时表现出的特征。水资源系统作为系统的一种，既有一般系统共有的通性，也有水资源系统所专属的特性，水资源系统是否具有自组织临界性，如何通过自组织临界性来解析水资源系统的临界状态是本节探讨的重点。

评价一个系统是否具有自组织临界性需要满足几个特性，即复杂性、具有耗散结构、有自组织性且满足幂律关系。简单的线性系统不具备自组织临界性，它的行为驱动力来源于简单的对应关系，结果是确定的，只有在复杂系统内部的组元才能相互传递信息，输送能量在微观上表现出不确定性。平衡封闭的系统也不具备自组织临界性，没有能量的输入输出，系统也不会产生相变，自然也不需要区分临界状态。满足幂律关系是系统自组织临界性的典型特征，也是判断一个系统是否具有自组织临界性的关键标准。下面将从五个方面对水资源系统的临界状态做解析。

1. 复杂性

在系统科学研究中，复杂性（complexity）研究一直是关注的焦点，系统的复杂性是指不能够通过研究系统内的部分组元特征而获取整个系统的一般特征，而这正是过去几个世纪科学界通过"还原论"思想认知世界的手段，但还原论无法解决系统内大量组元通过信息交换、相互作用而涌现出的新性质的问题，因而在系统科学研究中出现了系统复杂性研究的新学科方向。1999 年 *Science* 杂志出版了"复杂系统"专刊，两位编者 Richard 和 Tim 在其"超越还原论"的文章中提到，通过对一个系统的分量（子系统）的研究，不能对整个系统的性能做出完全的解释，这样的系统称为"复杂系统"，通俗地讲，复杂系统就是系统各部分性能的和不等系统的整体性能。

水资源系统是一个由自然水循环系统、人类活动所构成的水资源利用系统及生态环境系统共同构成的复杂系统，在水资源系统本身及其环境之间存在强烈的物质、能量和信息传递、交换关系与相互耦合作用，并由此推进着系统的演化。水资源系统中，水循环与生态、经济诸多要素分布、需求、供给和消耗的不均匀性，系统结构的非稳定性，系统内诸子系统之间多重质的差异性以及系统功能、输入、输出的多样性等，决定了水资源系统是一个开放的、远离平衡态的复杂系统。邵东国（2012）将水资源系统的复杂性归纳为 7 个方面：分别为水循环过程的非线性；水资源需求过程的不确定性；水资源系统主体、目标与功能的变化性；水资源系统结构的分层可选择性；水资源系统行为的动态可控性；水资源系统的多尺度非确定性以及水资源系统的开放适应性。水资源系统的复杂性决定了水资源系统在不同层次、不同角度上研究的重点也不同，本研究以整个水资源系统为研究对象，以水循环规律为切入点，分析水资源系统与社会经济系统的状态–响应关系，探索水资源系统的临界特征。

2. 耗散结构

耗散结构理论由普利高津（I. Pregogine）所创立，指远离平衡的非线性系统在不断与外界的信息、能量、物质交互过程中形成的有序结构，通过散失部分动能使系统本身处于相对稳固的状态。耗散结构有以下几个典型的特征：①开放的系统才具有耗散结构；②动态的、远离平衡态的系统才具有耗散结构；③系统内部各个部分（子系统）之间存在复杂的非线性关系，相互作用能够涌现出系统整体的特性；④系统内存在涨落现象，即系统在时空或功能上表现出从无序状态转变到有序状态的改变。普利高津指出，当耗散系统和外界发生能量、信息或物质间持续交换时，系统有可能从近平衡态（平衡态是孤立系统经过无限长时间后，稳定存在的一种最均匀无序的状态）不可逆而发展到远离平衡态，并且这个过程中系统的能量是耗散的，并产生时间和空间上有序的耗散结构。

水资源系统属于一种耗散结构系统。首先，水资源系统是一个开放的系统，水资源系统与大气系统、生态系统、社会系统等时刻发生密切的联系，不断进行物质、能量、信息的交换，如大气系统中降雨条件的改变直接影响水资源系统中水量的多少，温度、湿度、辐射条件的改变影响水资源系统的蒸发变化，生态系统中的动植物依靠水资源系统中的水分存活，社会经济系统从水资源系统中引水维持社会发展，又将废水排入水资源系统。其次，水资源系统是远离平衡态的系统，水资源系统中的大气水、河道水、土壤水和地下水都处于动态变化过程中，并且在时间上、空间上遵循一定的规律，是有序的变化，而平衡状态的特征是各要素均匀单一、无序处于混乱的状态，显然水资源系统不属于平衡态系统。再次，水资源系统内部要素之间，以及子系统之间是非线性结构，以最简单的降雨径流关系就是非线性的，降雨产生径流的多少，不但与降雨的多少有关系，也受到植被覆盖、土壤类型、前期的土壤含水量、土层厚度、蒸发、地下水等多方面影响，尽管在集总式的水文模型中，降雨和径流通过径流系数这一参量建立联系，宏观表现出线性的关系，但从具有物理机制的分布式水文模型上看，降雨和径流的物理机制却是高度非线性的。另外，在社会水循环方面，水资源系统的非线性关系表现得更加明显，有限的水资源会流向哪里，不同的用水部门相互竞争，不但受自然因素的影响，也受社会发展水平、人口数量、区域特点甚至是行政干预的影响，而这些变量本身就难以用具体的函数关系表示。因此，水资源系统是一个存在高度非线性关系的系统。最后，水资源系统在时空上也表现出"涨落"的特点。在外界干扰和系统内部的演化的影响下，水资源系统偏离原来的状态时，涨落会使系统很快的恢复到原来的状态，因此涨落即是系统偏离原来状态的驱动力，又使系统回归到原来的状态恢复力。水资源系统的干旱过程和洪水过程都属于系统涨落的宏观表现，干旱和洪涝过程打破了原来相对稳定的状态，同时又会自然地恢复进入新的稳定状态。综上所述，水资源系统符合耗散系统的四个条件，因而水资源系统也是一个耗散的系统。

3. 自组织性

所谓自组织系统，就是在无外部作用力的条件下，系统自我运行、自我发展，逐渐从无序状态发展到某种有序状态，并形成新的稳定组织（郭毅等，2012）。与自组织对立的概念是他组织，指必须依靠外界作用力才能发展进化的系统。例如，树木生长属于自组织系统，而砍伐树木建造房屋则属于被组织系统。树木有生命可以依靠自身的力量生长，属于自组织系统，而树木不会自己建造出房屋，需要人工这种外界的作用力才能形成房屋，属于他组织系统。从系统学的观点看，自组织是指系统在内在组织演化规律的作用下，主动的从单一到多样、从低级到高级、从无序到有序，使自身的单元不断延展，单元的信息逐渐增多的系统特性。自组织有以下几个方面特性：①信息共享，系统中每一个单元都掌握系统整体的某些行为规则，相当于生物 DNA 中的遗传信息，但这部分信息在所有单元中都共享；②单元自律，系统中每个单元都有自己的发展规则，相当于生物 DNA 会遗传上一代的信息，但本代如何发展却有自己的决策机制；③短程通信，系统中每个单元并不孤立运行，会与邻近的单元进行信息交流，根据临近单元的状态调整运行机制；④微观决策，系统中的单元决策并不参照系统宏观决策，而是单独运行，所有单元各自行为的总和，决定了整个系统的宏观行为；⑤并行操作，系统中每个单元的决策和行动是并行的，没有固定的规律决定决策和行动的顺序；⑥整体协调，尽管系统内部单元独立决策运行，但受限于系统的整体结构，使系统最终宏观表现出协调一致性和稳定性；⑦迭代趋优，自组织系统的演化是在反复迭代中不断进化，系统一般在远离平衡态的区域无休止的调整和演化，一旦静止下来，进入平衡态，也就意味着系统的消亡。

水资源系统属于自组织性系统，从地球诞生起，水资源系统就一直在发展演化过程中，从河道的发展到沧海桑田的变迁，水资源系统都处在自我演化过程中，并不受特定的外力支配。河道的变迁、周期性的洪水泛滥都是由于水资源系统内部各个单元自发的演化在宏观上的表现，河道中的泥沙淤积，河流的重力效应导致河道不断改道，最典型的就是黄河，黄河下游河道经历了从北到南，又从南到北的大循环摆动，北起天津、南抵淮河都是黄河改道迁徙的范围，据统计，在公元前 602 年到 1938 年，黄河下游决堤 1590 次，大的改道 26 次，这些大的变动固然有部分人类的影响，但对于整个河道系统来说，尤其是1938 年以前水利工程相对很少，人的作用微乎其微，完全可归结于系统的自组织作用。洪涝和干旱等灾害的爆发也是自然界常见的事件，从某种意义上来说，水资源系统灾害的发生并不是人类能左右的，而是水资源系统自组织的结果，在人类活动较少、对自然影响较小的古代，干旱和洪涝事件也会不时地发生，从自组织系统的角度看，水资源灾害是系统内各个子系统自行演化导致的结果，降水系统有其演变规律、地形地貌有其演变规律、植被土壤也都有其演变规律，这些规律共同作用引起了水资源灾害的发生。反过来说，并没有一种特定的外力作用让水资源系统发生洪涝或干旱事件，完全是系统的自发行为。值得一提的是，尽管洪涝和干旱等水资源系统灾害并不由人类导致，但是人类活动对洪涝和干旱过程的影响确是不可忽视的，在一定程度上在人类干扰这一外力作用下，洪涝和干旱的进程甚至会改变。

4. 临界性

临界性是系统的一种普遍特性，指系统在不同状态下转化所必需的最低转化条件。Bak（2013）在《大自然如何工作：有关自组织临界性的科学》一书中提到：对于复杂系统来说，复杂性就是临界性，因为只有临界态允许系统在稳定复杂现象产生之前表现出幂律关系，从直觉上感受到的复杂现象，起源于整体临界动力学，系统中能从局部加以观察的复杂性，是整体临界过程中的一个局部解释，复杂性是临界性的结果。刘翠梅（2007）指出临界点是相变现象中转折的一个突变点，相变系统在临界点邻域表现出异乎寻常的现象，当控制参量和外场趋近于某个临界点，系统中的涨落频繁地增多或减少，系统地表现出不稳定的结构，这些相变尽管变化万千，能量耗散大小差异巨大，但是出现临界的行为却有很高的相似性，在临界点附近变化规律和发展的方向是大致相似的，这就是临界现象。

对于水资源系统来说，这个复杂的巨系统有无数个临界状态，其每个子系统也有数不清的临界状态，这些临界状态分为两类：一类是具体要素的临界状态，就水资源系统而言，河道生态水位、地下水盐渍化水位、土壤凋萎系数等这些具体指标的临界状态有严格的物理意义，是根据研究对象的具体特性而设定的参考值；另一类是系统的临界状态，它研究的不是系统内部具体指标的变化，而是系统整体外部表现的临界状态，我们提到水资源系统临界状态就属于系统的临界状态，它不能用单一指标来表示，也不是系统内单个要素的简单叠加。本研究提出的水资源系统临界状态源于水资源系统的常态与应急综合管理，这个临界点需要从常态管理和应急管理的界限入手，水资源系统应急管理面向的对象中最重要的两个方面就是水资源系统干旱灾害和洪涝灾害，因此本研究的重点就是在水资源系统干旱灾害、洪涝灾害和正常状态中找出一个合理的水资源系统临界点。从系统学的角度来说，系统临界状态形成，是因为耗散系统的自组织行为而导致，在临界状态时的系统受到干扰后内部组元会发生链式反应，而导致整个系统发生相变，而系统相变的规模和系统相变发生的频率遵循幂律规则。例如，水资源系统的洪涝灾害可以视为水资源系统从常态到应急态的一次突变，发生突变的最低转化条件就是水资源系统的一个临界状态。这个临界状态的形成首先是因为水资源系统是一个耗散系统，耗散系统与外界发生能量交换时，一方面吸收外界的能量或物质，另一方面又以某种形式耗散掉能量或物质，从而使系统保持稳定状态，洪涝过程就是，水资源系统从外界系统接收降雨这种物质，在系统内部发生自组织行为，走向临界状态，在某一时刻发生链式反映，宏观上表现出系统的崩溃，从系统的角度看是所吸收物质的一种耗散形式，而洪涝的规模和洪涝的出现频次也必然符合幂律关系，关于这一点下一节会给出证明。

综上所述，本研究对象是流域水资源系统临界状态，并非单个指标的临界值，是基于在水资源系统正常状态和水资源系统灾害（干旱、洪涝）状态之间的转化中寻求一个面向常态与应急综合管理水资源系统的临界点。

5. 自组织临界性

前面介绍了自组织临界性的概念，自组织临界性是用来揭示处于非平衡临界状态的动力系统的结构组成方式，这种系统的特点是：能量注入是持续、缓慢、均匀的，能量耗散与能量注入相比却是快速的，甚至是瞬时的，呈现"雪崩式"瞬间崩溃。判别系统自组织临界性的一项依据即系统在关键节点处，系统发生突变的规模与该规模下事件出现的频率服从幂律关系。处于自组织临界状态的系统具有两个特性：一是具有长程时空关联性，即一件小的事件有可能会引起连锁反应出现"崩溃式"相变；二是系统的坍塌是相对的，一次坍塌后系统会自动形成新的组织结构并逐步回归到下一次的临界态。

对于水资源系统来说，本书分别从干旱灾害和洪涝灾害发生的规模和频次是否满足幂律关系入手，来证实干旱和洪涝都属于水资源系统自组织临界的结果。为了避免单一地区干旱或洪涝过程符合幂律关系不具备普遍性特点缺陷，我们没有分析某一地区的规律，而是在不同的文献中找出系统发生事件规模和频率的关系，这些文献是对不同地区的研究能够反映一般规律，具体见表2-1。

表 2-1　水资源系统灾害规模和频次幂律关系

时间序列长度	频度-标度	分形维数	文献来源
1470~2000 年	发生连续干旱的次数	20 个站点 大部分在 2~3 之间	《黄河流域干旱时序分形特征及空间关系研究》 （彭高辉和马建琴，2013）
1501~2000 年	旱涝灾害时段数 与总跨度比值	干旱 0.4052 洪涝 0.5077	《云南省近500年旱涝灾害事件序列分形研究》 （丁贤法等，2010）
1470~1970 年	干旱发生的次数	轻旱为 0.4510 中旱为 0.4121 重旱为 0.2249 特旱为 0.7228	《青海省干旱灾害时间序列分形特征研究》 （米财兴和张鑫，2015）
1954~1993 年	干旱历时	≥6 个月 0.72 ≥8 个月 0.54 ≥10 个月 0.68	《水文干旱的时间分形特征探讨》 （冯平和王仁超，1997）
1840~2000 年	洪涝发生的次数	松花江为 0.5376 辽河为 0.6316 黄河为 0.7315 淮河为 0.6471 长江为 0.8412 珠江为 0.5993 海滦河为 0.5112	《中国洪涝灾害及其灾情的分形与自组织结构研究》 （朱晓华和王健，2003）
1949~1998 年	洪涝灾害发生的时段数	0.799	《1949—1998 年中国大洪涝灾害若干特征分析》 （黄会平等，2007）

洪涝和干旱等水资源灾害具有分形特性且满足幂律关系在学术界已形成共识，洪涝和干旱过程是水资源系统自组织临界性的外部表现。以往对待洪涝和干旱等水资源灾害时，人们往往把灾害归结于外部因素的冲击、突发的环境变化或是机制上运行的阻断，而自组织临界性理论提出了一种新的看待水资源灾害的视角，复杂系统的内部组织演化规律会自发地朝一种临界状态发展，某个事件的冲击会引起连锁反应，系统持续吸收的能量可能会

发生"雪崩式"的能量释放。

（1）自组织临界性表明，干旱或洪涝等水资源灾害几乎是必然发生的，即便没有人类活动的影响，水资源系统复杂性的内在机制也决定了系统必然会演化到一种临界态中。这其实与常态与应急管理思想是一致的，干旱或洪涝等水资源灾害的发生机制不是一次偶然事件，而是与系统的发展过程息息相关，那么对应的灾害应急管理措施也应融入常态管理中。

（2）自组织临界性的系统具备两种动力学特征：其一是延展性，即系统处于临界状态，即使极小的干扰也会影响整个系统产生连锁反应，导致系统出现大的相变；其二是鲁棒性，即系统即便出现一次"雪崩"事件，但整个系统不会完全崩溃，系统内部的自组织能力仍会将系统重新带到临界状态。就像沙堆坍塌一样，第一次坍塌后，随着沙粒的继续降落，沙堆会进入新的临界状态。水资源系统也是一样，如果在应急管理中及时阻断灾害发展的连锁反应或者及时疏导出汇集的能量及物质可以有效地减轻水资源灾害带来的损失。

（3）自组织临界性的系统是一个开放的系统，外界不断向系统缓慢的、持续性的输入物质或能量，系统又以某种形式向外界耗散掉物质或能量，而释放的过程往往是快速的、短暂的，这正与水资源灾害发生的规律相似，干旱和洪涝发生的时间都相对短暂，而水资源系统常态运行的时间则是较长的。自组织临界性系统的能量耗散规律可以看作常态与应急综合管理的理论依据，既然系统的能量是长累积短释放，那么在水资源系统管理过程中也应该在常态管理中采取温和的措施释放潜在的致灾能量或物质累积，而在应急管理中采取强效的措施优先减轻损失。

（4）自组织临界性的系统对外界耗散的物质或能量与对应频率遵循幂律关系。这在一定程度上有助于灾害的预警，根据自组织系统灾害的传播过程规律，在连续发生小规模灾害后，发生大规模灾害的频率会增大。尽管水资源灾害中洪涝和干旱的发生可以根据气象预报做到提前预警，但是提前预警的时间往往比较短，多则几天少则几个小时，往往预警时已经进入应急管理状态，留给避险的时间很短。而自组织临界性告诉我们，在小的灾害频发后要重视对大灾害的防御，虽然在预报精度上与具有物理机制的气象预报系统相差甚远，但预警期却要长得多。常态与应急综合管理要求在常态管理中采取相应的措施减轻应急管理时的压力，事实上也是一种长时间不确定性的预警行为，将两者结合有助于创新水资源系统灾害管理机制。

（5）自组织临界性理论是解释复杂耗散系统一般规律的理论，作为一种发展中的思想，它关于系统整体性质的考虑方式在处理复杂系统时非常有用，但是它不描述系统的细节，也没有解释细节的数学方程，自组织临界性理论作为一种系统论丝毫不排斥还原论的方法，因此在系统论思想的指导下，结合还原论的技术方法是解决实际问题的有效手段。

2.3　变化环境对水资源系统临界状态的影响

进入 21 世纪以来，随着全球变暖的加剧、极端灾害的频发，人们关注到河川径流量、降雨、蒸发等天然水文过程正在悄然改变，诸多研究结果也表明这样的水文过程异常是全球性的：黄河中游干流径流量与区间径流量均有显著减少趋势（张建云等，2009）；拉萨河流域近 50 年来径流量自 1970 年出现明显的增加趋势（蔺学东等，2007）；西北地区东部夏季降雨日数呈现西多东少，集中于祁连山一带，并且自 20 世纪 80 年代以后，东部降雨日数有减少趋势（白虎志等，2005）；全国东北、西北地区东部、华北地区的极端降雨事件有减少趋势，西北西部、长江流域中下游、华南地区及青藏高原有增加趋势（杨金虎等，2008）；嫩江年径流量在 1963 年左右发生了一次全域性的骤减（徐东霞等，2009）；欧洲极端降雨时间总体上呈现不显著的增多趋势，但在季节与月尺度上有不同程度的显著变化（Madsen et al.，2014）；澳大利亚 Barwon-Darling 河在过去的 60 年间，年径流量下降了 42%，同时洪涝频率与洪峰流量均呈现显著下降趋势（Thoms and Sheldon，2000）。2008 年，Milly 等（2008）在 *Science* 期刊刊登了一篇名为 *Stationarity Is Dead：Whither Water Management?* 的论文，指出随着人类社会的不断发展，洪旱灾害、供水、水质受到水利工程建设、渠系改造、灌排设施、土地利用变化等的影响，水循环系统的振荡正在不断扩大，直至突破本来的规律性振荡范围。

近百年来，地球气候系统正经历着显著的变化，加之剧烈的工业化、经济的快速发展和人口增长，地球表层物质与能量的天然循环过程已被严重干扰，大气中二氧化碳等温室气体浓度不断增加，近百年来全球气温不断升高。联合国政府间气候变化专门委员会（IPCC）第四次评估报告指出：1906~2005 年全球地表温度的线性趋势为 0.74℃，预计到 2100 年，全球平均气温将上升 1.1~6.4℃。水是大气环流和水文循环中的重要因子，是受气候变化影响最直接和最重要的因子之一，从 IPCC 第四次评估报告中的数据分析可以发现：根据高可信度预估，在较高纬度地区和某些潮湿的热带地区，包括人口密集的东亚和东南亚地区，到 21 世纪中叶径流量将会增加 10%~40%；而在某些中纬度和干燥的热带地区，由于降雨减少而蒸腾率上升，径流量将减少 10%~30%（董磊华等，2012）。从中国范围来看，近 50 年，中国东北部、华北中南部黄淮海平原和山东半岛、四川盆地及青藏高原部分地区降水出现不同程度的下降趋势，黄河、海河和淮河流域平均年降水量减少了 50~120mm；径流方面，中国六大流域（长江、黄河、珠江、海河、淮河、松花江）实测径流量都呈下降趋势，其幅度最大的是海河流域，全流域 1980 年以来径流量较 1980 年以前相比减少了 40%~70%，地下水位明显下降；而黄河下游花园口以下在 1960~2000 年间有 22 年出现断流，其主要支流也发生断流；淮河的三河闸站每十年径流量减少近 27%（刘昌明等，2008）。相较全球平均水平，我国的降雨和径流变化更加剧烈。

诸多研究成果表明，变化环境下的水资源系统不同于天然条件下的水资源系统。并具备以下四个特征。

1）非线性特征

在变化环境下，降雨、气温等气象要素的改变引起径流的变化，但径流对降雨、气温等变化的响应并非简单的线性关系。中国大部分地区的降雨和径流仍然存在着相关关系，但径流量的变化率明显比降雨量更大。考察各大流域的径流系数可以发现：在 20 世纪 70 年代以前，松辽流域、海河流域、黄河流域的平均径流系数为 23.6%、16.5%、14.2%，但在 70 年代以后，下降到了 19.1%、8.6%、7.4%（Zhang et al.，2011）。这种还存在于气温和蒸发量之间、径流和气温之间的非线性关系为变化环境下的降雨、径流等水文过程变化机理的研究增加了难度。

2）地区差异明显

水资源系统对变化环境的因地域而已，从全国看，我国九大流域中的松辽河、海河、黄河、西北诸河的径流量都发生了显著减小趋势，但各自的变化过程不尽相同：黄河径流自 20 世纪 80 年代起呈现逐渐下降趋势，而在此之前变幅较大，且基本在多年平均值以上（张建云等，2009）；而新疆塔里木河流域在 1994 年前后进入一个较短的暖湿期，气温上升，降雨增加，径流量也随之增加。这个现象表明，在全球气候变化的大背景下，水资源的变化因降雨、气温等气象因子的不均匀改变而呈现出地域响应上的差异，研究者们称其为水资源对气候变化响应的地理分异性（刘昌明等，2008）。由此，我们不能对水资源系统对变化环境的响应一概而论，在进一步研究水资源响应的区域差异时还应该与随时间演变的过程密切结合。

3）极值化明显

气候变化下，极端降雨和极端洪水的频率与程度的增加是水资源系统对气候变化响应的一大特征。中国 21 世纪前 10 年每年因洪涝灾害造成的直接经济损失近千亿元，因气候异常引发洪涝灾害所导致的经济损失有逐年上升的趋势，由此引发的死亡人口数也在不断增长。另外，长历时极端干旱事件也频频发生。例如：2009 年 12 月至 2010 年 4 月，中国西南五省出现大范围特大旱情，部分旱情超过 100 年一遇，一些地区累计降雨量已经打破历史极值，给环境和社会经济发展造成了重大损失。

4）复杂的反馈机制

水资源系统与大气环流系统之间的相互作用是牵一发而动全身的。例如，在预测未来气候变化的研究中，一般都会得出蒸发量增加的结论，进而证明水资源的紧缺状况进一步加深，1995 年，根据美国和俄罗斯的蒸发皿观测数据，Peterson 等（1995）在 *Nature* 上发表文章指出，在过去 50 年间，蒸发皿蒸发量持续下降。Michael 等（2004）将这种预期值与观测值的相悖称为"蒸发悖论"（evaporation paradox）。蒸发悖论在中国是普遍存在的，蒸发皿蒸发量随气温升高而呈减少趋势，以西北与整个南部地区为最明显，中部地区无明显趋势，东北地区呈现上升趋势（丛振涛等，2008）。蒸发悖论只是变化环境下水资源系统复杂反馈机制的一个方面，其他方面的复杂反馈机制也必然是"牵一发而动全身"的。

在变化环境下水资源系统的临界状态也要做出相应的调整，对于径流的临界状态，随着降雨径流关系的改变，原来设计径流的特征水位、水库的特征水位已经不符合当前的实际情况，例如水库的汛限水位、旱限水位，依靠原来降雨频率计算的水库来水量已经与当前的实际来水量有明显的差别，已不能用于当前汛限水位和旱限水位的确定。对于地下水系统来说，变化环境导致地下水的补给、排泄规律发生了很大的改变，一方面地表下垫面的改变，使硬化路面越来越多，降雨对地下水的补给越来越少，另一方面土壤层包气带的增厚，延长了地下水补给的路径，同样造成对地下水补给的减少。在人工干扰强烈的地区，地下水排泄主要是地下水的开采，这与自然条件下地下水的排泄完全不同，因而，地下水系统的临界状态也发生了很大程度的改变。在变化环境下，水资源系统临界状态如何识别、如何调整是研究水资源系统临界状态不可或缺的环节。

2.4 水资源系统临界特征表征指标体系

关于水资源系统临界特征指标可以从多个方面剖析，前面也提到有具体单项指标的临界特征值，也有面向系统的临界值，就本书而言，水资源系统临界特征值的研究服务于水资源系统常态和应急管理，因此，水资源系统临界特征指标选取需要基于一定的原则、范围和评价方法。

1. 水资源系统临界特征指标选取原则

水资源系统是一个开发的复杂巨系统，可以从多个角度去分析，任何一个角度都可以划分出无数的特征指标，我们不可能去逐一分析，但我们仍可以基于一定的原则，选择出合适的临界特征指标，以满足我们的研究需求。

首先，基于水循环基本过程与关键环节。本书研究的水资源系统特征值，是以自然-社会二元水循环过程为基础，基于水循环演变过程和社会经济系统响应过程，以满足社会经济系统中水资源关键功能要求为目的，而进行的系统临界值识别。这里的水循环过程包括自然水循环和社会水循环，其中，降雨、地表径流、水库、土壤水和地下水五个水文要素为特征临界值的识别对象，取水、用水和排水等社会水循环过程作为调节水文要素状态的手段。关键环节是指，社会经济系统中水循环过程变异影响到水资源所承担的满足人类正常生产生活的功能，水资源系统的各水文要素及其运行过程的瞬时状态。

其次，基于多系统交互作用与响应机制。水资源系统是一个开放的系统，与大气降雨系统、社会经济系统、生态环境系统等多个系统相互交叉、相互影响。水资源系统临界状态识别也是基于多系统交互作用及系统间的响应，如水资源系统发生变异，导致社会经济系统或生态环境系统的部分功能受损，此时对应的水资源系统中水文要素的状态也是一个临界值。这个过程中，社会经济系统或生态环境系统的状态是对水资源系统的响应，当社会经济系统或生态环境系统难以承受水资源系统的变异时，反馈到水资源系统的状态，此时的临界特征值就反映出多系统的交互作用和响应机制。

最后，面向常态与应急综合管理与调控。水资源系统临界状态特征值识别的目的是面向水资源系统的综合调控与管理。应急与常态是水资源系统的两种基本状态，由常态转向应急态时，水资源系统中水文要素的状态即为水资源系统的临界特征值。水资源系统处于常态时，经济社会中与水资源相关的系统状态稳定；水资源系统处于应急状态时，经济社会中与水资源相关的系统不稳定，需要人工调控以满足正常的生产生活要求。水资源系统临界状态特征值的选取是为了满足应急与常态的综合管理，通过适当的人工调控措施，减少应急状态发生的风险，降低应急状态带来的危害。在常态与应急综合管理的思路下，洪水和干旱等水资源灾害不再是不可预防的突发事件，而是时刻存在于水资源系统运行过程中的、随时可能发生的必然事件，只不过出现的概率较小，并且在前期可以通过适当的调控手段降低这种风险。水资源系统临界状态就是评估这种风险的一个节点，超过了水资源系统临界状态意味着区域的水资源系统将面临较大的水资源灾害风险。

2. 水资源系统临界特征指标分类

水资源系统是一个复杂的巨系统,反映水资源系统状态的指标数不胜数,不可能穷举,本研究中,对水资源系统临界特征的识别基于两方面考虑。一是基于水资源系统的功能性。水资源系统的功能性体现在维持自身系统及受其影响的其他系统正常运行的能效。本书重点关注的是水资源系统运行异常,导致其社会功能性受损,影响到人类正常生产生活的状态。二是基于水资源管理中重点关注的方面。水资源系统临界状态识别的目的是服务于常态与应急的综合管理,减少水资源系统异常带来的损失,干旱和洪涝是常态、应急管理的临界点也是本书主要研究方向。本书水资源系统临界特征指标选取如表 2-2 所示。

表 2-2　水资源系统临界特征指标识别

指标类型	水循环要素	临界表征指标	功能属性
水文要素指标	径流	河道生态水位	生态
		航运临界水位	航运
		供水临界水位	供水
		发电临界流量	发电
	水库	汛限水位	防洪
		旱限水位	抗旱
		兴利水位	兴利
	土壤水	凋萎含水率	作物生长
		土壤田间持水率	作物生长
	地下水	地下水资源临界水位	资源
		植被退化水位	生态
		土壤盐渍化水位	生态
		海水入侵水位	地质
		地面沉降水位	地质
灾害综合指标	气象	降水距平百分率	气象干旱识别
		标准化降水指数	
		帕默尔干旱指数	
	水文	标准化径流指数	水文干旱识别
		水流干旱指数	
	农业	土壤相对湿度干旱指数	农业干旱识别
	社会	城市缺水率	社会干旱识别
		水贫乏指数	
		洪涝频率等级	洪涝识别
		暴雨等级	

从水文循环的整个过程上看，水资源系统的临界状态可分为两个层面。其一是自然水循环过程中的临界状态。自然水循环包括大气过程、地表过程、土壤过程和地下过程四个部分，对应的主要水文要素包括降雨、河川径流、土壤水和地下水，其表征指标分别为降雨量、河川径流量或河川水位、土壤含水量以及地下水水位。当自然水循环中的水资源量发生异常时则表现出城市涝灾、区域洪水、河道断流、作物枯萎、土壤盐渍化、植被退化、地表沉降和海水入侵等水文要素异常现象，因此，我们定义的自然水循环过程中的水资源系统临界指标有降雨频率等级、河道生态基流量、土壤凋萎含水率、土壤盐渍化水位、海水入侵水位、地面沉降水位和植被退化水位等。其二基于自然–社会水循环交互过程中的水资源系统临界状态，干旱灾害和洪涝灾害是社会水循环进入应急状态的表征，干旱和洪涝都是相对人类社会而言的，是人类根据水资源对社会经济系统的影响而划分的，干旱和洪涝的划分是为了方便采用不同的应对措施和调控手段。水资源系统从常态转向洪涝或干旱的应急状态时，存在一个过渡区间，这个过渡区间就是本书重点研究的水资源系统临界状态。而在常态与应急综合管理中，这个临界状态会随着调控措施的施行，阈值范围增大，进而使灾害风险降低，这也是水资源管理的目标之一。对于干旱和洪涝灾害的评价指标有很多，如 Palmer 指数评价干旱，洪水频率等级评价洪涝灾害等，但对于一个区域来说，水资源系统是否进入应急状态，并不能根据某一项指标的值来判定是否需要进行相应的管理，对于特定的区域这些指标只能作为参考，仍需根据区域的实际情况进行识别。

河川径流的功能主要有排泄洪水、航运、维持河道生态等，河川流量最高不能超过排洪标准，最低不能低于河道生态需水量，如果有其他功能还需要满足相应的河道流量，其临界特征识别条件包括最大行洪能力、取水口水位、河道生态需水量、最低航行水位等。水库的主要功能有防洪、灌溉、发电等，其临界特征值包括设计洪水位、兴利水位、防洪限制水位、抗旱限制水位、死水位等，分别对应水库的不同要求，具体如图 2-2 所示。

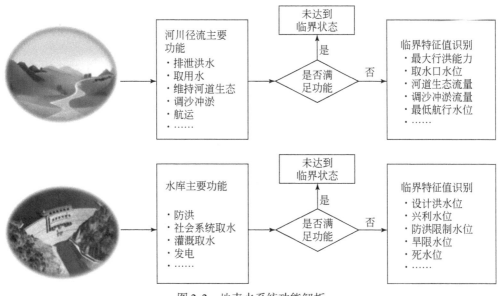

图 2-2　地表水系统功能解析

土壤水的主要功能是维系作物正常生长，土壤含水量过高会导致作物根系无法呼吸，进而根系腐烂、植株死亡，通常是由于降雨量大，排水沟排水能力不足，无法及时排水导致，此时的土壤含水率基本上为饱和状态。而土壤含水量过低则导致根系无法吸水，作物枯萎死亡，土壤含水率的下限为土壤凋萎含水率。地下水的主要功能有维持植被生态、防止土壤盐渍化等，地下水位过高会导致土壤盐渍化，地下位过低又会引起植被生态问题、地面沉降问题等，因此地下水的临界值包括地下水盐渍化水位和地下水生态水位等，具体如图 2-3 所示。

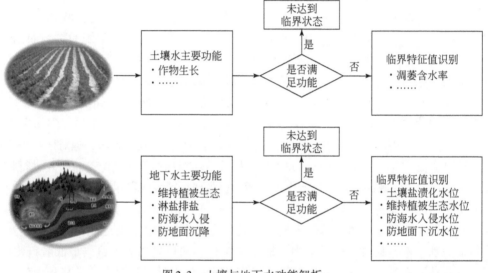

图 2-3　土壤与地下水功能解析

水文要素指标反映单一水文要素在特定灾害情况下的临界状态，它是针对局部单一问题提出的，有明确的物理意义，并且有具体的公式计算，但这些临界指标并不能作为水资源常态与应急综合调控的临界点，或者说只是局部应急调控的临界点。对于水资源系统整体的临界状态即正常状态到洪涝状态和干旱状态的临界点，则需要借助一些点尺度上的临界指标，如降水距平、帕默尔指数等，通过时空展布设置合理的临界值，进而识别出区域的水资源临界状态。

2.5　水资源系统临界特征评估方法

2.5.1　基本框架

与水资源系统临界指标对应，指标分为两大类：一类是单项水文要素的临界值；另一类是整个区域水资源循环过程中的临界值。对于单项水文要素的临界值计算都有成熟的方法，具体可以参照相关文献，以及第 4 章和第 5 章关于水库旱限水位的计算和地下水临界水位的计算。本节重点阐述水循环过程中临界值的评估方法，研究框架见图 2-4。

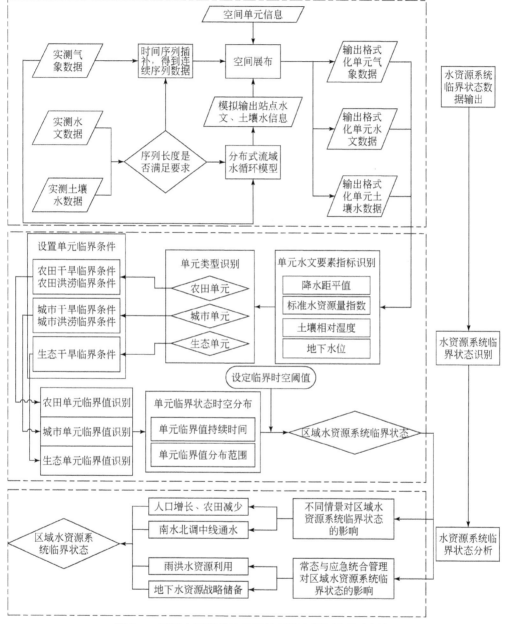

图 2-4　区域水资源系统临界特征值定量评估基本框架

水资源系统临界值的评估基本思路是由点及面，先评估单元的临界值，通过单元临界值的时空分布，识别区域的临界值，然后分析环境变化和常态与应急综合管理措施对临界值的影响。构建区域的分布式水文模型，目的是输出评估单元网格的水文信息，包括降水、土壤水、地表水资源量、地下水位信息，根据每个单元的水文信息，通过降水距平值、标准水资源量指数、土壤相对湿度、地下水位等指标评价单元的状态指标。由于每个单元土地利用类别不同，所关注的临界点也不同，在这里我们对单元类型进行划分，将农田单元、城市单元识别出来，其他的单元都认为是生态单元，这样分类的目的是考虑在水资源管理中主要关注的是农田和城市的水资源系统临界状态，对于其他的单元一般只关注其生态功能。对于农田单元来说，其水资源系统临界状态主要与土壤相对湿度和降水距平值有关，土壤相对湿度用于评价其干旱状态，降水距平值主要评价其洪涝状态，对于城市单元来说，主要通过标准水资源量指数和降水距平指标评价，标准水资源量指数用来评价城市单元的干旱状态，降水距平评价其洪涝状态，对于生态单元，只通过地下水位和降水距平值评价其是否面临干旱风险。根据不同的单元类型评价的水资源系统状态，设置合适的临界值评价出每个单元的临界状态，实现对点上临界状态的评估。由于干旱和洪涝的发生都有一个持续的过程，在区域上表现出时间上的延续性和空间上的延展性，因此，点上的水资源系统临界状态向区域面上转化时，就要设定一个时间上的阈值和一个空间上的阈值，点上的临界值在满足时间持续和空间上延展的条件后，就可以认为区域上也达到了临界状态。在不同情景下水资源系统的临界状态也会发生变化，考虑到研究的案例区在海河流域北系，未来可能变化情景就是南水北调中线的通水、人口规模和农田面积的变化，这些对区域干旱临界状态临界值会有较大的影响。另外，在采取常态与应急综合管理的条件下，例如雨洪水资源的利用、地下水的战略储备，可以调节丰水期的洪水用于枯水期的抗旱，在这种情景下需要分析新的水资源系统临界状态。

2.5.2 单元水资源系统临界状态评估

分布式水文模型计算的结果为每个子区域的值，因为子区域大小不一，为了方便评估整个区域的水资源系统临界状态，可将区域按矩形网格重新剖分，对每个矩形单元网格进行水资源系统临界状态评估。

评价一个单元的水资源系统是否处于临界状态，基本原则是评价该单元在某一时刻获取的水资源量是否过多或过少，超出了正常水平。评价每个单元的水资源量是多还是少，并没有一致的概念定义，这里仍以统计学上的概念，根据多年整体的水资源量情况评估某一时刻单元的水资源量状况。这里我们借助标准化降水指数的概念，提出标准化水资源量指数（standard water resources index，SWRI），标准化水资源量指数就是计算出某时段内水资源量的 Γ 分布概率后，对水资源量进行正态标准化处理，然后通过分析标准化水资源量累积频率分布来划分干旱和洪涝等级。利用标准化水资源时数指标是因为大多数旱涝评价指标的对象都是针对地表水，在海河流域北系地下水是区域的主要供水水源，在评价区域旱涝情势尤其是评价干旱时必须综合考虑地表水资源与地下水资源，而评价洪涝时，由于标准水资源量指数的计算是基于历史序列数据，地表水资源量在历史序列中的位置与地表、地下水资源量在历史序列中的位置，大致是一致的，因此可以同等对待。标准水资源量指数的计算方法如下。

通常设定某一时段的水资源量为随机变量 x，则其 Γ 分布的概率密度函数计算公式如下：

$$f(x) = \frac{1}{\beta^{\gamma} \Gamma(x)} x^{\gamma-1} e^{-x/\gamma} \quad x>0 \tag{2-1}$$

式中：$\beta>0$，$\gamma>0$ 分别为尺度参数和形状参数，β 和 γ 可用最大似然估计方法求得

$$\hat{\gamma} = \frac{1+\sqrt{1+4A/3}}{4A} \tag{2-2}$$

$$\hat{\beta} = \bar{x}/\hat{\gamma} \tag{2-3}$$

$$A = \lg\bar{x} - \frac{1}{n}\sum_{i=1}^{n}\lg x_i \tag{2-4}$$

式中：x_i 为水资源量资料样本；$\bar{x}$ 为水资源量多年不同情境下的平均值；$\hat{\beta}$，$\hat{\gamma}$ 为尺度参数和形状参数的估计值，可用最大似然估计方法求得。

确定概率密度函数中的参数后，对于某一年的水资源量 x_0，可求出随机变量 x 小于 x_0 事件的概率为

$$F(x < x_0) = \int_0^{\infty} f(x)\,\mathrm{d}x \tag{2-5}$$

利用数值积分可以计算事件概率近似估计值。

水资源量为 0 时的事件概率由下式估算，

$$F(x=0) = m/n \tag{2-6}$$

式中：m 为水资源量为 0 的样本数；n 为总样本数。

对 Γ 分布概率进行正态标准化处理，

$$F(x < x_0) = \frac{1}{\sqrt{2\pi}}\int_0^{\infty} e^{-z^2/2}\,\mathrm{d}x \tag{2-7}$$

近似求解后，

$$Z = S\frac{t-(c_2 t+c_1)t+c_0}{[(d_3 t+d_2)t+d_1]t+1.0} \tag{2-8}$$

式中：$t = \sqrt{\ln\frac{1}{F^2}}$，$F$ 为求得的概率，当 $F>0.5$ 时，$S=1$，当 $F\leqslant 0.5$ 时，$S=-1$；$c_0 = 2.515517$；$c_1 = 0.802853$；$c_2 = 0.010328$；$d_1 = 1.432788$；$d_2 = 0.189269$；$d_3 = 0.001308$；Z 就是标准化水资源量指数，等级划分如表 2-3 所示。

表 2-3 标准化水资源指数干旱、洪涝等级划分

等级	标准化水资源指数	类型
1	SWRI>2.0	重度洪涝
2	1.5<SWRI≤2.0	中度洪涝
3	1.0<SWRI≤1.5	轻度洪涝
4	−1.0≤SWRI≤1.0	正常状态
5	−1.5≤SWRI<−1.0	轻度干旱

等级	标准化水资源指数	类型
6	$-2.0 \leq SWRI < -1.5$	中度干旱
7	$SWRI < -2.0$	重度干旱

2.5.3 区域水资源系统临界状态评估

区域水资源系统临界状态就是评估某一区域在某一时间段内的干旱或洪涝状态,以单元临界状态评估为基础向区域临界状态评估扩展需要厘清三个问题:一是区域内各个单元所处的干旱或洪涝等级(表征干旱或洪涝的强度);二是区域内发生不同等级干旱或洪涝的单元数(表征干旱或洪涝的影响范围);三是各个单元发生不同等级干旱或洪涝发生的频次(表征干旱或洪涝的影响时间)。一个合理的区域水资源系统临界状态指标应该综合考虑以上三个基本特征,是一个既包含不同等级旱涝影响范围信息,同时又能体现干旱或洪涝的影响强度和影响时间的综合指数。借鉴其他文献,本研究采用区域内某一时间尺度下各等级干旱或洪涝的单元发生的概率来构建区域的水资源系统临界状态指数。具体构建方法如下。

1. 计算不同等级旱涝的累积概率分布

通过标准水资源量指数将单元的旱涝状态分为 7 个等级,如表 2-4。第一步计算出逐月各等级旱涝单元数的百分比,再将某一时段各旱涝等级逐月的单元数百分比累加求和并进行算术平均,得到区域时段内旱涝等级为 R 的单元发生的概率 $\overline{p(R)}$,如式(2-9)所示。第二步计算等级为 R 的旱涝单元发生的累积概率分布 $p(R)$,如式(2-10)所示。

$$\overline{p(R)} = \frac{n_i(R)}{N}, \quad R = 1, 2, \cdots, 7 \tag{2-9}$$

$$p(R) = \sum_1^R \overline{p(R)} \tag{2-10}$$

式中:R 为不同的旱涝等级;N 为区域内的单元总数;$n_i(R)$ 为某年区域内旱涝等级为 R 的单元个数。

表 2-4 水资源系统干旱洪涝等级划分

水资源系统状态	重度洪涝	中度洪涝	轻度洪涝	正常状态	轻度干旱	中度干旱	重度干旱
等级	1	2	3	4	5	6	7

2. 拟合区域内不同等级旱涝单元平均发生概率的累积概率分布曲线

对区域内每个单元不同程度的逐年干旱、洪涝平均发生的概率进行累积,得到的概率累积频率分布曲线中可以分析水资源系统干旱、洪涝的强度信息,干旱、洪涝影响的范围，以及干旱、洪涝发生的时间区间等多种信息，完全可以反映区域的水资源系统旱涝状态，如果可以用某种函数定量描述这条曲线，那么函数中的某些特征量就可以作为反映区域水资源系统临界状态的指数。侯威等（2013）学者提出 Boltzmann 函数曲线在形状上与累积概率分布曲线相似可以用来近似拟合概率分布曲线，在内涵上也有物理意义，并给出应用 Boltzmann 函数求解区域内每个单元发生不同等级旱涝的平均概率的累积分布曲线的方法。Boltzmann 函数的表达式如式（2-11）所示：

$$y = \frac{a_1 - a_2}{1 + e^{(x-x_0)/dx}} + a_2 \tag{2-11}$$

式中：a_1，a_2，x_0，dx 为四个待定系数，a_1 和 a_2 分别为 Boltzmann 函数描述的 S 型曲线的上平台值和下平台值，x_0 为 S 型曲线的中点，即当 $x \to \infty$ 时，$y(x) \to a_2$；当 $x = x_0$ 时，$y(x) = (a_1 + a_2)/2$；当 $x \to -\infty$ 时，$y(x) \to a_1$。从概率累积分布曲线上看，累积分布曲线的值域限制在 0 到 1 之间，累积分布曲线的上限值就是 Boltzmann 函数的上平台值，即 $a_2 = 1$，而其累积分布曲线的下限值就是 Boltzmann 函数的上平台值，即 $a_1 = 0$。dx 为曲线的坡度，表示随水资源系统旱涝等级变化，具体指区域内各个单元在某个时刻中出现概率低的等级向出现较高概率的等级转化时的转化速率。dx 可以认为是区域内水资源系统旱涝时空分布的均一性，dx 越小，在所有等级水资源系统旱涝状态中的平均转换速率就越快，某一时间段评估区域内较多的单元发生干旱、洪涝的程度分布在更少的干旱、洪涝等级中。Boltzmann 函数可采用高斯-牛顿迭代法进行求解，在此不加赘述。

3. 区域水资源系统旱涝指数标准化

通过上述计算方法可以得到区域内某一时间的水资源系统旱涝指数，但是无法识别该时间段的水资源系统旱涝状态在整个评价时间段内的水平，也就无法判断该时间段下水资源系统的状态与区域水资源系统平均状态是偏干旱还是偏洪涝，因此需要将区域水资源系统旱涝指数进行标准化。标准化的思路是采用 1990~2013 年区域全部单元旱涝平均指数对逐月的水资源旱涝指数进行标准化。

$$\overline{p_c(R)} = \frac{\sum_{j}^{k} \sum_{i=1}^{m} \frac{n_{i,j}(R)}{N}}{k \times m}, \quad R = 1,2,\cdots,7 \tag{2-12}$$

$$p_c(R) = \sum_1^R \overline{p_c(R)} \tag{2-13}$$

式中：m 代表 12 个月；k 代表 1990~2013 年共 24 年。式中的意义为 1990~2013 年区域内所有评价单元的逐月水资源旱涝等级占全部单元的百分比累积后进行算术平均，得到区域内不同等级水资源旱涝等级平均发生概率 $p_c(R)$。用 Boltzmann 函数对 $p_c(R)$ 曲线求解，得到 $x_0 = x_{c0}$，即评价时段内该区域某一时间尺度下区域水资源系统旱涝指标平均强度指数；$dx = dx_c$ 为评价区域内评价时间段中区域水资源系统旱涝指标在时间和空间上表现出的平均差异表征指数，为了方便指标的评价，需要对评估时间段内的区域水资源系统旱涝强度指数和区域水资源系统旱涝时空分布差异指数做标准化处理，方法如下式，将指数标准化后得到该区域某一时间尺度下区域水临界指数（regional water critical index，RCI）和区域水临界变化指数（regional water critical variance index，RCVI）。

$$RCI = \frac{x_0 - x_{c0}}{x_{c0}} \tag{2-14}$$

$$RCVI = \frac{dx - dx_c}{dx_c} \tag{2-15}$$

式中：x_0 及 x_{c0} 为 Boltzmann 函数曲线中的参数，见式（2-11）。

某一区域在某一时间尺度下 RCI 为正，说明其累积概率分布 $p(R)$ 曲线相对于 $p_c(R)$ 曲线靠下，该时间尺度下该区域水资源系统状态比区域平均状态偏干旱，且 RCI 值越大，水资源系统状态越干旱。RCI 为负，说明其累积概率分布 $p(R)$ 曲线相对于 $p_c(R)$ 曲线靠上，该时间尺度下该区域水资源系统状态比区域平均状态偏湿润，且 RCI 值越大，水资源系统状态越呈现洪涝状态。如果某一时间尺度下，RCVI>0，此时概率累积分布 $p(R)$ 曲线的上扬速度相对较慢，该时间尺度下区域的水资源系统旱涝时空分布相比而言更加分散，说明此时该区域的水资源系统旱涝时空分布状态发生明显异常；RCVI 越小，说明该时间尺度下区域水资源系统的旱涝时空分布就越集中，区域内各单元平均出现不同旱涝等级数相对较少。

4. RCI 旱涝强度等级划分

考虑到不同区域的水资源系统旱涝状态背景不同，本次使用 1990～2013 年海河流域北系的逐日旱涝指数序列进行等级划分，方法采用信息熵算法，即按照某种等级划分规则对海河流域北系逐日 RCI(n) 指数进行等级划分，得到其等级序列 RRCI(n)，等级序列 RRCI 中应该包含有关原始序列 RCI(n) 的信息，一般来说 RRCI(n) 中包含的关于原始序列 RCI(n) 的信息越多，保留的原始序列 RCI(n) 的动力学特性越全，等级划分越合理，因此，建立 RRCI(n) 和 RCI(n) 的互信息函数描述两者之间的非线性耦合，互信息越高，两变量之间的相关性越强，构造的临界点集合越合理。

Shannon 在信息论基本原理中提到互信息理论，将两个随机变量 X 和 Y 的联合信息熵定义为

$$S(X,Y) = \sum_{x,y} P(x,y) \log\left[\frac{1}{p(x,y)}\right] \tag{2-16}$$

若随机变量 X 和 Y 相互独立，则联合信息熵为 $S(X,Y) = S(X) + S(Y)$，定义随机变量 X 与 Y 的互信息熵为

$$I(X,Y) = S(X) + S(Y) - S(X,Y) \tag{2-17}$$

互信息熵是包含于两个不同随机变量之间平均共同信息量的度量，互信息熵越高，变量之间的相关性越强，互信息熵越低，变量相关性越低，当变量相互独立时，相关性最小，互信息为 0。

假设 $C(n)$ 是区域水资源系统临界点的集合，每个集合 $C(k)$，$k=1$，2，…，n 中包含正序排列的临界点 $\{c_{k1}, …, c_{k2}\}$，对于 1990～2013 年海河流域北系 23 年逐日水资源系统旱涝指数序列 RCI(n)，$n=1$，2，…，24×365，z 个临界点 $\{c_{k1}, …, c_{k2}\}$ 中的

$c_{k1} = \min[\mathrm{RCI}(n)]$，给定一个由 $(z-1)$ 个符号组成的符号集 $C(k)$ 和 $\mathrm{RCI}(n)$，若 $c_{kj} < \mathrm{RCI}_i \leqslant c_{k(j+1)}$ 则 $Q(i) = u_j$，这样就将 $\mathrm{RCI}(n)$ 转化成一个符号序列 $Q_k(n)$，进一步计算 $Q_k(n)$ 和 $\mathrm{RCI}(n)$ 的互信息 I_k，将 $C(n)$ 中每一个临界点集合对序列 $\mathrm{RCI}(n)$ 都进行上述计算过程，得到 $Q(n)$ 与 $\mathrm{RCI}(n)$ 的互信息熵序列 $I(n)$，其中互信息熵最大的临界点集合就是最优的临界点集合 $\{mc_1, \cdots, mc_m\}$。

对于信息熵可以理解为系统的有序程度，越是有序的系统，信息熵就越低，而相对混乱的系统，具有较高的信息熵，通过识别系统的信息熵值，可以判断系统在该时间尺度下的无序程度，而系统的无序程度越高，系统在不同时刻的变化或异常显现的信息越多，即可以最大程度的提取系统的变化信息。信息熵最大时，包含的系统不同阶段的变化信息越多，因此，根据最大信息熵识别的区域水资源系统旱涝等级，本质上就是找出最能反映不同等级差异性信息的那一组值。

第3章 降雨径流系列非一致性评价

3.1 降雨径流过程临界特征分析

　　降雨和径流作为水资源系统的两大重要因素，其临界特征与水资源系统的临界状态息息相关。系统的临界状态是系统两种功能的中间状态，当系统由一种功能向另一种转化，或某种功能不能实现时，系统被认为处于临界状态。根据对临界状态的定义，从降雨、径流所承担的满足人类正常生产生活的功能出发可以分析得出其临界特征。

　　作为水循环与人类活动的主要媒介，同时作为水资源系统功能实现的重要介质，径流功能的界定比较直观。从人类生产生活对径流的需求量看，径流主要有排洪、航运、供水、河道生态等主要功能。当河道发生洪水时，生命财产安全受到威胁，排洪功能无法实现；随着径流量的减少，逐步脱离洪水威胁，径流的排洪功能得到实现，当水量和水位减少到一定程度时，径流的航运功能受到影响，随着径流的继续减少，直至航运功能无法实现，这段时间径流处于另一个临界状态；当径流量继续减少到河道动植物生存受到威胁、周边生态环境保持受到影响，河道生态受到威胁时，径流保持河道生态的功能受到影响，随着径流的继续减少，径流保持河道生态的功能彻底丧失，这段过程是径流的一个临界状态。径流的供水功能同样存在临界状态，供水功能与排洪、航运以及保持河道生态三个功能相交叉，其临界状态相对以上三个功能更加缓慢。随着径流量的减少，供水保证率逐渐降低，逐渐不能完全保证社会经济的需求，直至供水功能完全丧失，这段较长的时间都是供水临界状态。

　　降雨通过转化为土壤水和径流来实现其生态功能。当土壤水和径流的功能转化时，所对应的降雨也处于临界状态，但土壤水、径流、降雨的临界状态在时间空间上并不一一对应，即当土壤水、径流发生功能转化的时候，可能降雨早已处于临界状态，甚至已经完成了状态的转换，结束了临界状态。例如，土壤水的功能实现可以通过饱和含水量、田间持水量、凋萎系数等几个典型的土壤含水量来识别，它们分别对应土壤的几个不同功能，如饱和含水量以上则产流或补给地下水，凋萎系数以下则植被干枯，在两者之间则保证植被的正常生产，以上三种基本功能的转换可以通过土壤含水量的变化来识别。但土壤含水量的变化通常时间较短，最长是日尺度上的变化，但造成土壤含水量变化的降雨可能是月尺度降雨的变化，如连续数月的无降雨造成的干旱，这数月中，土壤的功能从产流、补给地下水、供植被生产逐步丧失，经历了多个临界状态，但这数个临界状态与降雨的临界状态并非一一对应。可以说，降雨通过土壤水实现其功能转换临界状态的时间尺度更大。但通过径流实现其功能的降雨临界状态又有其特点。从对应径流的几个功能来看，洪涝灾害、航运、供水、河道生态中，发生洪涝是径流的一个临界状态，而此时对应的降雨也是降雨的一个临界状态，除此以外的几个径流功能与土壤水的功能类似，对应的降雨时间尺度更大，并非一一对应的关系。

综合以上分析，可以发现，径流过程的临界特征包括以下几点：与径流的功能实现有关，洪涝、航运、河道生态、供水几个功能之间的转换、交叉过程即为径流的临界状态；径流过程的临界状态有时间尺度上的差异，造成洪涝与保证航运的临界状态其时间尺度较河道生态功能的临界状态更小，而供水功能对应的临界状态时间尺度则更长。降雨的临界特征与径流、土壤水的临界特征相关联，具有土壤水和径流的特征，也存在自身独特的临界特征。时间尺度较大，土壤干旱所对应的降雨临界状态少则持续数周、多则持续数月，与所对应的土壤水功能存在尺度上的差异；与土壤水、径流临界状态存在时空上的差异，作为土壤水和径流水量的主要来源，降雨临界状态的开始与结束较对应的土壤水功能和径流功能的转变都要提前。

以上对降雨、径流各自的临界特征进行了分析，同时可以发现，降雨和径流之间的临界特征息息相关，不仅是由于降雨的功能要通过径流来实现，更重要的是径流功能的实现依赖于降水，它们之间关系的改变和错位都将对两者的临界状态识别造成影响。在稳定的物理环境下，降雨径流之间的关系是一致且持续的，但由于气候变化和人类活动的影响，大气环流系统改变使得降雨自身存在一个演变过程，降雨自身的临界特征逐步发生变化，如极端降雨事件的频次和程度；同时城市化、植树造林等改造下垫面的人类行为使得产汇流条件也发生了改变，径流与降雨原本的对应关系也人为地发生改变，径流与降雨各自临界关系的对应关系也发生了改变。因此，对降雨径流关系的非一致性进行研究，非常有必要。

3.2 降雨径流非一致性问题

气候变化和人类活动已经影响甚至直接改变了单点、地区或流域等各尺度的水循环物理机制和能量循环特征。当水循环的物理机制发生改变，系统稳定状态遭到破坏，观测资料作为水文规律最主要和最直接的信息来源对变化的水文规律的描述精确度减弱，造成计算结果的偏差、水文规律反映失真，对水文预报、水利工程设计施工、水资源规划利用及防洪减灾等都将产生严重影响。本节将在变化环境下的水文过程和天然水文过程的对比分析基础上，剖析水文非一致性产生的原因，从水循环系统状态的角度对水文非一致性进行分析，并将水文非一致性与时间序列的非平稳性相贯通，最后对水文要素的非一致性进行分类。

3.2.1 非一致性的产生背景

自然水循环的运行最初主要受地球引力和太阳辐射两大外部作用的驱动：地面上的水吸收太阳辐射，蒸发上升成为水汽，随大气运动散布到各地，在适宜条件下，凝结成为降雨，下落至地面。到达地面的雨水，部分蒸腾回到大气圈，部分被冠层截留，截留水量通过蒸发返回大气层或形成地表径流。一部分水量被地面截留的水分通过渗入土壤、蒸发返回大气层、形成地表径流三种渠道进入下一个水文过程；另一部分未被截留的水在分子力、毛管力和重力的作用下渗入地下，或成为土壤水，或沿含水层流动成为地下径流，或经由蒸散发回到大气圈，或补给地下水，成为河川基流。地表径流与地下径流、河川基流在重力作用下汇入江、河、湖泊，经河网汇流入海洋，然后又重新蒸发、凝结、降雨，循环往复运动（图3-1）。

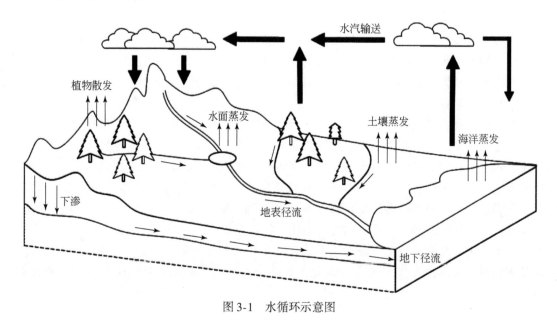

图 3-1 水循环示意图

人类社会出现以前，自然水循环过程是仅受自然因素驱动的一元驱动（王建华和江东，2006），在这种模式下，自然水循环过程运动呈现规律性，并在有限的阻力作用和系统自身的协调作用下保持动态平衡。但在人类社会产生以后，这种平衡和规律就被改变，并随着人类文明的进步和社会的发展，人类对自然水循环过程的干预逐渐增强，水循环系统的原始运动机制已逐渐被自然−社会二元水循环替代。

人类通过供水−用水−耗水−排水等直接用水和改造下垫面两种方式，改变了水循环的原始路径及过程，从而影响并逐渐改变了水的时空分布和运动状态（王建华和江东，2006）。人类的供水−用水−耗水−排水过程对河川径流过程产生直接影响：地表水的开发直接造成河道流量的增减，地下水开采通过改变含水层和包气带特性对地表地下水量交换特性产生影响，用水和耗水通过影响蒸发和土壤入渗形式，最后通过排水将侧支引水返回到自然水循环中。

下垫面是地形、地貌、土壤、植被覆盖等多种人工和自然因素的综合体，是影响流域径流过程的重要因子。人类活动在短时间内对下垫面的改造，比地球活动所带来的地形、地貌、河系等改变所带来的影响更加显著和剧烈。在对自然资源的开发和对自然条件的改造过程中，人类活动逐渐改变了流域的下垫面条件，主要包括农业生产、水利工程建设、水土保持、城市化建设等。农业生产是人类最早开始的改造下垫面活动，从分散零星的种植活动到大规模的耕地建设、灌区建设，再到近半个世纪以来出现的毁林开荒、填湖造田、森林砍伐、过度放牧等。大规模的农业生产对局部地区的微型地貌和地势的改造，改变了土壤层次结构，影响了水循环的产汇流机制；拦蓄、引水工程、供水与灌溉工程等水利工程建设改变了河流的天然形态，影响了地表水和地下水的交汇过程；而水库的调蓄改变了河川径流量、局部蒸散发的时空分布，导致蒸散、入渗等水循环要素通量的变化，改变了水循环的天然情势。近半个世纪以来，我国的小流域综合治理等水土保持措施在减少水土流失的同时，也改变了地表覆盖、地表坡度、局部植被条件和土壤水动力特征，影响了水循环的垂向和水平过程。随着社会发展，城市化对下垫面的改造成为影响天然水循环过程的又一重要因素。城市的发展使得大面积的林地、草地、耕地转化为城市居住地，城市建筑物的增多改变了地面透水性，城市路面、停车场、屋顶等不透水面阻止了降雨或融雪的入渗和地面汇流，而由于不透水面比草地、牧场、耕地、森林等更加平滑，城市地区的产汇流时间更短，流速更快，进而影响了水分在地区的运行和再分配，改变了水的时空转变规律（翟家齐，2012）。

气候变化是另一个影响水文过程的重要因素。降雨时空分布的变化、温度的升高、风速的变化等都会直接影响水循环过程中的水汽蒸散量、河川径流量、地下水及其分配过程。自 20 世纪 70 年代起，学界开始了对气候变化影响的研究；80 年代起，气候变化对水文水资源的影响引起了国际水文学界的高度重视。气候变化对水循环过程的影响研究方向概括起来主要分为两类：①历史气候变化对水文水资源的影响，该方向从当前水文气象要素的演变规律，结合历史气候要素的研究分析，发掘出历史气候变化对流域水循环的影响规律；②未来气候变化对水文水资源的定量分析，对未来可能发生的情况进行预测和评估。20 世纪 90 年代以来，气候变化对水文水资源的影响研究结果因地区未来降雨和气温变化不同而异，基本结论可以概括为：高纬度地区降水呈增加趋势，年径流随之增加；融雪为主要径流量来源的流域，径流和土壤对温度变化的敏感度高于对降雨变化的敏感度，尤其在北温带流域，春季洪水期占年径流的大部分，年降雨对径流的年内分配影响明显弱于气温变化；除此以外，由降雨主导的流域，年径流对降雨变化的敏感度比对气温变化更高；而年径流的变化和年内分配的变化将随着地区水资源系统的脆弱程度影响供水系统的可靠性、恢复性和脆弱性；在未来降雨减少的地区，随着未来气温的上升，径流量和土壤水减少，干旱频率和强度随之增加；发生洪水的概率根据地区的不同而呈现出不同程度的增减。

人类活动在对水循环过程造成直接影响的同时，也通过诱导局地和全球气候的变化，间接改变着天然水循环过程。土地利用方式的改变，使得地表反射率、地面温度、蒸发、土壤持水性和径流都发生改变，进而影响了局部地区的能量和水量平衡。自工业革命以来，温室气体排放的骤然增加导致温室效应的产生，改变了全球气候和局部地区气候。IPCC 报告指出，近百年来，全球地表内温度平均增加 $0.3 \sim 0.6℃$。由于人类活动的集中，城市的逐步扩大和密集，多数城区与市郊的局地微气候产生了差别。城市热岛效应（urban heat island effect）则出现于此背景之下：由于城市与郊区下垫面条件不同，对太阳辐射的吸收和扩散条件有所差异，城市近地层空气温维持在一个高值，而城市中频繁的人类活动所产生的废热、粉尘和温室气体使城市成为一个巨大的发热体，从而造成城市温度较郊区更高。热岛效应强度与该城市的发达程度呈一定的正相关关系，如中国北京、中国上海、加拿大温哥华、德国柏林、美国圣弗朗西斯科（旧金山）等城市的热岛强度就非常明显。从我国夏季降雨整体时空格局及其与东亚夏季风的关系出发分析北京夏季降雨年际变化特征，北京夏季降雨在年际上呈波动减少的趋势，与东亚夏季风变化一致；但城区夏季降雨在 2000 年之后显著增加，与北京建成区面积急剧增加的变化趋势一致。

气候变化和人类活动已经影响甚至直接改变了城市、地区、流域等各尺度的水循环物理机制和能量循环特征。当水循环的物理机制发生改变，稳定的水循环系统遭到破坏，人们通过观测资料得出的经验规律，已不能对变化环境下的真实水文过程进行全面而准确的描述，由此造成计算结果的偏差、水文规律失真，对灾害预测、防洪抗旱决策、水利工程设计施工、资源开发利用以及用水安全保障等都将产生严重影响，即为水文非一致性。

3.2.2　非一致性的定义与内涵

在过去，"三性"审查中的一致性是要求监测的水文样本数据前后一致，属同一总体。在人类改造自然能力较弱时，对非一致序列进行一致性检验，是为了诊断和修正由于站点迁移、仪器设置变化等后期操作所造成的系统误差。但随着人类社会发展，大规模灌溉引水、河坝拦蓄、水土保持、城市化建设、人工取用水等强人类活动和气候变化对自然水循环产生的巨大影响，水文资料的观测背景发生了改变，所取得的样本也不再属于同一总体，即便在修正系统误差以后，水文资料仍然不能满足一致性要求。研究者们将这种由于水文过程本身发生变化，使得水文观测资料不再属于同一总体的现象称为水文非一致性。因此，水文非一致性是在水循环物理条件变化的背景下，水文监测资料不再属于同一总体的现象，反映了水循环过程对变化环境的综合响应过程，体现在水文样本不再满足独立同分布假设。它不包含由于人工操作和仪器设置等造成的资料的前后不一致。

研究者们通过假设水文观测资料符合某种概率密度函数，如 Pearson-Ⅲ 分布、Gumbel 分布、Pareto 分布、Frechet 分布、Weibull 分布和正态分布等，然后通过检验函数的参数是否随时间发生变化，来判断观测资料是否属于同一总体，并将此称为独立同分布假设的验证。而这些概率密度函数的参数都是样本均值和样本方差的确定函数，因此，对观测资料所符合的概率密度函数参数的检验，其实是对样本均值和方差的检验。水文非一致性研究也就是对水文样本均值和方差的研究。

3.2.3　非一致性的表现形式

根据对定义的分析，可以将水文非一致性的表现分为以下两种基本形式：一是仅有均值变化的非一致性；二是仅有方差变化的非一致性，以及对前两者的叠加，即均值与方差都表现非一致性。均值与方差的变化与否，其实质是检验两者是否是时间的函数。目前的研究成果大多集中在均值的非一致性上，如对水文序列趋势性和突变性的检验，具有趋势性的序列，其均值是时间的连续线性函数，具有突变的序列，其均值是时间的分段函数。对方差变化的非一致性以及均值与方差两者同时发生变化的研究目前还相对较少。因此，本节拟结合时间序列分析中的随机过程、时间序列模型、单位根、平稳性等概念对均值与方差变化的表现形式进行解析。

水文过程是一个随机过程。从时间序列分析中对随机过程的平稳性的定义来看，平稳随机过程满足均值与方差不随时间变化的条件，因此非平稳随机过程则取其反，即均值与方差至少有一个发生变化。时间序列分析中将非平稳过程的所有变化都概况为趋势，它包括了水文统计分析中的趋势性和突变性，以及部分周期性。时间序列分析中的趋势，可分为确定性趋势和随机性趋势两类。前者指当确定非平稳序列的相关参数后，完全能预测其趋势和方向，序列的趋势是时间的确定函数；后者指趋势和方向随时间发生变化，一条单一的趋势性不能对序列的趋势进行准确刻画。针对这两种趋势变化，下面将分析其样本的均值和方差变化关系。

假设水文时间序列 $\{Y_t\}$ 可由如下模型表述：

$$Y_t = \beta_1 + \beta_2 t + \beta_3 Y_{t-1} + \varepsilon_t \tag{3-1}$$

式中：Y_t 为随机过程在 t 时刻的取值；β_1、β_2、β_3 为模型参数，其中 $\beta_3 > 0$；μ_t 为白噪声过程 $\{\mu_t\}$ 在 t 时刻的取值；Y_{t-1} 表示一阶滞后项；ε_t 表示随机误差项。

下面对每个成分及相互组合进行考察，纯随机过程或独立随机过程，即满足独立同分布假设的一致水文序列，仅由常数项与随机成分组成，$Y_t = \beta_1 + \varepsilon_t$。如图 3-2 所示。

在平稳随机过程上叠加时间趋势项 $\beta_2 t$ 后，$Y_t = \beta_1 + \beta_2 t + \varepsilon_t$ 曲线如图 3-3，可以发现曲线有明显且确定的趋势，当 β_1、β_2 确定后，就完全能预测其均值，统计学上称其为确定性趋势。但从原序列中减去其均值，所得到的序列将是平稳的，由此称其为趋势平稳（trend stationary），而这种除去确定性趋势的过程，称为除趋势（detrending）。

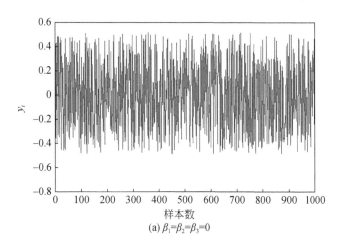

(a) $\beta_1 = \beta_2 = \beta_3 = 0$

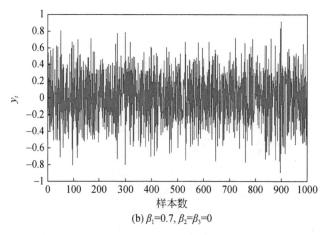

(b) $\beta_1=0.7$, $\beta_2=\beta_3=0$

图 3-2 平稳随机过程示意图

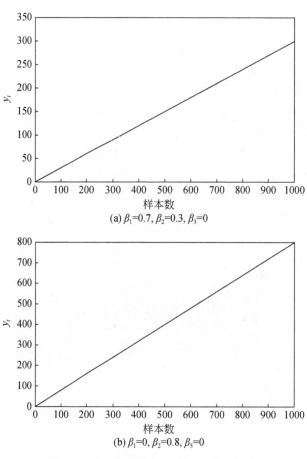

(a) $\beta_1=0.7$, $\beta_2=0.3$, $\beta_3=0$

(b) $\beta_1=0$, $\beta_2=0.8$, $\beta_3=0$

图 3-3 带时间趋势项的随机过程示意图

在平稳随机过程上叠加一阶滞后项 $\beta_3 Y_{t-1}$ 后，$Y_t = \beta_1 + \beta_3 Y_{t-1} + \varepsilon_t$，曲线如图 3-4。可以发现曲线根据参数的不同，有明显的差异。因此，对 $Y_t = \beta_3 Y_{t-1} + \varepsilon_t$ 进行单独分析，写出其通项公式：

$$Y_t = \beta_3 Y_{t-1} + \varepsilon_t = \beta_3^t Y_0 + \sum_{i=1}^{t} \beta_3^{t-i} \varepsilon_i \tag{3-2}$$

从式（3-2）可以看出，当 $\beta_3 = 1$ 时，Y_t 是变量初始值与 t 以前所有时刻随机误差项的累加，对每一次的随机误差项都有无限记忆功能。对均值（μ）和方差进行分析有：

$$E(Y_t) = E\left(Y_0 + \sum \mu t\right) = Y_0 \tag{3-3}$$

$$\mathrm{var}(Y_t) = t\sigma^2 \tag{3-4}$$

发现其均值等于其初始值，而随着 t 的增加，方差无限增大。统计学中，将这样的时间序列模型称为随机游走模型（random walk model，RWM）。统计学中称这类不能确定随机过程未来走向的趋势为随机性趋势，但当对其经过一阶差分以后，得到一个白噪声过程（平稳），因此，也称这样经过一阶差分以后平稳的过程为差分平稳过程（difference stationary process，DSP），如下：

$$\Delta Y_t = Y_t - Y_{t-1} = \mu t \tag{3-5}$$

当 $\beta_3 < 1$ 时，Y_t 收敛，此时，其均值和方差一致，如图 3-4（b）所示。当 $\beta_3 > 1$ 时，Y_t 呈现指数上升趋势，如图 3-4（c）所示，这种情况在水文变量中极其少见，因此不予考虑。

综合以上分析，确定性趋势能够反应均值的变化，可以用变量与随时间的线性关系（$Y_t = \beta_1 + \beta_2 t + \varepsilon_t$）进行表述，将这种能够反应均值变化的非平稳过程称为趋势非一致性；用一阶自回归的形式（$Y_t = \beta_3 Y_{t-1} + \varepsilon_t$）可以表述随机性趋势，反应方差的变化，因此称这种能够代表方差变化的非平稳过程为趋势非一致性。

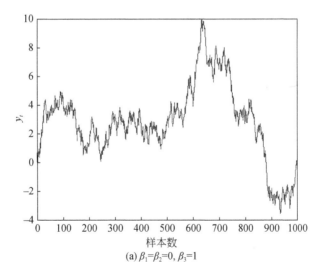

(a) $\beta_1 = \beta_2 = 0$, $\beta_3 = 1$

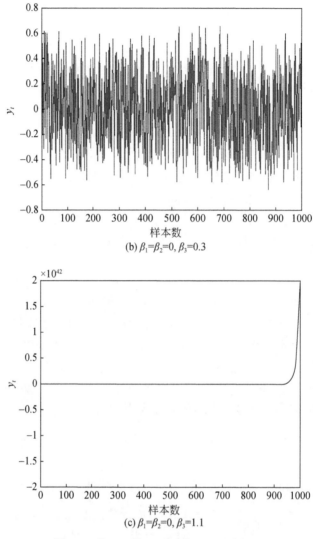

(b) $\beta_1=\beta_2=0, \beta_3=0.3$

(c) $\beta_1=\beta_2=0, \beta_3=1.1$

图 3-4　带一阶滞后项的随机过程示意图

3.3　降雨径流非一致性评价方法

3.3.1　降雨径流非一致性定量评价框架

变化环境下的水资源管理是在适应的同时保证发展，降雨径流的非一致性是在近期和未来一段时间内面临的重大问题，给区域未来水资源管理和可持续利用提供有力的理论和技术支持，建立能够完整、全面地反映区域降雨径流非一致性水平，及其对社会、经济、环境等影响的指标体系，并采用适宜的评价方法对区域降雨径流非一致性进行定量分析和评价，认清降雨径流一致性的标准，非一致性变化的发生点和影响，进而制定与其相协调的发展战略。因此，建立全面而实用的反应降雨径流非一致性的评价指标体系和科学评价方法，将对区域水资源可持续利用战略的实施具有重要指导意义。

变化环境下流域非一致性定量评价方法首先要选择能够判断水文过程是否发生非一致性的方法，并且各个要素的评价结果必须具有可比性；其次是从多个角度评价水文过程的非一致性，尽可能多地覆盖水文过程的各个时空尺度、各个等级、各个方面的特征；再次是对资料的要求不能太高，保证评价的覆盖面尽可能广，很多地方的资料并不能满足现状许多计算结果精确的算法，因此必须权衡评价方法的综合性与精确性。在以上三个要求的基础上，提出一套非一致性定量评价指标体系，在此基础上提出非一致性程度计算方法。

3.3.2　非一致性定量评价指标体系

建立区域的降雨径流非一致性评价指标体系和相应的衡量标准与评价方法，才能知道其非一致性的发展程度，进行降雨径流非一致性的科学界定。从非一致性的定义出发，明确了区域降雨径流非一致性定量评价不仅要体现地区降雨径流本身特征、水资源开发、利用、管理状况即水资源系统的特征和侧重点，还要呈现水资源系统同外部社会、经济系统等的协调作用。基于这种思想，在选择指标构建指标体系时，必须遵循以下原则。

1. 概况性与代表性结合

作为水资源系统的输入输出，降雨径流的特征是多方面的，因此要求建立的指标体系具有足够的涵盖面，全面反映两者非一致性的内涵，但同时又要求指标简洁、精炼，因为要实现指标体系的全面性就极容易造成指标体系过于庞大，检验过程冗余，这样既不便于数据收集与加工，也非常不便于使用，应尽量避免指标之间的信息重叠性，从而影响评价结果的进度。为此，应尽可能选择综合性强、信息量精准的指标，避免选择随机性强的指标，同时应考虑地区特点，抓住主要的、关键的指标。

2. 系统性与层次性结合

水文事件的随机性、时间序列的尺度性、空间差异性等使得降雨径流要素各方面特征相互影响、制约，因此要求建立的指标体系层次分明、系统化、条理化，将复杂问题用简洁明确、层次清晰的指标体系表达出来，充分且全面地展示降雨径流的非一致性。

3. 可行性与可操作性结合

建立的指标体系通常在理论上反映良好，但实践性却不强。因此，在选择指标时，不能脱离指标相关资历信息条件的实际，考虑数据来源，即选择的每项指标不但要具有代表性，而且应尽量是目前统计制度中所包含或通过努力可能达到的，对于未纳入现行统计制度、数据获得不直接的指标，只要它是进行非一致性定量评价所必需的，也可将其选作建议性指标，或者可以选择与其代表意义相近但较容易获取的指标作为代替。

降雨径流非一致性评价指标体系的建立其核心是选择各层指标反映降雨径流系统的变化与特征。它不仅要从各时间尺度、空间尺度反映降雨径流的特征与关系，更要能够反映水资源系统变异剧烈与否，这样才能为地区水资源常态与应急综合管理提供决策参考。影响降雨径流的因素很多，涉及水循环的各个环节，评价指标体系要求能从不同方面、不同角度、不同层面客观地反映区域降雨径流的变化过程及对水资源管理的影响等方面，总的来看，降雨径流指标体系应涵盖以下四个方面。

（1）反映区域降雨、径流时间特征。

（2）反映区域降雨、径流空间分布特征。

（3）反映区域水资源对行业需水的满足情况。

（4）反映区域水资源对供水安全与工程安全的影响力。

拟定若干代表性好、针对性强、易于量化又具备可比性的待选指标，如表 3-1 所示。

表 3-1　降雨径流非一致性定量评价参考指标集

分类	降雨	径流	降雨径流
时间	降雨饱和差比	径流集中期	汇流滞时
	水热系数	年径流深	土地利用类型
	雨温比	洪峰流量	土壤类型变化
	各时段降雨量	河道断面水位	干旱指数
	降雨集中期	峰现时差	湿润指数
	降雨集中度	各时段径流量	土壤最大蓄水能力
	连续最大干旱/湿润日数	峰前历时	调蓄量
	降雨≥10/25/50 日数	径流集中度	径流系数
	连续一/五日最大降雨量		弹性系数
	95%/99% 分位值降雨量		
	全年总湿润日降雨		
空间	基尼系数	基尼系数	
	流域降雨不均匀系数		
	面降雨离差系数		
	流域最大与最小点降雨比值系数		
频率	标准化降雨指数 SPI	各等级径流累积量	作物截留位置
	各等级暴雨次数		地形指数
	各雨型次数		土壤–地形指数
	各类型下垫面场降雨量		

3.3.3 流域降雨径流非一致性诊断

随着水对社会经济的约束越来越大，在进行水资源利用、工程设计时更多地需要考虑多个因素带来的影响，因此在考虑流域降雨径流过程的变化时，不仅要对代表性指标进行非一致性的诊断，更应该选择多项指标对其进行考量，多项指标所构成的一个多指标系统，才能对水文要素多尺度、多等级的特性进行更准确的刻画。但多指标系统也存在着不同指标之间数量级、量纲差异带来对比和统合分析的问题。本节将通过建立多层的指标体系对多项指标进行综合，同时提出非一致度的概念和计算方法，以达到对流域尺度降水径流非一致性进行综合诊断的目的。

分别分析各指标的概括性、代表性，以选择能够体现非一致性内涵，同时能够反映流域特征的指标；同时考虑指标间的相互影响和制约，以使构成的指标体系层次分明且具有条理，能够形成体系；在此基础上，考虑指标的可行性和可操作性。表 3-2 列出可供考虑的指标，形成降水径流非一致性诊断建议指标集。

表 3-2 降雨径流非一致性诊断建议指标集

分类	降雨	径流	降雨径流
时间	降雨饱和差比	径流集中期	汇流滞时
	水热系数	年径流深	土地利用类型
	年降雨	洪峰流量	土壤类型变化
	汛期/非汛期降雨	河道断面水位	干旱指数
	季节降雨	峰现时差	湿润指数
	月降雨	各时段径流量	土壤最大蓄水能力
	连续最大干旱/湿润日数	峰前历时	调蓄量
	降雨≥10/25/50 日数	年径流	径流系数
	连续一/五日最大降雨量	汛期/非汛期径流	弹性系数
	95%/99%分位值降雨量	季节径流	
	全年总湿润日降雨	月径流	
空间	基尼系数	基尼系数	
	流域降雨不均匀系数		
	面降雨离差系数		
	流域最大与最小点降雨比值系数		
频率	标准化降雨指数 SPI	各等级径流累积量	作物截留位置
	各等级暴雨次数		地形指数
	各雨型次数		土壤–地形指数
	各类型下垫面场降雨量		

然后根据指标体系，对各指标提取时间序列，对各个指标序列进行单序列非一致性的诊断，最后通过多序列非一致性诊断方法对各序列非一致性的诊断结果进行综合。

1. 单序列非一致性诊断方法

针对趋势非一致性和差分非一致性两种形式的水文非一致性现象，对单序列水文非一致性的诊断可以分为两步：先进行趋势非一致性的检验，采用增广迪基-富勒检验确定其方差是否发生显著变化，排除之后，再进行趋势非一致性的检验，排除均值发生显著变化的可能性，采用 Kendall 秩次相关法。当水文序列同时排除存在两种非一致性后，才能得到一致序列的诊断结果，流程见图3-5。

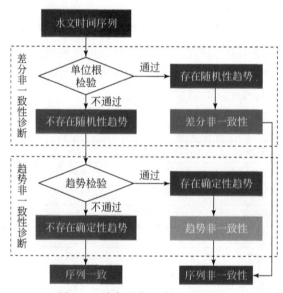

图3-5 单序列非一致性检验流程

1）差分非一致性诊断

对差分非一致性采用一阶自回归模型来描述，并得出当自回归系数为1时，方差发生显著变化，当自回归系数在0到1之间时，方差稳定。因此，对方差的非一致性检验也就是对一阶自回归模型中的 β 系数的检验。在此采用计量经济学中广泛用到的统计学方法：单位根检验对 β 系数进行检验。

介绍单位根的概念，将时间序列模型

$$Y_t = \rho Y_{t-1} + \mu t, \quad -1 < \rho < 1 \tag{3-6}$$

写作差分形式：

$$Y_t - Y_{t-1} = \mu t \tag{3-7}$$

引入滞后算子 L，有 $LY_t = Y_{t-1}$，$L^2 Y_t = Y_{t-2}$，因此，可以将式（3-7）写作：

$$(1-L)Y_t = \mu t \tag{3-8}$$

令 $1-L=0$，则有 $\rho=1$，单位根即滞后算子多项式的根，因此得名。

单位根检验实质上就是对 $\rho=1$ 的检验，检验 ρ 的估计值在统计上是否等于 1，若等于 1，则 Y_t 非平稳。

目前有许多针对单位根的检验方法，本章采用应用最普遍的增广迪基-富勒检验，该方法是由迪基和福勒 1979 年提出。迪基和富勒首先根据 t 分布，构造了一个类似的统计量 $\tau=\dfrac{\rho-1}{S(\rho)}$，其中 $S(\rho)$ 是统计量 ρ 的标准差。在序列存在单位根的情况下，τ 统计量不符合 t 分布，随着样本容量的增大，τ 统计量收敛于标准维纳过程的泛函，并可以用蒙特卡洛方法模拟得出，于是产生了迪基-富勒检验方法。增广迪基-富勒（ADF）检验是在模型的右边加入滞后项：$\sum\limits_{i=1}^{m}\alpha_i\Delta Y_{t-i}$，以缓解 μ_t 项的自相关问题。增广迪基-富勒检验基于最小二乘（OLS）回归式假设估计变量由以下回归组成：

$$\Delta Y_t = \beta_1 + \beta_2 t + \delta Y_{t-1} + \sum_{i=1}^{m}\alpha_i\Delta Y_{t-i} + \mu t \tag{3-9}$$

式中：t 为时间，$\Delta Y_{t-i}=Y_{t-i}-Y_{t-i-1}$。检验随机过程 $\{Y_t\}$ 是否具有单位根，即为检验 δ 是否显著，小于 0，而零假设为存在一个单位根，备择假设为不存在单位根，若 δ 显著，小于 0，则零假设被拒绝。ADF 检验为单边检验，当显著性水平取为 α 时，记 τ_α 为显著水平为 α 时的分位值，则 $\tau\leq\tau_\alpha$ 时，拒绝原假设，认为序列不存在单位根，否则接受原假设，认为序列存在单位根。

2）趋势非一致性诊断

趋势非一致性诊断采用 Kendall 秩次相关检验：对序列 x_1，x_2，…，x_n，确定其中所有数对 (x_i, x_j)，$(j>i)$ 中，出现 $x_i<x_j$ 的次数（设为 p）。顺序的 (i, j) 子集是：$(i=1$，$j=2$，3，4，…，$n)$，$(i=2$，$j=3$，4，5，…，$n)$，…，$(i=n-1$，$j=n)$。如果按顺序前进，t 时刻的值全部大于 $t-1$ 时刻的值，序列即为上升趋势，$p=(n-1)+(n-2)+\cdots+1$，则总和为 $n(n-1)/2$。如果序列倒转，则 $p=0$，为下降趋势。对无趋势序列，p 的数学期望为 $n(n-1)/4$。

此检验的统计量为

$$U=\frac{\tau}{[\operatorname{var}(\tau)]^{1/2}} \tag{3-10}$$

式中：

$$\tau=\frac{4p}{n(n-1)}-1 \tag{3-11}$$

$$\operatorname{var}(\tau)=\frac{2(2n+5)}{9n(n-1)} \tag{3-12}$$

随着 n 的增大，U 收敛于标准化正态分布。

零假设为无趋势，查出给定显著水平 α 的分位值 $U_{\alpha/2}$。当 $|U|<U_{\alpha/2}$ 时，接受原假设，趋势不显著；当 $|U|>U_{\alpha/2}$ 时，拒绝原假设，趋势显著。当不存在差分平稳和趋势平稳时，认为这个序列是平稳的，水文要素是一致的，否则为非一致。

2. 多序列非一致性诊断方法

在已经建立了反映水文要素特征的指标体系基础上，对指标体系中各个指标的时间序列进行单序列非一致性诊断，然后提取出一个指标对流域水文非一致性进行综合反映。在建立指标体系时，由于选取了多项指标对同一水文要素进行不同角度的描述，如从时间角度、频率角度、空间角度等，因此，对流域降雨径流的非一致性定量诊断可以通过具有非一致性的指标个数来反映该要素的非一致程度。由此提出一个描述要素非一致程度的指标——非一致度：①对站点，以非一致指标序列的个数作为该站点非一致度；②对指标，以所有站点在该指标上提取指标序列发生非一致的数量作为该指标的非一致度。

基于非一致度的计算方法，提出多序列的非一致性诊断方法：①首先根据单序列非一致性诊断方法，得到各序列是否发生非一致性，以及发生何种非一致性的诊断结果；②按照站点对具有同类非一致性的指标序列个数以及所有非一致性指标序列的个数进行统计，得到单站点的非一致度；③按照指标对同一具有非一致性的站点个数进行统计，得到流域尺度单指标的非一致度；④将流域所有站点所有指标发生非一致性的序列个数进行统计，得到全流域的非一致度。将以上步骤公式化得到如下步骤：

（1）根据非一致性诊断方法，得到各指标显著水平矩阵：

$$A = \begin{bmatrix} a_{11} & \cdots & a_{1m} \\ \vdots & a_{ij} & \vdots \\ a_{n1} & \cdots & a_{nm} \end{bmatrix}, a_{ij} \in (0,1) \tag{3-13}$$

（2）用 1 代表水文非一致序列，0 代表一致序列，由此得到一个 $m \times n$ 的单位矩阵 A（m 为指标数量，n 为站点数量），将矩阵 A 变为非一致性示意矩阵 B（0-1）：

$$b_{ij} = \begin{cases} 1, 序列非一致 \\ 0, 序列一致 \end{cases} \tag{3-14}$$

$$\Rightarrow B = \begin{bmatrix} b_{11} & \cdots & b_{1m} \\ \vdots & b_{ij} & \vdots \\ b_{n1} & \cdots & b_{nm} \end{bmatrix}, b_{ij} \in (0,1) \tag{3-15}$$

（3）对 B 矩阵按行计数：$S_i = \sum_{l=1}^{n} b_{il} \rightsquigarrow$ 第 i 站单要素非一致度 S_i。

（4）对 B 矩阵按列计数：

$t_j = \sum_{k=1}^{m} b_{kj} \rightsquigarrow$ 区域单指标非一致性 t_j，（$j=1$，2，$\cdots$，n）；

$F_i = \sum_{k=1}^{a} t_k \rightsquigarrow$ 区域单要素非一致性 F_i，（$i=1$，2，3）；

（5）区域综合非一致度：$U = \sum_{k=1}^{3} F_k$

3.4　典型案例研究

京津冀地区是我国重要的经济政治中心，同时也是人类活动对自然水循环改造强度最大的地区之一。受全球气候变化影响，近年来京津冀地区实测水文序列（降雨、径流等）

已不再满足一致性假设，将基于传统水文频率分析法在变化环境下得到的设计成果应用到工程水文设计和水资源管理中存在一定风险。为探求变化环境下流域/区域降雨径流过程的变化规律，研究变化环境下流域/区域降雨径流的非一致性，根据研究需求及资料获取情况，以海河北系及其涉及的北京和天津地区为研究范围，选取研究区域内 20 个雨量站和 20 个径流站，构建指标体系（涵盖 31 项指标），提取共 981 个时间序列，对各个指标序列进行非一致性诊断，在单序列非一致性诊断结果的基础上，计算出各站点的降雨径流非一致度（包括差分非一致度、趋势非一致度）；通过对各站点降雨、极端降雨非一致度进行空间插值，对径流非一致度进行空间展布，以期在一定程度上揭示海河北系和京津地区降雨和径流非一致度的空间分布规律，探索造成地区非一致性差异的可能原因。

3.4.1　研究区概况

海河北系及京津地区位于华北地区（111°E ~ 120°E，38°N ~ 42°N），面积 9.08 万 km²，其中山区占 57.4%，平原占 42.6%，地跨北京、天津、河北、山西和内蒙古 5 个省（自治区、直辖市）。属温带东亚季风气候，冬季受西伯利亚大陆性气团控制，寒冷少雪；春季受蒙古大陆性气团影响，风速大，蒸发量大，往往形成干旱天气；夏季受海洋性气团影响，较湿润，气温高，降雨多且多暴雨，但因历年夏季太平洋副热带高压的进退时间、强度、影响范围等时常变化，致使降雨量变差很大，旱涝时有发生。

地区内水系主要由永定河、蓟运河、潮白河、北运河部分区域组成，蓟运河、潮白河、北运河属北三河水系。其中，永定河上游有桑干河、洋河两大支流，分别发源于蒙古高原和山西高原。北三河水系由原蓟运河、潮白河、北运河三个单独入海的水系组成。潮白河发源于河北省丰宁县和沽源县，在山区汇集大量支流，并有一条主干河道穿越山区而入平原，流域调蓄能力相对较强，泥沙较多；蓟运河和北运河发源于燕山、太行山迎风山区，源短流急，调蓄能力较弱，泥沙较少。

历史上该地区洪涝灾害频繁且十分严重，主要是因为该地区降雨由季风气候主导，集中于汛期 7 月、8 月，而平原地区高程普遍低于 50m，太行山、燕山等围绕在平原地区的西部和北部的山脉高程基本在 1000m 以上，山区与平原几乎直接相连，对气团水汽的抬升作用使得山麓常出现大强度暴雨，且常处于同一雨区内，造成区域内主要河流同时出现洪峰，形成洪涝并至的局势。另外，平原地区南部自西南倾向东北，北部自西北倾向东南，坡度在万分之一左右，其中还有若干高低不等的条形地带，间以大小不等的碟形洼淀，错综相连，地形呈波状起伏，给防洪除涝造成了不利影响。

由于独特的地形地貌，海河北系及京津地区一直以来都是我国洪涝干旱灾害频发的地区。近百年来，研究区洪水以 1939 年最大，自 7 月 20 日至 8 月 5 日，发生三次特大暴雨，造成蓟运河、潮白河、北运河、永定河发生特大洪水，潮白河的百合站洪峰流量达 11200m³/s，冲毁密云县城墙，其下游苏庄洪峰流量达 11000 ~ 15000m³/s，永定河卢沟桥洪峰流量达 4390m³/s，冲毁苏庄闸，夺箭杆河下泄，沙河郑家庄流量达 10000m³/s，千里堤溃决。另一场"56·8"暴雨自 1956 年 7 月 29 日开始至 8 月 4 日结束，历时 7 日，主要分布在太行山迎风区，但雨量超过 100mm 的面积近 17 万 km²。暴雨中心分布零散，7 日暴雨量在 400mm 以上的中心，南至卫河，北到永定河、潮白河，多达 14 场。2012 年 7 月 21 日，北京市区发生 61 年来最强暴雨，造成 79 人死亡，10660 间房屋倒塌，160.2 万人受灾，主要积水道路 63 处，路面塌方 31 处，两起泥石流事件，经济损失 116.4 亿元。海河北系及京津地区是我国重要的经济政治中心，同时也是人类活动对自然调节的改造强度最大、生态环境恶化速度最快的地区，受全球气候变化影响，近年来海河流域的水资源问题日趋严重，已成为制约该流域社会和经济可持续发展的关键因素。

研究利用中国气象科学数据共享服务网发布的海河北系和京津地区及其周边 20 个雨量站 1956~2012 年的日降雨序列资料，以及海河北系和京津地区内的 20 个河道控制站 1956~2000 年的月径流资料，对其进行指标时间序列提取，分析其时空变化特征，在此基础上进行单序列的非一致性诊断和流域尺度的非一致性诊断。雨量站点及径流站点的相关资料如表 3-3 与表 3-4 所示。

表 3-3　雨量站点数据

序号	站名	经度/(°)	纬度/(°)	年均降雨量/mm	序号	站名	经度/(°)	纬度/(°)	年均降雨量/mm
1	张北	114.7	41.15	388.9	11	怀来	115.5	40.4	379.3
2	右玉	112.45	40	422.4	12	密云	116.87	40.38	645.9
3	集宁	113.07	41.03	361.6	13	承德	117.95	40.98	527.2
4	大同	113.33	40.1	375.3	14	遵化	117.95	40.2	723.5
5	五台山	113.52	38.95	741.8	15	北京	116.47	39.8	559
6	蔚县	114.57	39.83	405.2	16	廊坊	116.38	39.12	513.1
7	五寨	111.82	38.92	473.4	17	天津	117.07	39.08	540.9
8	原平	112.72	38.73	423.6	18	唐山	118.15	39.67	614.9
9	丰宁	116.63	41.22	460	19	塘沽	117.72	39.05	586.1
10	张家口	114.88	40.78	400.5	20	黄骅	117.35	38.37	587.5

表 3-4　径流站点数据

序号	站名	经度/(°)	纬度/(°)	年均径流量/万 m³	序号	站名	经度/(°)	纬度/(°)	年均径流量/万 m³
1	张坊	115.68	39.57	49378	11	邱庄水库	118.22	40.02	16271
2	怀柔水库	116.62	40.30	8834	12	水平口	117.85	40.10	18207
3	官厅水库	115.60	40.23	83685	13	石匣里	114.73	40.25	44526
4	通州	116.65	39.93	29527	14	柏崖厂	116.65	40.40	2222
5	张家坟	116.78	40.62	52907	15	密云水库	116.98	40.45	111491
6	苏庄	116.75	40.07	132564	16	响水堡	115.18	40.52	37831
7	于桥水库	117.52	40.03	64115	17	下堡	116.12	40.70	17771
8	册田水库	113.82	39.98	28059	18	戴营	117.10	40.75	26901
9	兴和	113.93	40.88	5175	19	三道营	116.38	40.78	11860
10	漫水河	115.98	39.80	6996	20	张家口	114.88	40.83	7797

3.4.2 诊断指标体系

考虑到海河北系和京津地区独特的地理条件，紧张的人水关系，变化环境下日趋频繁的极端水旱灾害，在进行水资源管理、防洪减灾时，要考虑的因素越来越多，以往选择一两个代表指标对地区水文情势进行概括的方式已不可取，必须考虑多个时间尺度下的降雨径流规律变化，以及可能诱导地质灾害、洪涝灾害的极端天气状况。因此，在对降雨径流非一致性的概念有了较为深刻理解的基础上，根据建立区域降雨径流非一致性指标体系的原则、程序，以及海河北系和京津地区特有的水资源、环境、社会经济状况和实际资料的来源情况，本着建立客观、全面、有针对性的评价指标体系的目的，选择恰当的指标，建立海河北系及京津地区降雨径流非一致性诊断指标体系如表3-5所示。

表 3-5　流域降雨径流非一致性诊断指标体系

目标层	要素层	特征层	指标层
流域降雨径流 非一致度 （50）	降雨 （19）	多时间尺度 （19）	1～12 月降雨量
			春、夏、秋、冬降雨量
			汛期、非汛期降雨量
			年降雨量
	极端降雨 （11）	持续性（3）	连续最大干旱日数（CDD）
			连续最大湿润日数（CWD）
			全年总湿润日降雨量（PCR）
		频次（4）	年日降雨>10mm 日数（R10）
			年日降雨>20mm 日数（R20）
			年日降雨>25mm 日数（R25）
			年日降雨>50mm 日数（R50）
		强度（4）	最大一日降雨量（RX1）
			最大五日降雨量（RX5）
			大于95%分位值累计量（R95P）
			大于99%分位值累计量（R99P）
	径流 （19）	多时间尺度 （19）	1～12 月径流量
			春、夏、秋、冬径流量
			汛期、非汛期径流量
			年径流量
	降雨径流关系（1）	时间（1）	径流系数

注：表3-5是海河北系和京津地区降雨径流非一致性指标体系，包括一个目标，即降雨径流非一致度；三个要素，即降雨、径流、降雨径流关系；多个特征层，共50个指标。

3.4.3 流域降雨径流非一致性诊断

1. 流域降雨非一致性诊断

1）单序列诊断结果

首先对20个降雨站点，19个指标，共380个时间序列进行ADF检验，得到ADF统计量τ，在0.05置信度下，根据$\tau \leqslant \tau_\alpha$时序列具有单位根的判定标准，筛选出差分非一致的序列，反之则不存在单位根，将包括单位根的时序检验结果以●表示，将不包含单位根的时序以○表示，得到单位矩阵。按行、列统计表3-6中●的数量，分别列于网格最右侧和最下侧。

表3-6 降雨差分非一致性诊断结果

	张北	右玉	集宁	大同	五台山	蔚县	五寨	原平	丰宁	张家口	怀来	密云	承德	遵化	北京	廊坊	天津	唐山	塘沽	黄骅	合计
1月	○	○	○	○	○	○	○	○	○	○	○	○	○	○	○	○	○	○	○	○	0
2月	○	○	○	○	○	○	○	○	○	○	○	○	○	○	○	○	○	○	○	○	0
3月	○	○	○	○	○	○	○	○	○	○	○	○	○	○	○	○	○	○	○	○	0
4月	○	○	○	○	○	○	○	○	○	○	○	○	○	○	○	○	○	○	○	○	0
5月	○	○	○	○	○	○	○	○	○	○	○	○	○	○	○	○	○	○	○	○	0
6月	○	○	○	○	○	○	○	○	○	○	○	○	○	○	○	○	○	○	○	○	0
7月	○	○	○	○	○	●	○	○	○	○	○	○	○	○	○	○	○	○	○	○	1
8月	○	○	○	○	○	○	○	○	○	○	○	○	○	○	○	○	○	○	○	○	0
9月	○	○	○	○	○	○	○	○	○	○	○	○	○	○	○	○	○	○	○	○	0
10月	○	○	○	○	○	○	○	○	○	○	○	○	○	○	○	○	○	○	○	○	0
11月	○	○	○	○	○	○	○	○	○	○	○	○	○	○	○	○	○	○	○	○	0
12月	○	○	○	○	○	○	○	○	○	○	○	○	○	○	○	○	○	○	○	○	0
非汛期	○	●	○	○	○	○	○	●	○	○	○	●	○	●	●	●	●	○	●	●	9
汛期	○	○	○	○	○	○	○	●	○	○	○	○	○	○	●	○	○	●	○	○	3
春季	○	○	○	○	○	○	○	○	○	○	○	○	○	○	○	○	○	○	○	○	0
夏季	○	○	○	○	○	○	○	○	○	○	○	○	○	○	○	○	○	○	○	○	0
秋季	○	○	○	○	○	○	○	○	○	○	○	○	○	○	○	○	○	○	○	○	0
冬季	○	●	●	●	●	●	●	●	●	●	○	●	○	○	●	●	●	○	○	○	13
全年	●	●	●	●	●	●	○	●	●	○	○	●	○	○	●	○	●	●	○	●	13
合计	1	3	2	2	2	3	1	4	2	1	0	3	0	1	4	2	3	2	1	2	39

注：●差分非一致，○差分一致。

从各时间尺度上看：月尺度上，仅有 1 个序列发生差分非一致性（占 0.4%）；季尺度上，有 13 个序列发生差分非一致性（16.3%），均出现在冬季降雨上，表明该地区冬季降雨离差变化较大；汛期与非汛期尺度上有 12 个序列发生差分非一致性（30%），主要发生在非汛期降雨上（9 个序列），表明非汛期降雨的离差变化较汛期降水更大；年尺度上，有 13 个序列发生差分非一致性（65%）。

通过 Kendall 秩次检验法，得到各时间序列中包含确定性趋势的检验结果，由此得到各站各指标的趋势非一致度，按照当 $0.025<P<0.975$ 时，时序不存在显著确定性趋势成分的标准，将一致的指标序列以○表示，▼表示（下降）趋势非一致，▲表示（上升）趋势非一致，得到表3-7。按行、列统计表中▼和▲的总数，分别列于网格最右侧和最下侧。

表 3-7 降雨趋势非一致性诊断结果

	张北	右玉	集宁	大同	五台山	蔚县	五寨	原平	丰宁	张家口	怀来	密云	承德	遵化	北京	廊坊	天津	唐山	塘沽	黄骅	合计
1 月	○	○	▼	○	▼	○	○	○	○	○	○	○	○	○	○	○	○	○	○	○	2
2 月	○	○	○	○	▼	○	○	○	○	○	○	▼	○	○	○	○	○	○	○	○	2
3 月	○	○	○	○	▼	○	○	○	○	○	○	○	○	○	○	○	○	○	○	○	1
4 月	○	○	○	○	▼	○	○	○	○	○	▲	○	○	○	○	○	○	○	○	○	2
5 月	○	○	○	○	▼	○	○	○	○	○	○	○	○	○	○	○	○	○	○	○	1
6 月	○	○	○	○	▼	○	○	○	○	○	○	○	○	○	○	○	○	○	○	○	1
7 月	○	○	○	○	▼	○	○	○	○	○	○	○	○	○	○	○	○	○	○	○	1
8 月	○	○	○	○	○	○	○	○	○	○	▼	○	▼	○	○	▼	○	○	▼	▼	5
9 月	○	○	○	○	○	○	○	○	○	○	○	○	○	○	○	○	○	▲	○	○	1
10 月	○	○	○	○	▼	○	○	○	▲	○	○	▲	○	○	▲	○	○	○	○	○	4
11 月	▲	○	▼	○	▼	○	○	○	▲	▼	▲	▲	○	▲	▲	▲	▲	○	○	○	11
12 月	○	○	○	○	○	○	○	○	○	○	○	○	○	○	○	○	○	○	○	○	0
春季	○	○	○	○	▼	○	○	○	○	○	▲	○	○	○	○	○	○	○	○	○	2
夏季	○	○	○	○	▼	○	○	○	○	○	○	▼	○	○	○	○	○	○	○	○	2
秋季	○	○	○	○	▼	○	○	○	○	○	○	○	○	○	○	○	○	○	○	○	1
冬季	○	○	○	○	▼	○	○	○	○	○	○	○	○	○	○	○	○	○	○	○	1
非汛期	○	○	○	○	▼	○	○	○	▲	○	▲	○	○	▲	▲	○	○	○	○	○	5
汛期	○	○	○	○	▼	○	○	○	○	○	○	○	○	○	○	○	○	○	○	○	1
全年	○	○	○	○	▼	○	○	○	▼	○	▼	○	○	○	○	○	○	○	○	○	3
合计	1	0	2	0	16	0	0	0	4	1	6	4	1	2	3	2	1	1	1	1	46

注：▼（下降）趋势非一致，▲（上升）趋势非一致，○一致。

从各时间尺度上看：月尺度上，共有 31 个序列发生趋势非一致（12.9%），其中 13 个指标呈上升趋势，剩余的 18 个指标呈下降趋势非一致；季尺度上，有 6 个序列发生趋势非一致（7.5%），其中 5 个呈下降趋势，1 个呈上升趋势。汛期/非汛期尺度上，有 6 个序列发生趋势非一致（15%），其中有 5 个非汛期降雨序列发生趋势非一致，4 个呈现上升趋势；年尺度上，有 3 个序列发生趋势非一致（15%），且均为下降趋势。

表 3-8 是对比各尺度指标发生差分和趋势非一致性的情况：月尺度上，有 32 个序列具有非一致性（13.3%），除蔚县的 7 月降雨序列以外全部表现为趋势非一致，其中 13 个呈上升趋势，19 个呈下降趋势；季尺度上，有 18 个序列具有非一致性（22.5%），13 个序列具有差分非一致性，6 个序列具有趋势非一致性，1 个序列同时发生差分非一致和趋势非一致变化，具有趋势非一致性的 6 个序列中，5 个为下降趋势，具有差分非一致性的序列全部出现在冬季降雨中。汛期和非汛期降雨尺度上，有 16 个序列具有非一致性（40.0%）：12 个序列具有差分非一致性，6 个序列具有趋势非一致性，差分非一致性主要出现在非汛期降雨中，汛期降雨中主要出现的是趋势非一致性。年尺度上，有 14 个序列具有非一致性（70.0%），其中有 3 个序列呈现趋势非一致性，2 个序列同时具有趋势非一致和差分非一致，13 个序呈现差分非一致。

表 3-8　降雨各时间尺度指标非一致度

降雨		月尺度 （240）	季尺度 （80）	汛期和非汛期 尺度（40）	年尺度 （20）	综合 （380）
差分	非一致序列个数	1	13	12	13	39
	比例	0.4%	16.3%	30.0%	65.0%	10.3%
趋势	非一致序列个数	31	6	6	3	46
	比例	12.9%	7.5%	15.0%	15.0%	12.1%
综合	非一致序列个数	32	18	16	14	80
	比例	13.3%	22.5%	40.0%	70.0%	21.1%

综合以上分析，海河北系及京津地区的降雨在大尺度上的非一致性程度较小尺度上更大，大时间尺度降雨的非一致性主要以方差变化为主，而小尺度降雨的变化以均值变化为主，因此，海河北系及京津地区降雨在大尺度上的变幅将继续加大，而小尺度上的降雨变化将会呈现整体的上移或下移。

2）站点非一致性度对比分析

将各站点不同时间尺度降雨指标非一致性程度作图。站点降水非一致性程度范围在 0～19 内。从站点降雨非一致性程度分布图（图 3-6）上看，各站降雨非一致性程度平均为 4.1，五台山站达到 16，以趋势为主，其余 19 个站点的降雨非一致度均低于 7。从类型上看，除承德和怀来站仅具有趋势非一致性，大同、右玉、蔚县、原平 4 站仅具有差分非一致性外，其余 14 个站点均包含两种类型的非一致性。

3）非一致度空间分布特征分析

将各站降雨非一致度、差分非一致度、趋势非一致度均进行空间插值，得到海河北系及京津地区的降雨非一致度以及各类非一致度的分布情况（表 3-9）。从图 3-9 可以看出，降雨非一致度不高，有近 60% 的面积非一致度在 4 以下，主要分布在西部山地和东部沿海

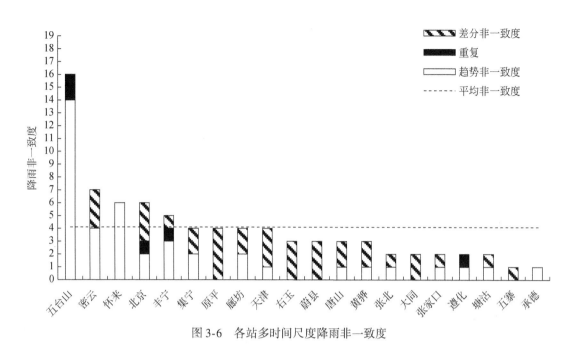

图 3-6 各站多时间尺度降雨非一致度

地区，在燕山和太行山的山前地区、北京城区以及五台山以北的山地地区降雨非一致度较高，非一致度基本在 6 以上。

表 3-9 多时间尺度降雨非一致度分布情况

雨量站	非一致度	差分非一致度	趋势非一致度
五寨	0.3	0.5	0.8
右玉	0.5	0.4	1.4
大同	0.2	3.1	1.2
张家口	0.1	0.2	0.9
蔚县	0.6	0.3	1.2
怀来	6.2	0.1	7.0
丰宁	5.3	0.4	4.3
密云	7.1	3.2	3.8
北京	7.3	4.0	2.2
遵化	3.2	2.3	2.1
唐山	3.3	2.2	1.8
天津	3.4	3.3	1.3
塘沽	2.1	2.1	1.1

分析多时间尺度降雨差分非一致度的分布情况可以看出，研究区域降雨的差分非一致度跨度较小，最高为4，最低小于1，差分非一致度较高的地区主要分布在平原地区及西部山地地区，平原地区以北京市市区为高值区中心，并向南部平原延伸，山地地区以大同、蔚县为界以西地区为主。以上地区降雨的方差变化较为显著。

分析多时间尺度降雨趋势非一致度的分布情况可以看出，研究区域降雨的趋势非一致度跨度较大，最高值达到7，最低值小于1，高值区集中在以怀来、密云、丰宁为中心的太行山脉和燕山山脉的山前地区，以及五台山以北的山区腹地。以上地区降雨的均值下降趋势较为显著。

2. 流域极端降雨非一致性诊断

研究区域地处亚欧大陆东海岸中纬度西风带，属暖温带大陆性季风气候区。冬季受西伯利亚大陆性气团控制，寒冷少雪；春季受蒙古大陆性气团影响，气候干燥，往往形成干旱天气；夏季受海洋性气团影响，降雨量大，且多暴雨。同时由于历年副热带高压的进退时间、强度、影响范围等很不一致，暴雨的变差系数很大，极端旱涝时有发生；秋季一般年份降雨量较少，但有时也会产生较大的暴雨洪水。研究区地势西北高东南低，包含有高原、山地及平原三种地貌类型，各河系呈扇形状汇聚于天津入渤海湾。南部呈弧形、南北走向的太行山山脉和东西走向的燕山山脉是华北平原高耸的天然屏障，阻挡来自东部和南部海洋水汽的西进和北上，其迎风山区成为海洋水汽的集聚区和极端暴雨的多发地带。受上述季风气候及地形条件的影响，流域频繁发生极端暴雨。

1) 单序列诊断结果

对20个降雨站点，11个极端降雨指标，共220个时间序列进行ADF检验，结果如表3-10所示：220个进行ADF检验的极端降雨指标序列中，共有159个序列具有差分非一致性，所占比例为72.3%。持续性指标（CDD/CWD/PCR）有32个序列具有差分非一致性（53.3%），主要集中在CDD（14）和CWD（18）两项指标上，而PCR一致性较好（0）；频次指标（R10/R20/R25/R50）四项指标，有50个序列具有差分非一致性（62.5%），其中以日降雨大于50mm日数差分非一致度最高（19），而日降雨大于20mm日数差分非一致度最高（4）；强度指标（R95P/R99P/RX1/RX5）四项指标，有77个序列具有差分非一致性（96.3%），其中RX1和RX5达到了峰值（20）。从以上分析可以看出，海河北系及京津地区的极端降雨差分非一致性非常明显，且主要集中在强度指标上，其次是频次指标，差分非一致度最低的是持续性指标。因此推测未来极端降雨的强度、频次和持续性的方差的震荡幅度将会继续增大。

表 3-10 极端降雨差分非一致性网格图

指标	张北	右玉	集宁	大同	五台山	蔚县	五寨	原平	丰宁	张家口	怀来	密云	承德	遵化	北京	廊坊	天津	唐山	塘沽	黄骅	合计
CDD	●	●	●	●	●	●	●	○	●	●	●	●	●	○	○	●	○	●	○	○	14
CWD	●	●	●	●	●	●	●	○	●	●	●	●	●	●	●	●	●	●	●	●	18

续表

指标	张北	右玉	集宁	大同	五台山	蔚县	五寨	原平	丰宁	张家口	怀来	密云	承德	遵化	北京	廊坊	天津	唐山	塘沽	黄骅	合计
PCR	○	○	○	○	○	○	○	○	○	○	○	○	○	○	○	○	○	○	○	○	0
R10	●	●	●	●	●	●	●	○	●	●	●	●	●	●	●	○	●	●	●	○	17
R20	●	●	○	○	●	○	○	○	○	●	○	○	○	○	○	○	○	○	○	○	4
R25	●	●	●	●	●	●	○	○	○	●	○	○	○	○	○	○	○	●	●	●	10
R50	●	●	●	●	●	●	●	●	●	●	●	●	●	○	●	●	●	●	●	●	19
R95P	●	●	●	●	○	●	●	●	●	●	○	●	●	●	●	●	●	●	●	●	18
R99P	●	●	●	●	●	●	●	○	●	●	●	●	●	●	●	●	●	●	●	●	19
RX1	●	●	●	●	●	●	●	●	●	●	●	●	●	●	●	●	●	●	●	●	20
RX5	●	●	●	●	●	●	●	●	●	●	●	●	●	●	●	●	●	●	●	●	20
合计	10	8	9	8	8	10	8	4	9	8	9	8	8	9	8	6	6	8	8	7	159

注：●差分非一致，○该序列一致。

对极端降雨指标进行 Kendall 秩次检验得到各时间序列中包含确定性趋势的检验结果，如表 3-11 所示，共有 18 个指标时间序列具有趋势非一致性（8.2%），其中 17 个序列呈现下降趋势。持续性指标共有 7 个序列具有趋势非一致性，比例为 11.7%，其中五台山站的连续干旱日数呈现上升趋势，其余均为下降趋势；频次指标仅有 2 个序列具有趋势非一致性（2.5%），且均为下降趋势；强度指标有 9 个序列具有趋势非一致（11.3%），均为下降趋势。从以上分析可以发现，海河北系及京津地区极端降雨的趋势非一致度很低，仅个别站点的个别指标具有趋势非一致性。因此认为，该地区极端降雨的持续性、频次和强度的均值并未发生较大变化。

表 3-11　极端降雨趋势非一致性网格图

指标	张北	右玉	集宁	大同	五台山	蔚县	五寨	原平	丰宁	张家口	怀来	密云	承德	遵化	北京	廊坊	天津	唐山	塘沽	黄骅	合计
CDD	○	○	○	○	▲	○	▼	○	○	▼	○	○	○	○	○	○	○	○	○	○	3
CWD	○	○	○	○	▼	▼	○	○	○	○	○	○	○	○	○	○	○	○	○	○	2
PCR	○	○	○	○	▼	○	○	○	○	○	○	○	○	▼	○	○	○	○	○	○	2
R10	○	○	○	○	▼	○	○	○	○	○	○	○	○	○	○	○	○	○	○	○	1
R20	○	○	○	○	○	○	○	○	○	○	○	○	○	○	○	○	○	○	○	○	0
R25	○	○	○	○	○	○	○	○	▼	○	○	○	○	○	○	○	○	○	○	○	1
R50	○	○	○	○	○	○	○	○	○	○	○	○	○	○	○	○	○	○	○	○	0
R95P	○	○	○	○	○	○	○	○	▼	○	○	○	○	○	○	▼	○	○	○	○	2
R99P	○	○	○	○	○	○	○	○	○	○	▼	○	○	▼	○	▼	○	○	○	○	3

指标	张北	右玉	集宁	大同	五台山	蔚县	五寨	原平	丰宁	张家口	怀来	密云	承德	遵化	北京	廊坊	天津	唐山	塘沽	黄骅	合计
RX1	○	○	○	○	○	○	○	○	○	○	○	○	○	▼	▼	▼	○	○	○	○	3
RX5	○	○	○	○	○	○	○	○	○	○	○	○	○	○	○	▼	○	○	○	○	1
合计	0	0	0	0	4	1	1	0	2	1	1	0	0	3	2	3	0	0	0	0	18

注：▼（下降）趋势非一致，▲（上升）趋势非一致，○一致。

对比极端降雨的趋势和差分非一致性诊断结果发现（表3-12）：持续性指标有34个序列具有非一致性（56.7%），主要呈现差分非一致，且集中在CDD和CWD两项指标上，另外有两个站点（五台山和遵化）的PCR具有趋势非一致性。频次指标有50个序列发生非一致性（62.5%），均具有差分非一致性，且五台山站的R10和丰宁站的R25还具有趋势非一致性。强度指标有77个序列发生非一致性（96.3%），均具有差分非一致性，另有9项指标同时具有趋势非一致性。

表3-12 极端降雨各特征指标非一致度

极端降水		持续性 （60个）	频次 （80个）	强度 （80个）	综合 （220个）
差分	非一致序列个数	32	50	77	159
	比例	53.3%	62.5%	96.3%	72.3%
趋势	非一致序列个数	7	2	9	18
	比例	11.7%	2.5%	11.3%	8.2%
综合	非一致序列个数	34	50	77	161
	比例	56.7%	62.5%	96.3%	73.2%

从以上分析可以看出，海河北系及京津地区的极端降雨的非一致度较高，并且以方差的变化为主，其中强度指标的非一致度最高，频次指标次之，持续性指标相对较低。因此推断未来海河北系及京津地区极端降雨的量级变幅呈现增大趋势，极端大暴雨的发生将会更加频繁。

2）站点非一致度对比分析

将各站极端降雨非一致度作图。各站极端降雨非一致度范围在0～11内。从站点分布图3-7上看，各站极端降雨的平均非一致度为8.05，其中张北、蔚县站达到了10。非一致度最低的站点为原平，仅4项指标表现出非一致性。因此，差分非一致性是海河北系和京津地区极端降雨非一致性的主要类型，所有站点均有指标序列诊断出差分非一致性，其中有12个站点只诊断出差分非一致性，其余8个站点仅少数指标序列诊断出趋势非一致性。这表示多数站点极端降雨的均值未发生显著变化，但所有站点均有部分序列的方差发生了显著变化。因此认为该地区极端降雨的平均水平并未发生显著变化，但方差有增加趋势。

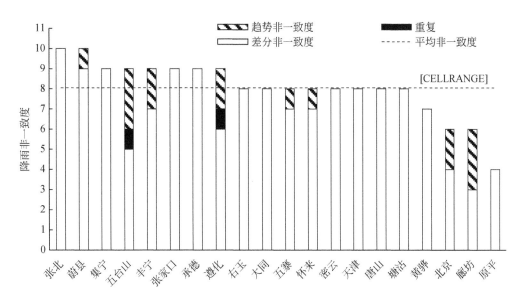

图 3-7　各站极端降雨非一致度

3）非一致度空间分布特征分析

将各站极端降雨非一致度进行空间插值，得到海河北系及京津地区的极端降雨非一致度分布情况（表 3-13）。可以看出，该地区极端降雨的非一致度总体水平较高，最低为 5，最高为 10，研究区域 80％面积极端降雨非一致度达到 8 及以上，高值区以蔚县、张北一线为中心呈现 T 形分布，与太行山山脉和燕山山脉的山前地区走向相一致，相对低值区位于北京南部以及原平以北的少部分区域，因此山前地区的极端降水变化更加剧烈。

表 3-13　极端降雨非一致度分布情况

雨量站	非一致度	差分非一致度	趋势非一致度
五寨	5.0	6.4	2.8
右玉	7.5	7.3	3.4
大同	7.2	8.2	3.2
张家口	8.1	9.3	2.9
蔚县	10.0	10.0	2.2
怀来	7.3	8.1	2.7
丰宁	8.4	8.4	2.3
密云	8.6	8.3	3.4
北京	7.3	5.0	3.2
遵化	9.2	9.4	3.2
唐山	8.3	8.3	2.8
天津	8.4	8.5	2.3
塘沽	8.1	8.2	2.2

分析极端降雨差分非一致度的分布情况可以看出，研究区域降雨的差分非一致度跨度较小，但均值较高，最高为 10，最低为 6。差分非一致度较低的地区主要分布在平原地区，以及西部山地地区，以北京市市区为低值区中心，并向南部平原延伸，同时西部低值区自大同向西南延伸。差分非一致度较高的地区位于蔚县和张北两个中心，并沿着山前地区向东北方向延伸。因此，在山前地区极端降雨的方差变化较平原地区和山地腹地更加显著。

分析极端降雨趋势非一致度的空间分布情况可以看出，研究区域极端降雨趋势非一致度跨度较小，均值也较低，最高仅为 3。趋势非一致度相对较高的地区主要分布在城市区和少部分山地地区。东部沿海和西部山地内部极端降雨的趋势非一致度均较低。表明在研究区域，极端降雨均值发生较显著变化的仍是山前地区以及城市地区，其余地区极端降雨的均值并未发生显著变化。

3. 流域径流非一致性诊断

近几十年来，在气候变化与下垫面变化等因素的影响下，观测到海河流域的河川径流量呈现出显著的下降趋势。在平原地区出现了河流断流、入海径流锐减。海河流域大规模的人类活动发生在"63·8"大洪水以后，在山区修建了大型水库 10 余座、中型水库 70 余座、小型水库 1400 余座，控制了山区流域面积的 85% 以上。开发大小灌溉引水渠道 20 余条，灌溉面积增加。以造林、种草、封山育林等措施为主的山区水土流失治理工作使林草覆盖率提高了 20%~40%。这些以工程为主的人类活动对社会发展、经济建设发挥了重要作用，但同时对陆地水循环也产生了很大影响。而人类活动离不开气候背景，海河流域大规模的人类活动恰好发生在干旱的气候波动和温度升高时期，这个时期，无论农业灌溉用水、生态用水的消耗水量都要比 20 世纪五六十年代的湿润时期多，大量兴建的水库的水面蒸发以及土壤蒸发量增大。暖干的气候与人类活动的相互作用使得海河流域的土壤湿度自 20 世纪 80 年代开始，从浅层（0~5cm）到深层（90~100cm）明显变干。侧支水循环的作用增加，陆地水循环的垂向分量加大。出现了地下水位急剧下降、湿地破坏、河流断流、入海径流锐减等水环境的恶化。

1）单序列诊断结果

对 20 个径流站点，19 个指标，共 380 个时间序列进行 ADF 检验，得到径流多时间尺度指标的差分非一致性诊断结果，如表 3-14 所示，发现 380 个径流多时间尺度指标序列中有 124 个指标诊断出差分非一致性（32.6%）。月尺度上有 73 个序列具有差分非一致性（30.4%），主要集中在旱季指标，雨季径流指标基本没有诊断出差分非一致性。季节尺度上，有 31 个序列诊断出具有差分非一致性（38.8%），主要在春冬季节（春季径流差分非一致度为 15，冬季径流差分非一致度为 16），夏秋季径流差分非一致度为低。汛期/非汛期尺度上，有 18 个序列具有差分非一致性（45%），均为非汛期径流序列。年尺度上，仅两个站点的年径流具有差分非一致性（10%）。基于以上分析，海河北系及京津地区的径流差分非一致度不高，汛期/非汛期尺度上差分非一致度相对较高，旱季径流方差变化较大，但旱季径流对年径流的贡献较少（约30%）。因此推断，海河北系和京津地区的径流整体方差较稳定。

表 3-14 径流差分非一致性网格图

时间	张坊	怀柔水库	官厅水库	通州	张家坟	苏庄	于桥水库	册田水库	兴和	漫水河	邱庄水库	水平口	石匣里	柏崖厂	密云水库	响水堡	下堡	戴营	三道营	张家口	合计
1 月	○	●	●	○	○	●	●	○	○	○	○	●	●	●	●	●	○	●	●	○	11
2 月	○	●	●	○	●	●	●	○	○	○	●	●	●	●	●	●	●	●	●	○	14
3 月	○	●	●	○	●	●	●	○	○	○	●	●	●	●	●	●	●	●	●	●	15
4 月	○	●	○	○	○	●	●	●	●	○	○	●	○	●	○	○	○	●	●	○	9
5 月	○	○	○	○	●	●	●	○	●	○	●	●	●	●	●	●	○	○	○	○	10
6 月	○	○	○	○	○	○	●	○	○	○	○	○	○	○	○	○	○	○	○	○	1
7 月	○	○	○	○	○	○	○	○	○	○	○	○	○	○	○	○	○	○	○	○	0
8 月	○	○	○	○	○	○	○	○	○	○	○	○	○	○	○	○	○	○	○	○	0
9 月	○	○	○	○	○	○	○	○	○	○	○	○	○	○	○	○	○	○	○	○	0
10 月	○	○	○	○	○	○	○	○	○	○	○	○	○	○	○	○	○	○	○	○	0
11 月	○	○	○	○	○	○	●	○	○	○	●	○	○	●	○	●	○	●	○	○	5
12 月	○	○	○	○	○	●	●	●	○	○	●	●	○	●	●	●	○	●	○	○	8
春季	○	●	●	○	●	●	●	●	●	○	●	●	●	●	●	●	○	●	●	○	15
夏季	○	○	○	○	○	○	○	○	○	○	○	○	○	○	○	○	○	○	○	○	0
秋季	○	○	○	○	○	○	○	○	○	○	○	○	○	○	○	○	○	○	○	○	0
冬季	○	●	●	●	●	●	●	○	○	○	●	●	●	●	●	●	●	●	●	●	16
非汛期	○	●	●	●	●	●	●	●	●	○	●	●	●	●	●	●	●	●	●	●	18
汛期	○	○	○	○	○	○	○	○	○	○	○	○	○	○	○	○	○	○	○	○	0
全年	○	○	○	○	○	○	●	○	○	○	●	○	○	○	○	○	○	○	○	○	2
合计	0	7	6	2	6	8	12	3	5	0	5	10	7	10	7	9	7	9	8	3	124

注: ● 表示发生差分非一致, ▼ 发生趋势非一致, 且呈下降趋势, ▲ 表示发生趋势非一致, 呈上升趋势, ○ 表示该序列一致。

　　通过 Kendall 秩次检验法，得到各站各指标时间序列中包含确定性趋势的检验结果，如表 3-15 所示，发现有 252 个序列诊断出具有趋势非一致性（66.3%），其中 48 个呈上升趋势，204 个呈下降趋势。月尺度上，有 155 个序列具有趋势非一致性（64.5%），其中 132 个呈下降趋势，23 个呈上升趋势，上升趋势主要集中在于桥水库、柏崖厂两站，下降趋势则分布较广且较平均。季尺度上，有 57 个序列呈现趋势非一致性（71.3%），其中 43 个序列呈下降趋势，14 个序列呈上升趋势。汛期/非汛期尺度上，有 26 个序列呈趋势非一致性（65%），非汛期径流上有 4 个站点呈上升趋势，汛期径流有 11 个具有趋势非一致性，其中两个为上升趋势。年尺度上，有 14 个序列具有趋势非一致性（70%），除于桥水库和邱庄水库外，其余均为下降趋势。从以上分析可以看出，海河北系和京津地区径流在各时间尺度上均具有较强的趋势非一致性，月尺度、季尺度和年尺度径流的非一致性均较强，汛期/非汛期尺度上较弱，除个别站点外（于桥水库、兴和、邱庄水库、水平口、柏崖厂、三道营）外，基本均呈现下降趋势。

表 3-15　径流趋势非一致性网格图

指标站	张坊	怀柔水库	官厅水库	通州	张家坟	苏庄	于桥水库	册田水库	兴和	漫水河	邱庄水库	水平口	石匣里	柏崖厂	密云水库	响水堡	下堡	戴营	三道营	张家口	合计
1 月	▼	○	▼	○	▼	▼	▲	▼	▲	▼	▲	○	▼	▲	▼	▼	▼	○	○	▼	15
2 月	▼	○	▼	○	▼	▼	▲	▼	▲	▼	▼	○	▼	▲	▼	▼	▼	○	○	▼	15
3 月	▼	▼	▼	○	▼	▼	▲	▼	○	▼	▼	○	▼	▲	▼	▼	▼	○	▼	▼	16
4 月	▼	○	▼	○	▼	○	▲	▼	▼	▼	○	▼	▼	▼	▼	▼	▼	▼	▼	▼	16
5 月	▼	○	▼	○	▼	▼	▲	▼	▲	▼	○	▼	▲	▼	▲	▼	▼	○	○	▼	13
6 月	▼	○	▼	○	▼	▼	▲	▼	▼	▼	▲	▲	▼	▲	▼	○	▼	▼	▲	○	14
7 月	▼	○	▼	○	▼	▼	○	○	○	▼	○	○	▼	○	▼	○	○	○	○	○	8
8 月	▼	○	▼	○	▼	○	○	○	○	▼	○	○	▼	○	▼	▲	▼	○	○	○	9
9 月	▼	○	▼	○	▼	○	○	▼	○	▼	○	○	▼	▲	▼	○	▼	○	○	▼	11
10 月	▼	○	▼	○	▼	▼	○	▼	○	▼	○	○	▼	▲	▼	▼	▼	○	○	▼	11
11 月	▼	○	▼	○	▼	▼	▲	▼	○	▼	○	○	▼	▼	▼	▼	▼	○	○	▼	13
12 月	▼	○	▼	○	▼	▼	▲	▼	▲	▼	○	○	▼	▲	▼	▼	▼	○	○	▼	14
春季	▼	▼	▼	○	▼	▼	▲	▼	▲	▼	▲	▲	▼	▲	▼	▼	▼	▼	▲	▼	19
夏季	▼	○	▼	○	▼	▼	○	○	○	▼	▲	▲	▼	○	▼	▼	▼	○	○	○	11
秋季	▼	○	▼	○	▼	▼	○	▼	○	▼	○	○	▲	▲	▼	▼	▼	○	○	▼	12
冬季	▼	○	▼	○	▼	▼	▲	▼	○	▼	▲	○	▲	▲	▼	▼	▼	○	○	▼	15
非汛期	▼	○	▼	○	▼	▼	▲	▼	○	▼	▲	○	▼	▲	▼	▼	▼	○	○	▼	15
汛期	▼	○	▼	○	▼	○	○	▼	○	▼	▲	○	▼	▲	▼	▼	▼	○	○	▼	11
全年	▼	○	▼	○	▼	▼	▲	▼	○	▼	▲	○	▼	▼	▼	▼	▼	○	○	▼	14
合计	19	2	17	0	19	9	13	19	6	18	10	8	19	17	17	18	19	5	3	14	252

　　注：●表示发生差分非一致，▼发生趋势非一致，且呈下降趋势，▲表示发生趋势非一致，呈上升趋势，○表示该序列一致。

对比径流指标表现差分非一致性和趋势非一致性的情况（表3-16），月尺度上有174个径流时间序列具有非一致性（72.5%），有73个序列为差分非一致性，155个为趋势非一致，有44个序列同时具有差分和趋势非一致性。季节尺度上，有61个序列具有非一致性（76.3%），57个序列具有趋势非一致性，其中仅4个序列呈上升趋势，剩余53个序列均为下降趋势，31个序列具有差分非一致性，另有27个序列同时具有差分非一致性和趋势非一致性。汛期/非汛期降雨尺度上，有31个序列具有非一致性（77.5%）：26个序列具有趋势非一致性，18个序列具有差分非一致性，且全部出现在非汛期降雨中，汛期降水中主要趋势呈非一致性，以下降趋势为主，仅怀柔、通州、三道营三站的汛期径流呈上升趋势。年尺度上，有14个序列具有非一致性（70.0%），其中有两个序列同时呈现差分非一致性和上升的趋势非一致性（于桥水库和邱庄水库），其余12个序列均呈现下降的趋势非一致性。

表 3-16　径流各时间尺度指标非一致度

径流		月尺度 （240个）	季尺度 （80个）	汛期/非汛期 尺度（40个）	年尺度 （20个）	综合 （380个）
差分	非一致序列个数	73	31	18	2	124
	比例	30.4%	38.8%	45.0%	10.0%	32.6%
趋势	非一致序列个数	155	57	26	14	252
	比例	64.5%	71.3%	65.0%	70.0%	66.3%
综合	非一致序列个数	174	61	31	14	280
	比例	72.5%	76.3%	77.5%	70.0%	73.7%

因此，海河北系及京津地区的径流非一致性较高，以下降的趋势非一致性为主，旱季径流变差较雨季更大，在月尺度、季尺度上方差较年尺度和汛期/非汛期尺度上变差更大。可以推断未来该流域大部分地区径流呈现减少趋势，而旱季径流的均值下降趋势较雨季径流更加显著。

2）站点非一致度对比分析

将各站径流非一致度作图。各站非一致度范围在0～19内。从站点径流非一致度上看（图3-8）：研究区域径流平均非一致度为14，整体非一致度非常高，有17个站点径流非一致度达到10及以上，其中10个站点径流非一致度在17及以上，并有张坊、张家坟、册田水库、石匣里、兴平5个站点达到峰值19；通州站点径流非一致度最小（2）。从非一致性类型上看，除通州仅具有差分非一致性，张坊、漫水河仅具有趋势非一致性外，其余17个站点径流均有指标序列同时诊断出差分非一致性和趋势非一致性，表明通州站的径流仅均值发生变化，张坊和漫水河两站的径流仅方差发生变化，其余站点径流的均值和方差都在不同程度上发生了显著变化。从总体上看，研究区域径流非一致度很高，以均值的变化为主，仅在部分站点的少数指标序列上诊断出方差的变化。

3）非一致度空间分布特征分析

分析海河北系及京津地区径流非一致度的空间分布情况（表3-17），发现研究区域

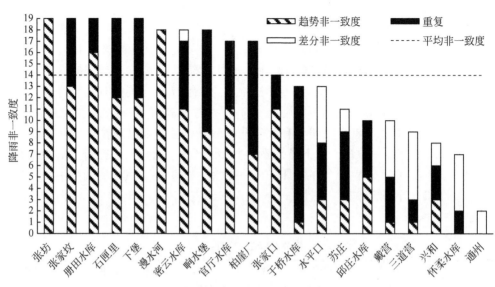

图 3-8 各站点径流非一致度

径流非一致度整体较高，同时跨度较大，最高达到 19，最低仅为 2。高值区主要分布在西部山区，面积较大，低值区主要在邱庄水库以上流域、潮河流域上游（戴营）、黑河流域上游（三道营）、东洋河上游（兴和）等流域的少部分地区，最低值出现在北运河流域（通州）的少部分地区。从总体变化趋势上看，西部山地地区径流的非一致度较高，越往东部，非一致度逐渐减少，燕山山脉地区较太行山地区径流非一致度更低。从河系上看，永定河、潮白河的径流非一致度较高，北排河和蓟运河径流的非一致度相对较低。

表 3-17 降雨非一致度分布情况

径流站	非一致度	差分非一致度	趋势非一致度
册田水库	18.9	4.3	19.8
石匣里	18.7	6.2	18.6
响水堡	17.3	9.5	17.3
张家口	17.5	9.8	17.6
兴和	8.3	6.4	6.4
官厅水库	16.2	5.3	19.5
下堡	18.8	6.2	19
三道营	8.5	8.6	7.5
戴营	16.5	7.4	6.6
张家坟	18.3	7.6	18.8

续表

径流站	非一致度	差分非一致度	趋势非一致度
柏崖厂	6.3	9.3	4.3
怀柔水库	9.4	7.3	3.5
苏庄	9.6	8.4	8.8
通州	2.0	3.2	7.5
于桥水库	11.2	10.3	13.2
水平口	12.6	9.7	9.8
邱庄水库	9.6	6.4	10.8
浸水河	15.4	4.3	17.6
张坊	19.0	3.8	19.3

分析海河北系及京津地区径流差分非一致度的空间分布情况（表3-17），发现研究区域径流差分非一致性程度整体不高，且高值区与低值区间杂，高值区出现在于桥水库、密云水库和官厅水库以上流域地区，低值区出现在册田水库上游，漫水河、张坊、通州等站上游，以及张家口以上流域的少部分面积。表明于桥水库、官厅水库、密云水库等站点控制地区，径流的方差变化较大，而在册田水库、兴和、张家口等站控制地区径流方差变化较小。从河系上看，永定河北部支流、潮白河上游的径流变差较大，永定河册田水库以上河段径流方差较平稳。

分析海河北系及京津地区径流趋势非一致度的空间分布情况［表3-17］，发现径流的趋势非一致度整体水平较高，高值区主要分布在西部太行山山区官厅水库、密云水库和册田水库以上地区，低值区主要分布在戴营、三道营、通州等站以上控制流域。表明官厅水库、密云水库和册田水库等站径流均值发生较大变化，根据单序列径流非一致性的诊断结果，表明在这些地区径流的均值都出现了显著的下降趋势。从河系上看，径流下降较显著的主要分布在永定河流域和潮白河流域的部分支流。

4. 降雨径流关系单序列非一致性诊断

将研究区域年入海水量除以当年的面降雨量（通过将 20 个控制站点的泰森多边形权重加和），由此得到面平均径流系数序列，对其进行单序列的非一致性诊断，结果表明（表3-18），海河北系及京津地区面平均径流系数序列存在非一致性，但仅存在下降的趋势非一致性，即研究区域平均径流系数的均值呈显著减小趋势，方差无显著变化。由此推断，未来在同样量级的降雨下，所产生的径流量将减少。

表 3-18 径流系数检验结果

项目	ADF		Kendall		
	p-value	result	Alpha	result	趋势
数值	0.001	0	0.999	1	下降
结果	无差分非一致性		下降趋势非一致性		

3.5 非一致性变化对流域水资源系统临界特性的影响

通过以上对非一致性的内涵剖析和定量分析，发现非一致性是在水循环物理条件变化的背景下，水循环过程对变化环境的综合响应，表现为水文监测资料不再属于同一总体，水文样本不再满足独立同分布假设。

非一致性对水资源系统临界特性的影响主要表现在以下三个方面：①造成水资源系统状态切换频率的加快，不同功能、状态之间的切换更加频繁，根据对典型区域的非一致性诊断结果可以看出，极端降雨的方差有显著变化，大部分地区极端降雨的变差增多，意味着未来连续无雨日将会增加，降雨的年分配更加集中于汛期的几场大暴雨，旱涝灾害频发，径流的供水、排洪等功能的转换更加频繁和复杂；②大暴雨多发、连续无降雨日数延长；③降雨年内分配更加不均，雨区范围扩张，暴雨中心数量增多，中心位置集中于城市区，低频洪水的增多，城市内涝频发和强度增大，为水资源系统的排洪增加了困难，使得系统调洪消灾功能减弱。

非一致性还会造成水资源系统部分功能的彻底丧失，海河北系和京津地区降雨、径流量在各时间尺度上的均值都呈现下降趋势，由此造成水库水位降低、水库生态环境受到威胁，下游的供水难以保证，河道生态功能彻底丧失。从年尺度看，降雨年内分配更加不均，使得水资源量以洪水的形式集中于汛期，造成汛期防洪压力增大，水资源量可利用率减少，非汛期的用水困难，调洪功能、供水功能受到影响；而从年际尺度上看，降雨量的大幅减少，是造成地区水资源匮乏的一大原因，在这样的背景下，年径流的逐年减少，河流断流、河川径流量减少、水位下降，水资源系统所承担的社会经济功能都将受到影响，如供水、灌溉、航运、生态等，这些功能都将随着非一致性程度的加深逐步丧失。因此，非一致性使得水资源系统状态切换更加频繁，临界状态边界更加模糊，临界特征更加复杂。

第4章 地表水系统临界特征识别与调控

地表水系统是区域水系统的重要组成部分。地表水系统是一个开放系统，与外界有着物质和能量的交换关系。大气降水和地下水的输入是其物质输入的主要方式，而河网是系统内部水量存储和交换的载体。水库一般的解释为，拦洪蓄水和调节水流的水利工程建筑物，可以利用来灌溉、发电、防洪和养鱼。它是指在山沟或河流的狭口处建造拦河坝形成的人工湖泊。河流、湖泊是分布最广泛，也是最常见的地表水体。随着我国水利工程建设的兴起，在河流上修建了大量水库，从而形成人工湖泊。水库可以利用来灌溉、发电、防洪和养鱼，可满足多部门的需求，在国民经济中占有重要地位。随着全球气候变化，水库在防洪抗旱中的作用也越来越大，相对于天然水体，水库具有更大的库容调节功能。因此，本章选取水库作为典型的地表水调控系统，研究其临界特征识别与调控。

4.1 水库系统及其临界特征值解析

4.1.1 水库系统及其功能

水库作为一种能有效缓解洪涝灾害和保障供水的工程措施，在我国得到了大量的建设。据统计，我国已建成的各类水库有 9.8 万余座，其中大型水库 552 座，中型水库 3269 座。水库总库容达 7162 亿 m^3，其中大型水库库容为 5594 亿 m^3，中型水库库容为 930 亿 m^3。

水库系统是为满足各项水利工程兴利除害的目标，在河流或渠道的适宜地段修建的不同类型水工建筑物的综合体及其控制的水体。水库系统中的水工建筑物主要由挡水建筑物、泄水建筑物、取水建筑物和专门建筑物组成。

挡水建筑物指为拦截水流、抬高水位和调蓄水量而设的跨河道建筑物，如各种坝、水闸、堤和海塘。

泄水建筑物指为宣泄洪水和放空水库而设，如各种溢流坝、岸边溢洪道、泄水隧洞、分洪闸。

取水建筑物指为灌溉、发电、供水和专门用途的取水而设，如进水闸、深式进水口、泵站。

专门建筑物包括为发电的厂房、调压室，为扬水的泵房、流道，为通航、过木、过鱼的船闸、升船机、筏道、鱼道等。

水库系统的功能主要是蓄水、发电以及防洪，附属有养殖及旅游功能，一般水库系统多着眼于其中部分功能,如三峡工程主要目的在于发电、防洪及航运,小湾水电站主要目的在于发电、防洪,于桥水库则为了提供饮用水源。

4.1.2　水库系统的水文过程及其状态转换

我国境内大多数地区由于受季风气候的影响,形成夏季炎热多雨,冬季寒冷干燥的气候格局,北方大部分地区每年汛期 6～9 月的累计降水量可占全年降水总量的 60%～80%,并且经常会出现连续枯水或者连续丰水的年份。水库系统可以控制河道流量变化,按照需要人为地把河流水量在时间上重新加以分配,进行径流调节。按其任务,有防洪调节、兴利调节,如灌溉、发电、航运、给水等;按调节周期的长短,有日调节、年调节及多年调节;按径流调节的程度,有完全调节(全部径流被利用)及不完全调节(部分径流废泄)。

在整个水文径流过程内,水库在不同时段(汛期与非汛期)因所面临水文情况差异承担不同的任务。中国不同地区的河流,汛期出现的时间、次数以及它们的组合情况都不相同,水库系统随应对即将面对的水文状况而转换状态。具体来说,汛期来临时,上游来水量逐渐增加,有防洪职能的水库系统由常态供水状态向区域防洪状态转换,而当汛期遭遇超过下游防护对象的设计标准的洪水时,水库加大下泄流量,水库由区域防洪状态向确保大坝自身安全状态转换。汛期结束时,上游来水量减少,水库又由汛期防洪状态向区域兴利状态转换。当遇到干旱,水库可能从正常供水状态转换为非正常供水。整体而言,水库的状态转换是伴随着整个水文过程的。

4.1.3　水库系统的临界特征值

水库系统为了完成不同时期不同任务,在各种水文情况下,需控制达到或允许消落某一库水位,这些库水位体现了水库利用和正常工作的各种特定功能要求。与各种特定功能相对应,水库系统存在着各种特征水位值,即水库的死水位、正常蓄水位、防洪高水位、汛限水位、设计洪水位等。在水库系统状态转换的过程中,水库特征水位值存在一些状态转换的临界点,即临界特征值。

在水库系统防洪调度中,汛限水位是水库在汛期允许兴利蓄水的上限水位,也是水库在汛期防洪运用时的起调水位,是判别当前水库是否能够承纳设计洪水的临界特征值。防洪高水位是水库遇到下游防护对象的设计标准洪水时,在坝前达到的最高水位,是界定水库能否按照下游河道安全泄量泄水,保障下游安全的特征值。

在水库系统兴利调度中,正常蓄水位是水库在正常运行情况下,为满足兴利要求在开始供水时应蓄到的水位,是水库在设计保证率下能否完成兴利任务的临界值。死水位是水库在正常运用情况下,允许消落到的最低水位,是界定水库有无径流调节能力的临界特征值。

在水库系统的临界特征水位中,汛限水位对于防洪而言最为重要,类比汛限水位,在抗旱工作中,有必要建立干旱预警状态判别的关键水位,即旱限水位。从水库系统整个水文周期管理来看,可以建立以"汛限水位–旱限水位"为轴心的常态管理与抗旱应急管理或者防洪应急管理转化识别方法。

4.2 水库系统汛限水位临界值的识别方法

汛限水位研究的传统方法是固定汛限水位法,它在对河流水库所在流域的水文气象条件、历年暴雨、洪水资料进行分析的基础上,硬性规定汛期起止时间,整个汛期执行单一固定的汛限水位方案。该方法先通过频率分期求得设计洪水过程线,再经调洪演算得到汛期洪水起调水位,以此作为整个汛期的汛限水位。该方法的优点是简单易行,在运用的过程中便于管理运作。然而,由此确定的单一固定的汛限水位方案虽然能够防范稀遇大洪水,却忽视了汛期洪水沿时程的分布规律和特性,容易造成水资源的浪费。我国早期的水库由于受各种条件制约,几乎都采用这种设计思想,在运行中暴露出的问题已经越来越多。随着现阶段水资源供需矛盾的日益突出,以及科学技术的发展和洪水资源化思想的影响,分期汛限水位法逐渐成为热点问题。

分期汛限水位法的主要思想是根据洪水的季节性特点,把汛期划分为几个阶段,针对不同阶段采用合适的方法确定并执行各阶段的汛期限制水位。由于此方法将汛期水文特性的规律考虑在内,在思想上显示出一定的先进性,这些年已运用到实践中。据统计,全国约有 300 座大型水库用分期汛限水位控制取代固定汛限水位运行,并取得了一系列研究成果。

4.2.1 汛限水位分期划分

水库的汛期具有模糊性。过去对水库汛期分期多利用定性分析研究,具有很大的主观性,缺乏客观的数学证明支撑。现在随着定量分析理论的发展,在水库汛期分期的领域内已经取得了许多成果。汛期分期在本质上属于一个将具有时间连续性的水文系列样本进行聚类分析的问题。其影响因素众多,不仅受天气系统的影响,还受到地表下垫面这些综合因素的影响。因此,需选择能描述水库汛期特性的多个指标,按照聚类的原则,将相似的同类样本划分为一类。

聚类分析实质上是按照某一种相似原则将所研究的样本划分为不同的类别,在数学上常采用"距离最少原则"。不同的聚类思想会衍生出不同的聚类分析方法。本研究采用模糊聚类分析法和 K-means 聚类分析法,对水库的汛期进行划分,并结合实际情况综合比较分析以确定水库汛期的分期结果。

1. 模糊聚类分析法

模糊聚类分析法能综合考虑样本的多重特性,将具有相近特性的样本归入一起,是一种解决具有模糊属性对象聚类问题的方法。该方法通过构建满足对称性、自反性和传递性的模糊等价矩阵进行聚类分析，具体步骤如下。

1）聚类因子的选定

选择了能反映气象因素的降雨指标作为分期指标。

2）数据的标准化处理

各个指标间的物理量纲不同，为了消除量纲的影响，需要将各个指标的特征值进行统一的处理，使之位于 [0，1] 区间内。本书采用的一致无量纲化公式为

$$x'_{ij} = \frac{x_{ij} - x_{minj}}{x_{maxj} - x_{minj}} \quad (i=1,2,\cdots,n;j=1,2,\cdots,m) \tag{4-1}$$

式中：x'_{ij} 为一致无量纲化后的分期指标特征值；x_{minj} 为第 j 个指标中的最小值；x_{maxj} 为第 j 个指标中的最大值；n 为样本的个数；m 为指标的个数。

3）建立模糊相似矩阵

根据标准化后的数据，建立模糊相似矩阵。需要指出的是，采用不同的方法进行模糊聚类，其结果是不同的。本研究计算采用以下公式：

$$r_{ij} = 1 - c\sum_{k=1}^{m} \frac{|x_{ik} - x_{jk}|}{|x_{ik} + x_{jk}|} \quad (i,j=1,2,\cdots,n) \tag{4-2}$$

式中：c 为系数，一般取 $1/m$，所以在本书中 $c=1/6$；x_{jk} 为指标特征值。

4）建立模糊等价矩阵

通过逐次平方法将模糊相似矩阵 $\boldsymbol{R}$ 做模糊乘积计算，依次得到 $\boldsymbol{R}^2$、$\boldsymbol{R}^4$、$\boldsymbol{R}^8$，直到计算到前后两个矩阵相等为止，此时的矩阵便为模糊等价矩阵。模糊乘积计算的描述如式（4-3）：

$$\boldsymbol{R}^2 = \boldsymbol{R} \circ \boldsymbol{R} = \begin{bmatrix} r_{11} & r_{12} & \cdots & r_{1n} \\ r_{21} & r_{22} & \cdots & r_{2n} \\ \vdots & \vdots & & \vdots \\ r_{n1} & r_{n2} & \cdots & r_{nn} \end{bmatrix} \circ \begin{bmatrix} r_{11} & r_{12} & \cdots & r_{1n} \\ r_{21} & r_{22} & \cdots & r_{2n} \\ \vdots & \vdots & & \vdots \\ r_{n1} & r_{n2} & \cdots & r_{nn} \end{bmatrix} = \begin{bmatrix} r_{11}^2 & r_{12}^2 & \cdots & r_{1n}^2 \\ r_{21}^2 & r_{22}^2 & \cdots & r_{2n}^2 \\ \vdots & \vdots & & \vdots \\ r_{n1}^2 & r_{n2}^2 & \cdots & r_{nn}^2 \end{bmatrix} \tag{4-3}$$

式中：符号"○"表示模糊积，其值可以表示如下：

$$r_{ij}^2 = \bigvee_{k=1}^{n} (r_{ik} \wedge r_{kj}) \tag{4-4}$$

式中：∨ 表示取大值；∧ 表示取小值。依次类推，直到计算得前后两个矩阵相等为止即可得到模糊等价矩阵。

5）截度的选取及聚类结果

在模糊等价矩阵的基础上，于 [0，1] 区间内选取某一截度 S，当矩阵中的元素大于 S 时，取值1，反之小于 S 时取值0，从而得到该截度 S 下的聚类结果。

2. K-means 聚类分析法

K-means 聚类分析法从本质上来讲是先随机选择 K 个对象，每一个对象对应一个聚类的中心。然后利用距离最小的原则，将其余对象分配到相似的聚类中去。然后，再重新计算出每个聚类的新质心。重复上述步骤，直至满足条件为止。通常采用的判定原则是平方

误差准则函数会聚。K-means 聚类分析法具体步骤如下。

（1）指定出聚类的数目 K：要求首先给出需要将样本聚成多少类。

（2）确定 K 个初始类中心：选择 K 个有一定代表性的样本 X_1，X_2，$\cdots$，X_K 作为初始点。

（3）依据距离最近原则把样本进行归类：依次计算出每个样本的数据点距 K 个类中心点距离 $|X_i-X_1|$，$|X_i-X_2| \cdots |X_i-X_k|$（$i=1$，$2$，$\cdots$，$n$）$|X_1-X_i|$，根据距 K 个类中心点距离最短这个原则把所有样本进行分类。

（4）重新确定出 K 个类中心：按照顺序计算每一类中变量的均值，并以均值点重新作为 K 个类的中心点。

（5）重复前面的步骤，直到满足聚类分析的条件即可。通常采用的判定原则是平方误差准则函数会聚则为满足条件。

4.2.2　水库分期设计洪水的确定

当汛期分期完成后，接下来还需要确定各分期的防洪标准及推求分期设计洪水。计算分期设计洪水的方法是在对流域洪水随季节变化的规律进行分析的基础上，依据设计和管理要求，把整个汛期划分为若干个分期，然后在各分期的时段内取样，进行频率计算。

1. 分期设计洪水取样

目前，存在的几种主流的取样方法，主要有年最大值取样、分期年最大值取样、分期最大值取样以及超定量取样。

年最大值取样是指每一年选取一个最大洪水样本，这样得到一个总数为 n 的样本，它的优点是各样本之间相互独立，且与其发生的频率和重现期紧密结合在一起，直观明了。其缺点是它仅仅能反映最大值的统计规律，却不能描述最大值样本的过程。

分期最大值取样是指各分期在每一年选取一个洪水样本，这样各分期都将会有 n 个洪水值，有利于进行频率分析。但其缺点是在非主汛期内采用分期最大值抽样方法可能会得到一些并不大的所谓"最大洪水"。

分期年最大值取样是指在洪水样本系列中选取每一年中的最大的一个洪水值，如果该年最大洪水值发生在主汛期，那么该样本就属于主汛期；同理，如果该年最大洪水值发生在前汛期或者后汛期，那么相应地该样本就属于前汛期或者后汛期。但该取样方法有一个较为明显的短板，就是各分期的数据较少，不利于频率分析。

超定量取样是指各分期内超过某一设定阈值的洪水系列，即在 n 年洪水系列中选用最大 n 个样本，其优点是扩大了信息量，将符合条件的更多洪水考虑为样本，其分布模型具有较强的物理相关性，因此能更加灵活、真实、完整地反映整个汛期洪水的演变。

2. 分期洪水频率与年设计洪水频率对应关系

对于分期防洪标准，我国还没有一个明确的规定，目前主要存在两种主流观点：①指定分期防洪标准等于年防洪标准；②以保证水库最大的兴利效益为目标，以保证水库年防洪标准不变为前提条件，在主汛期稍微降低汛限水位，而在其他分期较大幅度地提高汛限水位，建立分期汛限水位的优化设计数学模型，通过模型优化求解分期汛限水位。应为观点1易于操作，本书指定主汛期防洪标准等于年防洪标准。

一般情况下，水库遭遇不同频率的设计洪水时，其调洪规则也是不同的。要对每分期不同频率下的设计洪水进行调洪演算，需要确定其在年设计洪水中的位置。

首先，需要确定出各分期的洪水判定指标值。该指标值基于洪峰流量和峰前洪量，为综合的判定指标。公式如下：

$$Z_{iP} = A_1 \frac{Q_{iP}}{Q_s} + A_2 \frac{W_{iP}}{W_s} \qquad (4-5)$$

式中：Z_{iP} 为第 i 个分期频率为 P 的设计洪水综合判定指标；Q_{iP} 为第 i 个分期频率为 P 的设计洪水的设计洪峰流量；Q_s 为基准洪峰流量；W_{iP} 为第 i 个分期频率为 P 的设计洪水的峰前洪量；W_s 为基准峰前洪量；A_1 和 A_2 分别为洪峰流量和峰前洪量的影响权重，$A_1 + A_2 = 1$。当水库的防洪库容较小时，A_1 应相对大一些，A_2 应相对小一些，反之 A_1 则应相对小一些，A_2 应相对大一些。

然后，将各分期计算得到指标值与频率值之间建立半对数关系 $[Y, \log(P)]$，对该半对数关系做拟合，根据拟合方程便可得到各分期不同频率的设计洪水在年设计洪水中的位置。

4.2.3　分期汛限水位的确定

水库的安全运用是按照一定的标准与规范进行的。实际上，在水库的调度过程中，绝大多数情况面对的是一般来水年份，在一般来水年份中，洪水量级较小，不会对水库的安全运行构成威胁。即在一般来水年份可以适当减小防洪库容，增加兴利库容。因此，水库是有潜力可挖的。在保证水库安全运行的前提下，适当地抬高水库的汛限水位就是挖掘水库兴利潜力的一条有效途径。抬高汛限水位的结果是大洪水的防洪库容被小洪水所占用，但只要洪水来临时最高洪水位不超过防洪高水位或设计洪水位，对水库及上、下游就不会造成威胁，而且可以增加水库的兴利效益。一旦调洪最高洪水位超过原设计洪水位甚至超过校核洪水位，便会对水库上、下游造成威胁甚至导致溃坝。因此，抬高汛限水位必须经过充分论证，不能随意抬高。

抬高水库汛限水位控制研究应遵循如下原则。

（1）确保水库自身的防洪标准不变。考虑到暴雨洪水预报设计洪水计算调度操作等的偏差等因素，水库汛限水位的调整具有一定的风险，这需要客观分析，以保证汛限水位的调整不影响水库本身的防洪标准。

（2）确保水库下游的防洪标准不受影响。抬高水库汛限水位将导致水库下游地区提前承担防洪压力，有可能带来一些不必要的风险和损失。因此，要充分考虑水库在面临各种不同设计洪水的情况下，能否确保水库下游河道及村镇的防洪安全。

（3）不能影响水库上游的淹没范围。抬高水库汛限水位不仅要确保水库自身的防洪标准和水库下游防洪标准不变以外，还要将水库上游库区的淹没范围考虑在内。

（4）不考虑诸如增大水库下泄流量、对水库进行加高加固，以及新增防洪设施等工程措施。水库汛限水位调整的空间主要来源于两个方面：一是由于水文系列的延长及水库流域下垫面的改变，设计洪水也相应地发生了改变，水库所能抵御的洪水标准也有了变化，这样可以根据重新得到的设计洪水来确定汛限水位；二是可以对水库进行合理地分期，通过推求各分期的设计洪水来确定各分期汛限水位。

按照上述原则，根据4.2.2节所确定的各分期不同频率的设计洪水，对于桥水库进行调洪演算，确定各分期汛限水位，并提出基本调度方案。本研究水库调洪计算采用半图解法。

洪水在入库过程中，其沿程的水位、流速、流量等无时不在发生变化。依据水力学，洪水过程为明渠非恒定流，其基本方程为圣维南方程组。这个偏微分方程组难以得到精确的分析解，所以通常在水库调洪演算中用有限差值来代替微分值，其公式为水量平衡方程式：

$$\overline{Q}-\overline{q}=\frac{1}{2}(Q_1+Q_2)-\frac{1}{2}(q_1+q_2)=\frac{V_2-V_1}{\Delta t}=\frac{\Delta V}{\Delta t} \tag{4-6}$$

式中：$\overline{Q}$ 为入库平均流量（m^3/s）；$\overline{q}$ 为下泄平均流量（m^3/s）；Δt 为计算时段，通常取 $1\sim 6$ 小时，本书中取 Δt 为 3 个小时，需转化成秒数；Q_1、Q_2 分别为计算时段初、末的入库流量（m^3/s）；q_1、q_2 分别为计算时段初、末的下泄流量（m^3/s）；V_1、V_2 分别为计算时段初、末水库的蓄水量（m^3）。

将上式改写为

$$\overline{Q}+\left(\frac{V_1}{\Delta t}-\frac{q_1}{2}\right)=\left(\frac{V_2}{\Delta t}+\frac{q_2}{2}\right) \tag{4-7}$$

根据水库水位、库容、泄量关系表，可以将 $\left(\frac{V}{\Delta t}-\frac{q}{2}\right)$ 和 $\left(\frac{V}{\Delta t}+\frac{q}{2}\right)$ 与水库水位 Z 建立函数关系式，可以绘制出曲线组 $\left(\frac{V}{\Delta t}-\frac{q}{2}\right)=f_1(Z)$ 和 $\left(\frac{V}{\Delta t}+\frac{q}{2}\right)=f_2(Z)$、$q=f_3(Z)$、$V=f_4(Z)$。

求解过程如下。

首先，已知入库洪水过程线、起调水位、水库的水位–库容关系曲线、水库的水位–泄量曲线以及调洪的计算时段 Δt 等，可以确定出调洪计算的起始时段以及其初始的水位 Z_1、泄量 q_1、库容 V_1。并划分各个计算时段。

其次，通过查询半图解法双辅助曲线，曲线 1：$\left(\frac{V}{\Delta t}-\frac{q}{2}\right)=f_1(Z)$，曲线 2：$\left(\frac{V}{\Delta t}+\frac{q}{2}\right)=f_2(Z)$，找出当水位为 Z_1 时，曲线 1 所对应的值 $f_1(Z_1)=\left(\frac{V}{\Delta t}-\frac{q}{2}\right)$，由第一时段初、末的来流量 Q_1、Q_2，可以得出第一时段的平均来流量 $\overline{Q}$。由式（5-7）可以得知此时 $f_1(Z_1)+\overline{Q}$ 在曲线 2 上所对应的值，为第一时段末的水库水位 Z_2。

最后，通过查询水位–流量关系曲线、水位–库容关系曲线，可以得出在水位为 Z_2 时的水库下泄流量 q_2 和水库库容 V_2，Z_2 作为第二时段的初始水位。然后按照上述方法逐时段进行计算，便可完成全部的调洪演算。

4.3　水库系统旱限水位临界值的识别方法

4.3.1　旱限水位解析

类比汛限水位，国家防汛抗旱总指挥部办公室与水利部水文局共同提出的旱限水位也是一条警示水位。颁布的《旱限水位（流量）确定办法》推行的旱限水位是一条固定水位，属于静态控制的范畴：在年内选定干旱预警期，兼顾干旱期间的设计来水与水量需求，用逐月滑动的方法推求应供水量。水库旱限水位由最大应供水量与死库容之和对应的水库水位，结合水库工程参数如取水口高程等综合分析确定。如表 4-1 所示，该示例中旱限水位取死库容+最大应供水量（0.08 亿 m^3）所对应的水位值。

表 4-1　某水库旱限水位计算示例

项目		1月	2月	3月	4月	5月	6月	7月	8月	9月	10月	11月	12月
需水量/亿 m^3	城市需水	0.21	0.2	0.21	0.2	0.2	0.2	0.21	0.21	0.21	0.21	0.21	0.21
	农业需水	0	0.19	0	0	0	0.17	0	0.53	0	0	0	0
	环境生态需水	0.07	0.07	0.07	0.07	0.07	0.07	0.07	0.07	0.07	0.07	0.07	0.07
	需水总量	0.28	0.46	0.28	0.27	0.27	0.44	0.28	0.81	0.28	0.28	0.28	0.28
设计来水/亿 m^3		0.48	0.41	0.2	0.27	0.48	2.25	1.53	0.71	0.62	0.77	0.34	0.34
应供水量/亿 m^3		0	0.05	0.08	0	0	0	0	0.1	0	0	0	0

用这种方法确定的旱限水位存在不合理的地方，单一旱限水位忽略了枯水季节性规律。刘攀等（2012）参照水库汛限水位分期设计的方法，对水库旱限水位分时段控制进行了探讨。但同时认为相关理论和方法不够完善，有很大的改进空间。而且，旱限水位作为警戒水位，将其纳入水库特征水位系统，并以其作为干旱期水库控制流程关键指标的供水策略还未见诸相关研究。

现行的旱限水位确定方法中，水库的设计来水以及水库承担供水任务是计算水库旱限水位的关键。在确定设计来水以及需水计算中，现行的计算方法明显存在以下两个问题：一是研究中仅以水文频率分析方法计算设计来水，忽略了气候变化及人类活动影响而导致水文系列不满足一致性检验；二是旱限水位采用单一静态值，忽略了需求的动态变化，应充分考虑旱限水位与用水需求关系，对水库旱限水位采取分时段或动态控制。

同时，目前旱限水位研究主要都是针对单一水库进行研究的，而对跨流域引水情况下旱限水位的研究，目前还尚未见到相关报道。而随着区域社会经济快速发展，区域水资源往往支撑不了区域的发展，需要进行跨流域调水。跨流域调水特点在于调剂水量余缺的对象分属于不同的流域系统（杨立信，2003）。跨流域调水后，受水水库来水状况将发生改变，受水水库可引水量计算时必须考虑调水水库的来水。本研究基于以上分析对干旱期水库控制方法进行设计和改进。

（1）对旱限水位计算进行改进。类比汛限水位，本研究从旱限水位的功能性要求出发对旱限水位进行优化设计，目的是使旱限水位作为警示水位既能起到科学的警示作用，又避免单一控制造成频繁预警。

（2）结合旱限水位对干旱期供水策略进行设计。本研究提出一套和旱限水位控制相匹配，且可操作性强的干旱期供水策略，以此强化提高旱限水位作为干旱警示特征水位的现实意义。

改进后的水库旱限水位如图 4-1 所示。

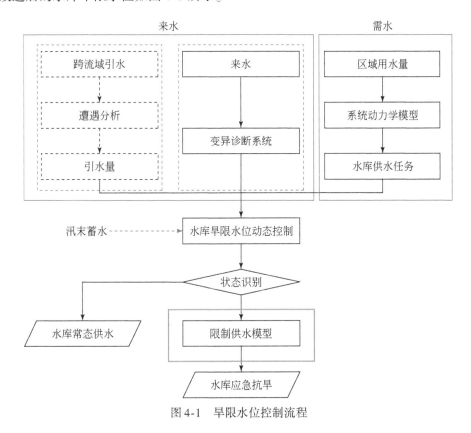

图 4-1 旱限水位控制流程

4.3.2 水库来水量分析

1. 水库天然来水演变规律分析

根据水库供水设计标准，确定水库干旱年的设计来水。常规的方法是根据水库来水的长系列资料进行排频计算求得设计来水。考虑到近年来气候变化与人类活动带来的水资源效应在不同程度地改变着流域径流量的大小（林凯荣等，2012）。生成和孕育径流的环境发生了变化，造成用于水文频率分析计算的长期水文系列不再满足水文频率分析的一致性假设的前提，坚持传统的频率计算方法将难以保证结果的可靠性（Petra and Felix，2010）。这造成了以水库现有的长期水文系列为依据确定的旱限水位的可靠性及实用性降低，以其为指导必会造成水库抗旱应急管理工作时机迟滞或过早。

本项目将来水年径流系列一分为二，即一致的随机性成分与非一致的确定性成分（谢平等，2005）：

$$X_t = Y_t + S_t \tag{4-8}$$

式中：Y_t 为确定性的非周期成分；S_t 为随机成分（包括平稳或非平稳随机成分）；t 为时间。

识别与检验式中的确定性成分和随机性成分，对确定性成分进行拟合计算，对随机性成分进行频率分析。对来水系列的确定性成分中趋势成分的识别采用 M-K 检验法，M-K 检验法被认为是一种效果较好的检验方法，在诸如降雨、径流、气温等水文气象要素时间序列的趋势分析中已被广泛应用（周圆圆等，2011）。对于时间序列 $x(t)$，先确定其序列的对偶数 $x_i < x_j (i < j)$ 个数，再计算序列的方差 $\mathrm{var}(x_n)$ 和统计量 U：

$$\sigma_{x_n}^2 = \mathrm{var}(x_n) = n(n-1)(2n+5)/72 \tag{4-9}$$

$$U_n = \frac{x_n - \overline{x_n}}{\sqrt{\mathrm{var}(x_n)}} \tag{4-10}$$

式中：n 为样本容量。

$$x_n = \sum_{t-1}^{n} x_t ; \overline{x_n} = E(x_n) = n(n-1)/4 \tag{4-11}$$

若 $U_n > 0$，则有上升趋势；反之，则有下降趋势。若 $|U_n| > U_{0.05/2}$，则序列趋势显著，反之趋势不显著。

跳跃成分的识别和检验采用有序聚类分析法，该方法 1986 年由丁晶提出，被用来处理洪水时间序列的干扰点（丁晶，1986）。用这种方法寻求水文序列的显著干扰点 τ，实际上就是推求一个最优分割点，使得该点两端的同类之间的离差平方和最小，其数学描述如下：

$$V_\tau = \sum (x_i - \overline{x_\tau})^2, V_{n-\tau} = \sum (x_i - \overline{x_{n-\tau}})^2 \tag{4-12}$$

式中：$\overline{x_\tau}$ 和 $\overline{x_{n-\tau}}$ 为干扰点 τ 前序列和后序列的均值。离差平方和为：$S_n(\tau) = V_\tau + V_{n-\tau}$，满足 $S_n^*(\tau) = \min |S_n(\tau)|$，$1 \leqslant \tau \leqslant n$ 的 τ 为最优分割点即为所求干扰点。该法适用于各种总体分布的序列，但是较难处理干扰点在序列端点的情况。

非一致性水文序列分解主要是便于分析各种成分的规律，序列合成才是最终目的，从而实现对确定性成分 Y_t 与随机性成分 S_p 合成后的时间序列 $X_{t,p} = Y_t + S_p$ 进行预测。对于非一致性水文序列的合成计算这里采用分布合成法（谢平等，2009）。用统计的方法随机生成 $N = 1000$ 个符合随机分布的年径流样本点据，对大于等于每一个样本点据的次数 n 进行统计，最后用经验频率公式 $P = n/(N+1) \times 100\%$ 样本点据的经验频率进行计算，把确定性的预测值和随机性的设计值叠加计算，得到符合现阶段特征的合成水文频率分布。

2. 水库间径流补偿特性分析

当水库遭遇干旱年，可根据历史天然径流系列通过统计的方法确定水库的设计天然来水量，如果水库存在跨流域调水，在计算其来水量时，还需考虑跨流域调水量。调水量可按照调水水库既定的分水比例进行计算，但实际可引水量的多少却与调水水库蓄水量紧密联系。因此，研究受水水库在干旱年的可引水量的多少实际上是研究两个流域系统间的丰枯补偿特性问题，本质上属于求解具有线性或非线性相关关系的各个变量之间的联合分布（牛军宜等，2009）。

Copula 方法是为处理非线性相关变量而建立的，能较好地描述变量之间非线性、对称及非对称的相关关系。它将具有相关关系的变量之间的联合分布分解为变量的相关结构和变量的边缘分布两个相互独立的部分来分别加以处理，在水文领域已普遍应用且取得了成功。Copula 方法是以 Sklar 定理为理论基础的，具体的表述为：设 X、Y 为连续的随机变量，其边缘分布函数分别为 $F_X(x)$ 和 $F_Y(y)$，联合分布函数为 $F(x,y)$，若 $F_X(x)$ 和 $F_Y(y)$ 连续，则存在唯一的 Copula 函数 $C_\theta(u,v)$ 使得：

$$F(x,y) = C_\theta[F_X(x), F_Y(y)], \forall x, y \tag{4-13}$$

式中：$C_\theta(u,v)$ 为 Copula 函数，θ 为待定参数。Copula 函数有三种主要类型：椭圆型、阿基米德型和二次型。目前水文领域相关研究中常用的三种阿基米德型 Copula 函数基本能够满足大多数水文领域的应用要求，如表 4-2 所示。

表 4-2　三种常用的 Copula 函数

名称	Copula 函数 $C_\theta(u,v)$	参数范围	τ 与 θ 的关系
Clayton	$(u^{-\theta} + v^{-\theta} - 1)^{-1/\theta}$	$\theta > 0$	$\tau = \dfrac{\theta}{\theta+1}$
Frank	$-\dfrac{1}{\theta}\ln\left[1 + \dfrac{(e^{-\theta u}-1)(e^{-\theta v}-1)}{e^{-\theta}-1}\right]$	$\theta > 0$	$\tau = 1 - \left[1 - \dfrac{1}{\theta}\int_0^\theta \dfrac{t}{\exp(t)-1}dt\right]$
Gumbel-Hougaard	$\exp\{-[(-\ln u)^\theta + (-\ln v)^\theta]^{1/\theta}\}$	$\theta \geq 1$	$\tau = 1 - \dfrac{1}{\theta}$

其中 τ 为 Kendall 秩相关系数，用下式计算：

$$\tau = (C_n^2)^{-1} \sum_{i<j} \text{sign}[(x_i - x_j)(y_i - y_j)] \tag{4-14}$$

式中：sign(＊) 是符号函数，当 $(x_i-x_j)(y_i-y_j)>0$ 时，sign = 1；$(x_i-x_j)(y_i-y_j)<0$ 时，sign = -1；$(x_i-x_j)(y_i-y_j)=0$ 时，sign = 0。

水文频率计算中，我国习惯采用 Pearson-Ⅲ 型曲线来拟合径流分布，本研究中仍旧选用 Pearson-Ⅲ 分布描述两座水库入库径流的边缘分布，其概率密度函数 $f(x)$ 为

$$f(x) = \frac{b}{\Gamma(a)}(x-a_0)^{\alpha-1}e^{-\beta(x-a_0)} \tag{4-15}$$

式中：$\Gamma(a)$ 为 Gamma 函数；α、β、a_0 分别为 Pearson-Ⅲ 型分布的形状、尺度和位置参数，$\alpha>0$，$\beta>0$。

现阶段有多种方法可用来估计 Copula 函数参数，最常见的有极大似然估计和矩估计等。考虑到 Copula 函数本身也算一个分布函数，本书用极大似然法对其进行参数估计。以 θ 为例：

$$f(x)=f(x_1,x_2,x_3)=c(F_1(x_1),F_2(x_2),F_3(x_3);\theta)\prod_a^3 f_d(x_d) \tag{4-16}$$

式中：$c(F_1,F_2,F_3)=\dfrac{\partial\, C(F_1,F_2,F_3)}{\partial\,(F_1,F_2,F_3)}$；$f_d(x_d)$ 是边缘分布 $F_d(x_d)$ 的密度函数，$d=1，2，3$。则似然函数为

$$l(\theta)=\prod_{i=1}^3 c(F_1(x_{1i}),F_2(x_{2i}),F_3(x_{3i});\theta)f_1(x_{1i}),f_2(x_{2i}),f_3(x_{3i}) \tag{4-17}$$

其中使得似然函数取得最大值的 θ 就是最大似然估计值 θ。

对 Copula 函数的拟合检验本书选用 K-S 检验法，并采用离差平方和（OLS）来作为函数拟合优度的评价指标，其中 K-S 检验统计量 D 和 OLS 的数学表达分别如下面两式所示：

$$D=\max_{1\leqslant i\leqslant n}\left\{\left|F(x_i,y_i)-\frac{m(i)-1}{n}\right|,\left|F(x_i,y_i)-\frac{m(i)}{n}\right|\right\} \tag{4-18}$$

式中：$F(x_i,y_i)$ 为 (x_i,y_i) 的联合分布；$m(i)$ 为联合观测样本中满足条件 $x\leqslant x_i$ 且 $y\leqslant y_i$ 的联合观测值的个数。

$$\mathrm{OLS}=\sqrt{\frac{1}{n}\sum_{i=1}^n(\mathrm{Pe}_i-P_i)^2} \tag{4-19}$$

式中：Pe_i 为经验频率值；P_i 为理论频率值。

运用二元 Copula 连接函数构造调水水库与受水水库的入库天然径流系列的联合分布，采用 K-S 方法对 Copula 函数进行拟合检验，并通过 OLS 最小准则来对其进行拟合优度评价，得到最优模型，以此分析水库间来水量的补偿特性。

对两个水文区的丰枯遭遇进行归纳，可以总结为 9 种情形（戴昌军和梁忠民，2006）：

丰丰型：$p1=P(X\geqslant x_{\mathrm{pf}},Y\geqslant y_{\mathrm{pf}})$；丰平型：$p2=P(X\geqslant x_{\mathrm{pf}},y_{\mathrm{pk}}<Y<y_{\mathrm{pf}})$；丰枯型：$p3=P(X\geqslant x_{\mathrm{pf}},Y\leqslant y_{\mathrm{pf}})$；

平丰型：$p4=P(x_{\mathrm{pk}}<X<x_{\mathrm{pf}},Y\geqslant y_{\mathrm{pf}})$；平枯型：$p6=P(x_{\mathrm{pk}}<X<x_{\mathrm{pf}},Y\leqslant y_{\mathrm{pk}})$；平平型：$p5=P(x_{\mathrm{pk}}<X<x_{\mathrm{pf}},y_{\mathrm{pk}}<Y<y_{\mathrm{pf}})$；

枯丰型：$p7=P(X\leqslant x_{\mathrm{pk}},Y\geqslant y_{\mathrm{pf}})$；枯平型：$p8=P(X\leqslant x_{\mathrm{pk}},y_{\mathrm{pk}}<Y<y_{\mathrm{pf}})$；枯枯型：$p9=P(X\leqslant x_{\mathrm{pk}},Y\leqslant y_{\mathrm{pk}})$。

其中，pf=37.5% 和 pk=62.5% 分别为丰枯划分的频率，x_{pf}、x_{pk}、y_{pf}、y_{pk} 指 X、Y 两个水文区对应的 37.5% 丰水年和 62.5% 枯水年的 4 种组合。按照丰枯同步和丰枯异步两种情况对以上 9 种情况进行区分，其中丰枯异步的情形又包括水源区偏丰受水区偏枯和水源区偏枯受水区偏丰两种情形（闫宝伟等，2007）。

在跨流域调水情况下，流域调水主要发生在受水水库遭遇干旱年时，分析受水水库与水源水库的遭遇情景，确定受水水库在遭遇干旱时可从引水水库获得的调水量。

（1）受水水库与水源地丰枯同步情况。这是不利于调水的情况，依据水源地枯水年来水情况计算其可调水量，扣除损失作为受水水库的引水量。

（2）受水水库与水源地丰枯异步情况。这种情况下是有利于水库调水的，可依据水源地丰水年来水情况计算其可调水量。

4.3.3 水库需水量分析

1. 问题分析

水库往往在城乡生活、工业生产、农田灌溉、航运发电和环境生态的水资源供给中承担着重要角色。现实中一个区域的供水往往存在多个水源，在区域供水中，各种水源又承担不同的角色。与此同时，用水户按照行业不同细分为城市生活、农村生活、工业、农业、城市生态、农村生态。多水源与多用户之间往往不满足一一对应的关系，例如在较为干旱的地区，区域地表水和地下水可能同时承担城市生活用水的供给。所以要准确地计算水库在给定干旱年所承担的供水任务，应分析区域水资源供需平衡，把握区域整体水资源配置方案，确定给定水平年供水水源和用户的分布格局，搞清水源–水厂–用水单元的拓扑关系，然后从中剥离出水库在整个系统中承担的任务。由此为基础确定的旱限水位才能起到恰当的预警作用。本书拟用系统动力学的方法模拟既定供水格局下，未来水库供水任务的变化，并分析其对旱限水位的影响。

本研究中，基于当前水库供水地区多水源–多用水户的供水格局，在供给方面，考虑水库水源之外的多种水源未来可预见的供给变化，如地表水的趋势变化，地下水的开采规划，非常规水源的发展规划。在需求方面，考虑区域产业结构变化方向，人口经济变化趋势带来的需水量的变化。根据供需平衡关系，将水库供水区域的供水缺口归为水库承担的供水任务。通过输入供水侧和用水侧的变化趋势来得到水库供水任务的变化趋势，并分析在区域整体供水格局中水库供水任务变化对水库旱限水位的影响。

2. 系统动力学概述

系统动力学（system dynamics，SD）出现于 1956 年，以信息反馈系统为主要研究内容，是一门认识和解决系统问题，综合自然科学和社会科学的横向学科（王其藩，1995），属于系统科学的一个分支。系统动力学强调系统、整体的观点和联系、发展、运动的观点，这些特点深刻地体现了系统动力学唯物辩证的特征。系统动力学对社会系统已有的反馈、时滞与非线性等问题提供了有效的解决方案，可方便地处理半定量、趋势性问题。

系统动力学的构建由流程图绘制和结构方程式建立两个部分组成。

1）流程图

流程图是基于因果回路图的，是对系统细致深入的描述。流程图的作用一是在于直观刻画系统要素之间的逻辑关系，二是明确系统中各种变量的性质。通过流程图可以刻画出系统的反馈形式和控制规律。流程图采用了一套独特的符号系统来描述系统中的不同类型的变量，以及各变量之间的相互作用关系。在系统动力学中变量分为流位变量（L）、流率变量（R）和辅助变量（A），其中：L 是指有积累效应的变量；R 用来表示积累效应变化的快慢；A 是 L 与 R 之间的中间变量。在水资源供需系统中，人口数量、农田灌溉面积、工业产值等都属于流位变量，流率变量表示的是流位变量的改变率，除此之外的各种中间变量为辅助变量。

2）结构方程式

结构方程式也称为 DYNAMO 方程，是一种专门用 DYNAMO（dynamic modle 的缩写）语言写成，用来定量分析系统动态行为的方程式。它最初是在 SIMPLE 语言的基础上由美国麻省理工学院的研究人员改进设计的。随着时间的推移，DYNAMO 不断改进。和常见的编程语言 VB 或 Fortran 不同，DYNAMO 是面向方程的，应用起来更简便。DYNAMO 语句直观明了，且使用者编写时不用考虑执行顺序，依靠计算机可将结果以图表形式输出。

DYNAMO 方程建立的基础是对系统中流位变量（L）、速率变量（R）、常数（C）及辅助变量（A）之间的相关关系进行梳理。先建立 DYNAMO 仿真方程描述各变量之间的函数关系，在这个过程中，DYNAMO 采用差分方程的形式来描述系统的宏观动态行为，再由计算机对差分方程的求解实现仿真模拟。方程种类主要有以下 6 种。

（1）流位方程（L）。也称水平方程，流位是积累量，任何时刻的流位值等于前一时刻的流位值加上仿真步长内入流率与出流率差值的累积。

（2）流率方程（R）。用来说明流率是怎样作用于流位的。

（3）辅助方程（A）。如果流率与流位或常量之间的关系较为复杂，可以将流率方程中的某些部分以辅助方程的形式单独列出。

（4）常量方程（C）。给模型中常量赋值的方程。

（5）表方程（T）。用来以表函数的形式给某些变量赋值。

（6）初值方程（N）。设定流位变量初始值和仿真起始时刻，对某些需要计算确定的常量进行计算赋值。

3. 建模过程

本书使用可视化的仿真、分析系统图形软件 VensimPLE 软件辅助建模，该软件是由美国 Ventana Systems 公司开发，全名为 Ventana Simulation Environment Personal Learning Edition，PLE 即个人学习版。研究者依靠 Vensim 可以简单方便地搭建诸如因果循环（casualloop）、存货（stock）与流程图之类的相关模型。最为便捷的是，用 Vensim 建立动态模型只需用其提供的各式内建的箭头符号将各种变量记号按照关系连接起来，并按照恰当的方式把变量之间的关系输入，Vensim 便能自动建立各变量之间正确的因果关系。然后用其提供的方程式功能将各变量、参数之间的数量关系录入模型。模型的建立是研究人员逐渐理清变量间的因果回路，明晰各变量的输入与输出间关系，并熟悉模型架构的过程。在对模型深刻认识的基础上，研究人员很容易可以对模型内容做出修正。

水库供水系统动力学模型的建模步骤如下。

（1）明确研究目的。本研究建立模型的目的是对某研究区域内指定时间段内整个水资源供需系统进行模拟，并从系统中剥离出水库供水户的需水量变化趋势。

（2）确定研究边界。通常来说，系统动力学模型会将空间边界设置成某个行政单位所辖区域，时间边界设置为模型的模拟期。

（3）因果关系分析。系统的反馈过程是系统动力学的核心内容，反馈关系是系统动力学研究系统结构的基础。因果关系分析就是要理清系统内部各个变量之间的因果关系，并通过因果回路图表现这种反馈机制。水资源供需系统的主要因果链是：区域经济发展→水资源需求量→供需差→区域经济发展。

（4）模型的建立。通过绘制流程图和建立结构方程来明晰系统内部的作用机制并将各个变量之间的关系进行量化。方程的主要约束条件为供水量约束条件、经济社会发展约束条件、用水定额约束条件。

（5）模型的模拟。确定各个参数的值，代入结构方程式利用系统动力学软件进行仿真模拟运算。并对模型结果进行合理性分析，对模型进行修改调整。

（6）模型的检验与政策实验。通过检验评估，目的是得到与真实系统行为高度一致的模型。调整敏感参数，重新运行模型，并将结果与基本模型相比较，分析不同发展策略实施后系统的不同响应。

4.3.4　水库旱限水位的动态控制

1. 思路分析

干旱相较洪水灾害而言有其自身的特点，发展缓慢，历时较长，影响较广，因此套用汛期分期有其不适用的地方。汛期分期的方法相对成熟，其分期结果 y 可以看成是 $y=f(x)$ 函数的输出，x 为汛期降雨序列或者径流序列。水库作为供水系统，如果仅用月降雨或者月径流系列对干旱情况进行检验分析，容易忽略供水系统对水量的调节作用以及各时段之间的水量传递关系。尤其是在北方地区，水库的来水主要集中在汛期，在水库供水期的供水主要来自汛期的蓄水。因此若将水库枯水期定义为水库容易发生水文干旱的时段，则分期的结果必须考虑水库枯水期来临前的水库的蓄水量。本书分析了水库汛末蓄水大小对水库干旱预警期确定的影响，提出水库干旱预警期是一个与汛末蓄水、干旱期来水及供水规则相关的过程 $y=f(S, x, I)$，提出了旱限水位年内动态控制的概念。

此外，水库旱限水位决定因素中，水库承担的供水任务这一变量是根据水库自身条件由区域供水格局确定，成与人类活动息息相关，因此旱限水位的确定与区域整体的社会经济发展、供水结构配置等因素密切相关。由于区域经济高速发展使供水结构不断地调整、跨流域引水工程的增加等因素，旱限水位在年际的变化必须被加以考虑，这是与汛限水位显著不同的特点所决定的。本书引入系统动力学仿真模型来对水库承担的供水任务进行模拟，通过设置方案对水库供水任务进行预测分析，在此基础上提出了旱限水位年际控制的概念。

2. 旱限水位与干旱预警期的关系

旱限水位常规确定方法仅以单一旱限水位作为水库干旱期干旱预警水位，其实并不能准确地预警干旱的程度。如 1 月水库水位低于设定的旱限水位和 5 月低于设定的旱限水位其实有很大差别，因为供水期水库水位在持续下降，1 月发生水位预警则水库极有可能发生较大干旱，但 5 月水位预警并不意味会有干旱发生，因为 6 月即将进入汛期。综上，本研究建议采用"预警期和旱限水位"数对的形式，即（T_d，DL）来表示水库旱限水位，其中 T_d 为干旱预警期，DL 表示预警期对应的旱限水位，并提出潜在干旱期的概念，即在既定蓄水条件下，按照正常供水规则 I 和来水 x 情况下，水库出现干旱的月份。干旱预警期应设置在水库潜在干旱期的前一或两个月。

根据冯平（1997）提出的供水系统水文干旱识别方法，进行潜在干旱期识别，并用以评估供水系统水文干旱过程内的真实危害程度。水库干旱月份的识别以及描述干旱程度的相对缺水量（DI）确定步骤如下。

（1）首先计算不同时段之间的水量传递关系。对于水库而言，它在第 k 个月，可以从前面 $k-1$ 个月得到的盈亏传递水量为

$$\sum \Delta w(k) = \sum_{t=1}^{k-1} \left[w(t) - w_0(t) \right] \tag{4-20}$$

式中：$w(t)$ 为实际径流量，亿 m³；$w_0(t)$ 为实际需要供水量，亿 m³；$\Delta w(t)$ 为余水量，亿 m³。

（2）有效径流的计算。有了盈亏传递水量，就可计算供水系统某个月实际所能提供的供水量，即有效径流量。第 k 个月的有效径流量 $Q(k)$ 为

$$Q(k) = w(k) + \sum \Delta w(k) \tag{4-21}$$

式中：当 $\sum \Delta w(k)$ 为负值，则取零。

（3）当 $Q(k) < w_0(k)$ 时认为干旱开始发生，干旱程度用相对干旱缺水量来描述，用无因次量 $DI = \sum_{t=T_0}^{Te} \left[\dfrac{Q(t) - w_0(t)}{w_0(t)} \right]$ 表示。

以于桥水库为例，来水流量资料取 1990～2009 年枯水期（10 月至翌年 5 月）的于桥水库天然来水，假设水库在汛期不能有效蓄水，即供水期开始时 10 月的传递水量 $\sum \Delta w(10) = 0$，不考虑引水，在标准运行策略（SOP）下，因供水期水库来水总是小于需水量，水库水位持续下降，水库在汛期结束后会马上出现水文干旱，如图 4-2 所示。

图 4-2 中，负值表示发生干旱，依据水库每月的相对缺水量作为评价干旱严重程度的指标，则干旱最严重的时间段发生在 12 月至翌年 2 月，因为在这个时间段内，降雨量达到全年最少。在各月用水量差异不大的情况下，干旱严重程度的变化与降雨变化规律基本一致。按照旱限水位预警干旱的功能要求，干旱预警期应设置在干旱发生之前，因此图示情景还未进入供水期便应干旱预警，这属于十分干旱的情况，可能属于一场长期干旱的局部阶段。

一般情况下，水库会在汛期获得一定量的蓄水，从而对枯水期产生水量传递项 Δw，假设水库在汛期未能蓄到正常蓄水位，在 SOP 规则调度运用下，水库可能在接下来的降雨来水较少的月份不发生干旱，如图 4-3 所示。

如图所示，当枯水季节水库遭遇与上述无蓄水情况相同来水的情况下，即便没有引水，水库进入汛期并未马上发生干旱，径流量最小的 12 月至翌年 2 月水库仍能保证供水，最终干旱发生在 3～5 月。因此若以 12 月至翌年 2 月水库的应供水量计算水库旱限水位并

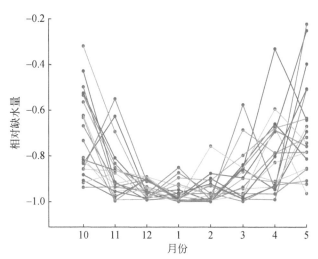

图 4-2　无蓄水情况下水库枯水期相对缺水量

每一条折线代表 1990~2009 年每年无蓄水情况下水库枯水期相对缺水量

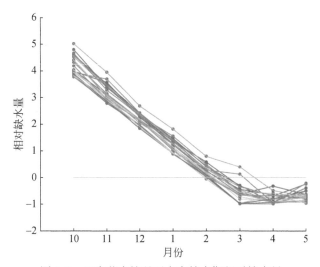

图 4-3　正常蓄水情况下水库枯水期相对缺水量

每一条折线代表 1990~2009 年每年正常蓄水情况下水库枯水期相对缺水量

不合适，按照旱限水位的预警功能要求，应当把旱限干旱预警期设置在 3~5 月之前。

3. 水库旱限水位动态控制

不同于洪水，干旱的发展是一个缓慢的过程，考虑到水库每年枯水期前的蓄水量的不同，可以考虑用动态控制的方法确定各年的旱限水位。对于北方的水库，枯水期的来水量占全年来水的很少一部分，因此在汛期结束后，根据已有蓄水，当年的干旱预警期应是 $f(S, x, I)$ 的动态结果。其中为了达到预警效果，来水序列 x 采用设计干旱年的来水估计当年的来水，I 采用标准供水规则，然后确定干旱预警期旱限水位。对于一个承担特定供水任务的水库，其干旱预警期 T_d 与蓄水量便能建立起对应关系，并可以计算对应旱限水位（T_d，DL）。整体步骤如下。

（1）模拟供水期水位变化。依据汛末时水库蓄水 S，按照水库供水保证率下的供水期来水系列 x，I 按照标准供水规则，并以此模拟水库水位变化。

（2）确定干旱期。根据模拟结果，计算相对缺水量 DI，将 DI 值小于零的月份作为当年潜在干旱期。并选定之前的一或两个月作为干旱预警期 T_d。

（3）旱限水位的确定。对选定的干旱预警期设置预警水位作为旱限水位 DL，为了达到预警效果，预警期月初库容高于死库容预警值设置为当月应供水量加上其后第一个干旱月份的应供水量之和。

（4）年内修正。根据实际来水，逐月修改来水系列，对当年潜在干旱期和干旱预警期进行再计算，并调整旱限水位。

（5）年际修正。以水库供水任务系统动力学模型预测结果为依据，根据水库需水量的逐年变化修改汛限水位。

4.3.5　限制供水模型

1. 水库限制供水规则概念

SOP 将水库放水量简化为水库初始存水量与面临时段来水量二者的函数，因其操作简单，目前被广泛地应用于水库运行调度的模拟分析研究中。SOP 的模拟结果通常用来和其他调度策略模拟运行结果进行对比分析（Loucks et al.，1981）。SOP 执行过程如下：如果时段内水库存水量不能满足目标需水时，为了尽量满足当前时段的需水要求，水库放空存水变为空库；如果时段内来水量过多导致水库充满，就采取措施泄掉多余水量（方红远等，2006）。SOP 的调度目标是在供水期尽可能多地满足用水需求（Maass and Hufschmidt，1962），但由于这种调度规则只追求减少当前阶段的供水短缺，而不能充分考虑未来的缺水风险和短缺程度，从而使这种供水策略会在干旱期造成较大的缺水损失。

限制供水策略（hedging rule，HR）是 Bower（1996）首次在水库调度中引入了"对冲"（hedge）的概念提出的，HR 和经常在水库调度模拟分析应用较多的 SOP 的核心区别是以当前较小的缺水为代价，避免将来一些时段更严重的缺水。两种放水规则异同可以用图 4-4 来说明，U_t 为 t 时刻的缺水量。若水库小于 $K_p D_t$ 时，并不放空水库（其中 $K_p>1$），仅将蓄水量的 $1/K_p$ 用以供水，以此来减少将来时段的缺水程度。

2. 旱限水位控制的 HR 模拟优化模型

将旱限水位引入水库特征水位，并建立旱限水位控制的 HR 供水规则。用缺水损失衡量水库供水效益，水库进入干旱预警后的模拟-优化模型如下：

$$目标函数 \min f = \text{CDI} = \sum_{t=1}^{n} \left(\frac{D_t - R_t}{D_t} \right)^m \tag{4-22}$$

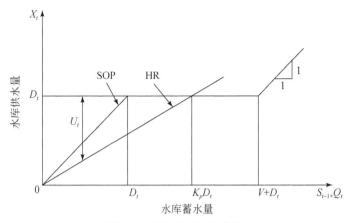

图 4-4 SOP 与 HR 示意图

X_t 为时段 t 内水库供水量；D_t 为时段 t 内目标需水量；S_{t-1} 为 t 时段初水库蓄水量；

Q_t 为时段 t 内水库入流量；V 为水库库容；U_t 为 t 时段的缺水量

当 $S_{t-1}<S_{DL}$ 时，约束条件如下：

$$T_t = HF \times D_t , If \ S_{t-1} \leqslant S_{DL} \tag{4-23}$$

$$R_t = T_t , If \ S_{t-1}+I_t \geqslant T_t \tag{4-24}$$

$$R_t = S_{t-1}+I_t , If \ S_{t-1}+I_t < T_t \tag{4-25}$$

$$S_t = S_{t-1}+I_t-R_t \tag{4-26}$$

$$S_t , T_t , I_t \geqslant 0 , 1 \geqslant HF \geqslant 0 \tag{4-27}$$

式中：CDI 为累计缺水指数；m 为效益指数，效益指数为凸函数，本书取 $m=2$；S_{DL} 指旱限水位对应的水库蓄水量；HF 为限制供水因子；T_t 为 t 时段的目标放水量；S_{t-1} 为 t 时段开始时水库的蓄水量；I_t 为 t 时段水库的来水量；D_t 为 t 时段的目标需水量；R_t 为 t 时段水库的积水量。

4.4 水库系统的调控管理

刘宁（2013）基于中国基本水情，结合在雨洪水利用、水资源战略储备以及储水空间利用等方面进行的水文水资源常态管理和应急管理探索与实践，提出了建立水资源常态与应急统合管理的概念。本研究以水库自身优势和面临机会作为契机，与转变劣势和应对威胁作为构建动力，以 SWOT 分析建议为导向，以 6 西格玛（6Sigma）管理做方法论，构建一种新型管理模式实现变化环境下水库的常态与应急统合管理。

4.4.1 水库统合管理的概念

1. 水库管理中的常态与应急

"常"指普通、一般、平常、长久不变的、时常、经常的意思。"态"指形状、样子、状态。"常态"可理解为正常状态或一般状态，通常指有固定的姿态或形态，或本来的状态，或符合一般规律和情况的状态，也可以说是持续出现或者经常发生的状态。"应"指应对，"急"指突然发生的、紧急的情况。"应急状态"是一种不常发生的具有特殊性的情形，在这种条件下需要实行的某些对策往往也超出普通工作程序之外，从而预防事故于未然或者尽量降低已发生事故造成的损害。

依照传统兴利和除害的治水思路将水库管理分成常态和应急两块。常态下的管理途径"供"和"控"，主要指针对平水时期开展的水事活动，其核心是水资源管理。应急状态下的管理途径"泄"和"排"（防洪）、"保"和"供"（抗旱），主要指针对丰水期和枯水期开展的水事活动。在整个管理过程中常态和应急状态是水库运行的两个不同阶段，两者既有区别又有联系，在一定条件下还可以相互转化。例如，在气象预报技术和洪水预报手段不发达的时候，水库多实行静态汛限水位，即在汛期严格遵照水库防洪设计或汛期计划阶段规定的单一汛限水位值运行，不管水库面临何种水情雨情，时刻预防设计标准或洪水校核标准洪水，也就是说汛期超过汛限水位水库就要进入应急状态进行泄水防洪。近几年来，在科技发展与科学论证的基础上，许多大中型水库的汛限水位调整运用较原规划设计有了很大改进，可以通过预报调度的方式使汛限水位值上调或者实行动态汛限水位，即水库在超过防洪设计确定的汛限水位后仍属于常态管理的范畴。

2. 水库常态与应急综合管理内涵

常态与应急综合管理主张从系统发展的全过程出发，紧密结合事件演进各个阶段之间的转化关系，将系统既定发展目标与过程中可能出现的突发事件统筹考虑，预先安排，制定策略，将关键因子置于可控阈值范围内，以更加高效的方式处置突发事件。从理念上讲，水库常态与应急综合管理体现了从确定型管理向风险管理、从分阶段管理向全过程管理的转变；从方向上讲，水库常态与应急综合管理需要同时采取常规和非常规手段，在水库运行的各个环节将常态措施和应急措施结合起来；从实践上讲，水库常态与应急管理的核心是常态与应急措施的有机结合。

自然情况下，年际及年内的周期性丰枯变化是完整水文循环过程的显著特征，除周期性特征之外还伴随着水文过程的趋势性和随机性。根据水量在水文过程中的分配情况可将其大致划分为丰、平、枯三个阶段。实际情况中，各阶段划分因季节、地理条件不同而产生差异。从不同水文阶段看来，根据地区属性、水文气象条件与供水需求的不同，依据水库的水文过程的整体特征将水文年划分不同的管理阶段，在每个阶段实施常态应急管理，如在汛期实行汛限水位的分期或者动态控制。从整个水文年度来看，北方地区通常在 6~9 月的伏秋大汛期间水量丰沛甚至形成洪涝灾害，而在此前后由于降雨很少，容易发生干旱。相比之下南方地区，水量增多可能不连续地发生在春汛、伏汛、秋汛期间。目前国内对汛限水位控制的研究较多，但是抗旱预警相关技术研究及干旱期供水策略研究还比较薄弱。而汛期和非汛期是水库管理中两个相依的环节，过去较多关注汛期管理研究，在这种管理实践中，采取的措施就不可避免地具有片面性和阶段性。因此，对非汛期的干旱预警和供水策略较为薄弱的管理研究无法与防汛管理进行时空上的良好衔接，从而影响水库在整个运行周期内的抗旱和供水目标的实现。

4.4.2 水库管理的战略分析

水库旧有的确定型的管理模式正同时面临着机遇和挑战。一方面，随着环境变化，洪涝灾害发生频率有升高的趋势，对水库在现有工程条件下防洪能力和保障供水能力是一个考验。另一方面，洪水和气象预报技术有了很大提高，水库管理在结合新技术、应用新方法改善水库性能的方面有提升空间。以此为出发点，应对水库现有的管理模式和流程存在的问题进行分析。本书结合 SWOT 分析法的特点，找到了 SWOT 分析方法与水库管理发展战略决策框架的契合点，对水库管理方向定位进行分析。

1. SWOT 分析法

SWOT 分析法在 1971 年由美国哈佛大学商学院 Kenneth R. Andrews 等提出，是一种基于企业综合考虑内外部环境因素的竞争战略方法，是较容易被使用的定性分析工具，可定位企业的优劣势和核心竞争力。SWOT 是优势（strength）、劣势（weakness）、机会（opportunity）、威胁（threat）的英文缩写。这里优势与劣势属于内部因素，机会与威胁属于外部因素。SWOT 提出之初是用于分析微观企业，通过对企业自身内在因素和对其影响较大的外在因素归纳分析，并通过内外要素的交叉并举的方法探寻有效的市场竞争策略。其主要步骤如下：

（1）深入剖析企业自身内在的优势（S）与劣势（W），敏锐洞察企业面临的机会（O）和威胁（T），并将他们罗列出来。

（2）在第一步分析归纳总结之后，对内在因素形成的资源优势与限制和外部环境带来的机遇与挑战做出有效合理的组合配对。形成 SO、ST、WO 和 WT 策略。

（3）依据企业自身情况，对 SWOT 分析得到的各种战略方案进行仔细评估和筛选。

2. 水库管理中 SWOT 模型构成的重定义

SWOT 创立之初是用于微观企业战略分析，而在本研究中则将水库的管理作为分析对象。企业追求经济利益，通常采用与竞争对手做比较的方法来评估自身内部的优劣之势，同时以对商品市场的供需变化的洞悉和预测作为对企业外部环境的分析。类比企业，水库管理希望实现的价值是防洪和供水效益：内部分析应侧重在水库自身防洪和供水能力分析；外部分析应更侧重于环境变化和科学技术发展给水库带来的挑战和机遇。就企业和水库两者面临的自身和外部因素而言，既有不同之处，又有相似的地方。本书对 SWOT 方法各环节做了符合水库管理的自身特点的重新设计，表 4-3 是重定义后的 SWOT 模型。

3. SWOT 分析结果

根据上述分析，对水库管理中自身及外部条件进行组合匹配，分别针对 SO、WO、ST 和 WT 情况提出相应的策略建议。分析结果如表 4-4 所示。

表 4-3　SWOT 模型构成的重定义

SWOT 分析	企业分析含义	水库分析含义
S（优势）	和竞争对手相比，企业自身独具的可用来提高企业市场竞争力的特质	水库具有的可用来提高防洪和抗旱的能力
W（劣势）	和竞争对手相比，企业自身存在的可使企业在市场处于不利地位的缺陷	水库自身管理目前面临的问题
O（机会）	在不同时间段内出现的市场机会，外部机会的有效利用可以使公司竞争优势的潜力得到最大发挥	指水库充分利用工程措施和非工程措施以使水库的防洪和抗旱潜力发挥最大的外部机会
T（威胁）	潜伏在企业外部环境中的可能对企业盈利水平或市场地位产生威胁的东西	在经济发展和环境变化下，对水库防洪和抗旱管理带来挑战的东西

表 4-4　水库管理 SWOT 矩阵分析

内部因素／外部因素	优势（S） 1. 水库库容拦蓄洪水 2. 蓄丰补枯，调节水量的时空分布，为用水部门提供可靠水源	劣势（W） 1. 汛期受防洪能力约束，水库常常发生弃水，导致汛后不能有效蓄水 2. 水库抗旱应急管理还不完善
机会（O） 1. 气象预报技术与洪水预报手段的进步 2. 跨流域调水 3. 依托现代科技支撑体系，构建多元化信息共享平台	SO 战略 1. 运用先进的计算机、遥感和地理信息系统、水情测报、系统工程与数值模拟等软硬件技术方法实现水库实时动态管理 2. 通过各种工程和非工程措施增强水库供水能力	WO 战略 1. 实行基于预报信息的汛限水位动态控制，水库防洪库容与兴利库容有重叠的部分应加以有效利用，发挥洪水资源潜能 2. 建立有效的抗旱预警系统，对水库干旱期供水策略进行优化
威胁（T） 1. 气候环境变化，突发性的极端旱涝事件频繁出现 2. 经济增长，需要水库提供更多的供水量	ST 战略 1. 考虑气候变化对水库来水的影响，用以指导水库管理 2. 加强对风险灾害的预防措施，提升应急状态下的决策应变能力和危机处理能力	WT 战略 1. 提升风险减免机制效率，建立合理的控制过程。在汛期遭遇洪水时，通过有效的调控既实现水库防洪作用，还要实现有效的蓄水 2. 在干旱时期，通过博弈应急管理减低干旱的破坏深度

4.4.3　水库管理流程改进

通过建立水库 SWOT 分析法框架，综合水库的内外部环境条件对水库现状运行管理过程中的调控机制不完善的原因进行深入分析，依据常态应急综合管理的理念，从整个水库运行过程出发，对水库调控管理流程进行设计和改进。本书选择用 6sigma 管理方法对水库管理流程进行改善，以提高水库防洪和抗旱的综合效益。

1. 6Sigma 管理方法论

6Sigma 管理是目前国际大型企业广泛应用的一种科学的管理方法论。Motorola 在 1987 年为提升产品质量而发明了 6Sigma 管理方法，在 6Sigma 管理方法的帮助下，其公司在短短两年之内被授予了美国质量管理奖。美国通用电气公司在内部推行 6Sigma 管理之后，经营效益在两年内提升了 3.1%。6Sigma 管理的实施在这两家大公司产生卓越的效果之后，马上得到了国际上许多企业管理者的青睐，多家企业开始争相仿效，6Sigma 管理开始在世界范围内风靡。

6Sigma 管理通常译作 6 西格玛管理，Sigma 即 "σ"，在统计学中，"σ" 即为 "标准差"，标准差又称均方差，在统计学中用来反映数据集或流程的离散或差异程度。6Sigma 即为 "6 倍标准差"，6Sigma 水平是指 1 000 000 个产品中不合格率（PPM）小于 3.4。Motorola 创立 6Sigma 方法最初就是用来改进产品质量管理，但是今天 6Sigma 已经是一整套系统的企业管理理论与实践方法，不再单单指质量管理。

6Sigma 管理是以流程为基础的。美国著名管理大师 Michael Hammer 认为："在整个流程运行周期内，流程改进与设计始终存在并相互作用。" 6Sigma 管理提供了高效的流程改进工具 DMAIC，很好地契合了这一点。

2. 水库管理的 DMAIC 改进

将 6Sigma 管理引入水库管理，是因为对水库来说，存在 "性能" 和 "能力" 的衡量尺度。"能力" 定义为当水库充分利用水库库容，所能带来的防洪效益和供水效益。结合前面的 SWOT 分析，水库需要在环境变化（气候变化、人类活动）的条件下提升效益（性能），同时应结合先进科学技术、管理理念提高水库潜在效益（能力）。

6Sigma 流程改进一般采用 DMAIC 法，DMAIC 为定义（D）、评估（M）、分析（A）、改进（I）、控制（C）五步循环改进法的缩写，如图 4-5 和图 4-6 所示。

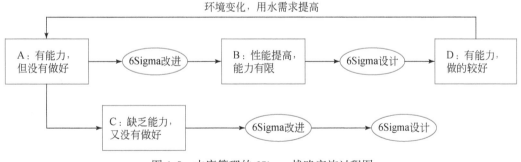

图 4-5　水库管理的 6Sigma 战略实施过程图

（1）定义（define）。初始含义是定义顾客需求，设定改进目标。对于水库，水库目标是追求防洪效益和供水效益总和的提高。

（2）评估（measure）。初始含义是以上一步设定的目标为中心，评估企业目前做得如

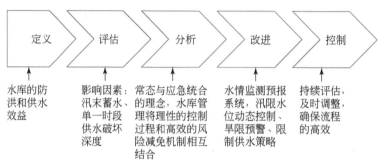

图 4-6　DMAIC 实施过程

何，将来会干得怎么样。具体到水库，一般而言，水库建成后其能抵御洪水风险的能力也便是确定的，不能希望按百年一遇洪水标准设计的水库来抵御千年一遇甚至更大的洪水。但是水库（尤其是北方水库）在汛期末蓄水的多少会直接影响干旱期的供水效益。供水效益一般很难以干旱期缺水损失的经济价值量化，因为要估算经济损失不仅要区别供水的用途，而且还必须考虑不同用水户之间用水效率的差别。

本书选取单一时段供水破坏深度来反映供水效益大小，其含义为水库在运行分析期内时段缺水量的最大值。现阶段在研究干旱期水库供水策略时，学者们普遍认为相比运行期内的总缺水量，单一时段的最大缺水量可以更好地反映缺水损失特征（方红远等，2006）。这样就能将目标量化。以此对不同水平年水库效益以及水库潜在能力进行评估。

（3）分析（analyze）。分析指的是对评估数据和流程进行分析，找出提高水库效益的问题所在。依据常态与应急统合的理念，要实现管理的全局最优，需要提升风险减免机制效率，建立合理的控制过程，两者结合，权衡应急管理与常态管理，牺牲局部利益。汛期的水库常态下放空防洪库容为的是承纳可能遇到的大洪水，有水而不蓄，这就和干旱期的缺水形成了矛盾，假如实行一定风险的汛限水位动态控制，这便是一种常态的应急化。

如果干旱期破坏程度很大，将会使水库管理进入干旱应急状态，通过制定高效的干旱预警，科学地进行限制供水，可避免破坏深度更大的干旱发生，这是一种将应急状态的风险坦化到常态的做法。对影响水库效益的原因的分析是一个循环往复的过程，因为随着各种条件的改变，水库管理中可以利用的技术和面临的问题都会有变化。就目前而言，具有较高精度和良好性能的水文自动测报系统以及洪水调度系统应用已非常普遍，为实施汛限水位的动态控制提供了良好的条件。而干旱期供水水库运行策略优化理论也日趋成熟，有必要制定有效的干旱期供水策略，为干旱期限制供水提供技术支撑。

（4）改进（improve）。基于上一阶段分析，确立改进方案。建立有效的易操作的解决方案及流程。研究建立一套基于汛限水位动态控制、旱限水位干旱预警、干旱期限制供水的解决办法。

（5）控制（control）。本阶段关键是要建立长久的 6Sigma 管理活动组织框架以及控制体系，使得 6Sigma 水库管理高效可持续。确保水库运行的持续评估，管理流程的及时检查和监督，促进水库效益的提升。因为水库面临的是一个变化的环境，不同因素的变化对水库控制流程的不同环节将产生显著的影响。对水库的天然来水量和水库承担供水任务的变化要建立快速反应机制，根据变化及时调整水库运行策略和控制流程。

3. 水库综合管理决策流程

以 SWOT 战略分析为导向，通过 6Sigma 流程改进方法对水库管理流程进行改进设计，实现水库综合管理。而要保障整个管理流程的实现，需加强以下四个主要环节：①通过整合先进的计算机技术、遥感与 GIS 技术、水情自动监测技术与水信息传输技术等手段，优化升级水情测报系统，加强其对水库决策系统的指导作用；②加入旱期预警模块，完善水库旱限水位预警技术，使旱期管理与汛期管理在时空上衔接；③结合干旱期水库旱限水位提出干旱期限制供水策略；④为管理流程加上评估机制，对整个流程持续评估，确保高效。

各阶段主要内容、相互关系及整体框架如图 4-7 所示。

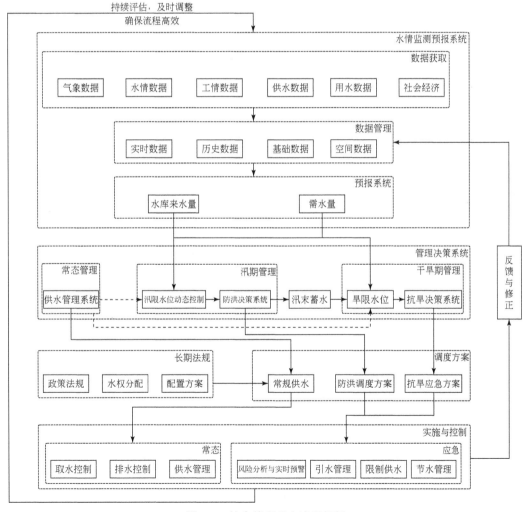

图 4-7 统合管理基本流程框架

对于桥水库综合管理流程中的主要模块与关键技术进行搭建和解析，然后将其嵌入水库综合管理流程框架，形成水库水资源调度的主要支撑。水库通过先进水情监测系统进行数据采集汇总传输，再由预报系统提供高精度的预报结果。经过数据汇总分析，通过临界特征值识别（旱限水位和汛限水位）对未来的水库状态做出理性判断，并依据汛限水位控制和旱限水位控制技术进行决策和调度。将调度结果及时反馈再分析，做出策略的调整。整个决策流程如图 4-8 所示。

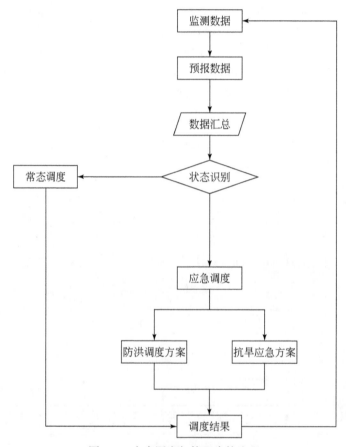

图 4-8　水库调度与管理决策流程

4.5　典型水库汛限水位确定与调控

4.5.1　研究区概况

1. 自然地理及工程概况

于桥水库位于天津市北部蓟县，水库控制流域属于暖温带半湿润大陆性季风型气候区。蓟县的多年平均气温为 11.5℃，气温年较差可达 31.5 ℃；多年平均年降水量为 750mm，多年平均年蒸发量为 1000mm，北部山区为 900mm；降水量整体来看夏多冬少，多年平均降水整个冬季不足全年的 2%，夏季却高达 67%~76%，除此之外春季约占 9%，秋季占 10%~19%。年平均无霜期天数为 194 天；风向有明显的季节变化，冬季受强大的蒙古高压控制，以西北风、北风为主，夏季以东南风、南风为主，秋季处于过渡季节，以西南偏南风较多。于桥水库的控制流域面积为 2060km²，占整个州河流域面积的 96%。州河是由沙河、淋河、黎河这三大支流汇合而成的，各支流呈辐射状分散于州河盆地，水库库区即位于该盆地，最大回水东西长约 30km，南北宽约 8km，最大淹没面积为 250km²。

水库始建于 1959 年，于 1960 年 7 月完成第一期工程。水库枢纽工程主要有拦河坝、放水洞、溢洪道、水电站等。拦河坝为均质土坝，全长 2222m，最大坝高为 24m，坝顶高程为 28.72m。放水洞（兼发电洞）的洞径 5m，坝后的电站设有贯流式机组四台，总装机容量为 5000kW。溢洪道为开敞式堰闸，共 8 孔闸门，净宽为 80m，最大泄洪能力为 4138m³/s。大坝为一级建筑物，按照千年一遇洪水设计，最大可能洪水校核，抗震按 8 度设防。自 1983 年始，于桥水库被纳入引滦入津工程，引水主要从河北省内大黑汀、潘家口水库调取，通过输水干渠经迁西、遵化进入于桥水库，供水对象为天津市城区及部分区县生活用水。自接受调水以来，于桥水库每年为天津市调节供水近 10 亿 m³，是天津市最为重要的水源地。

2. 水库洪水调度规则现状

1）水库特征水位和特征库容

（1）水库汛期限制水位为 19.87m，正常蓄水位为 21.16m，设计洪水位为 25.62m，校核洪水位为 27.72m。

（2）防洪库容为 12.62 亿 m³，兴利库容为 3.85 亿 m³。

2）水库水文特征

（1）水库设计重现期为 1000 年，水库设计洪峰流量为 8327m³/s。

（2）水库校核重现期为最大可能洪水，水库校核洪峰流量为 17960m³/s。

3）洪水调度规则

（1）当入库的洪水在设计洪水二十年一遇以下时，于桥水库应采取关闭闸门（闭门不超过 7 天）或适当减少下泄流量来与下游错峰，并且下泄流量不得超过 150m³/s。如果库水位继续升高到 23.00m（此时库区围埝已冲开），则控制下泄流量仍保持为 150m³/s，以保证下游河道和洼淀的安全。

（2）当入库的洪水达到设计洪水五十年一遇时（库水位已达到 24.05m），控制下泄流量不超过 500m³/s，以保证下游铁路的安全。当库水位在 24.05m 以上时，放水洞已不能泄洪，只能用溢洪道泄洪。

（3）当入库洪水达到设计洪水百年一遇以上时（库水位在 24.60m 以上），水库泄洪闸门需全部开启，不再控制下泄流量，以保大坝安全。

4）于桥水库水位-库容、水位-泄量关系

水位、库容和泄量关系如表 4-5 所示。

表 4-5 于桥水库水位、库容和泄量关系

水位 Z/m	库容 V/万 m^3	泄量 q/(m^3/s)	$\dfrac{V}{\Delta t} - \dfrac{q}{2}$	$\dfrac{V}{\Delta t} + \dfrac{q}{2}$
19.0	22868	319.90	21014.12	21334.02
19.2	24386	358.40	22400.43	22758.83
19.4	26060	399.50	23929.88	24329.38
19.6	27617	443.30	25349.65	25792.95
19.8	29217	489.80	26807.88	27297.68
20.0	30809	539.00	28257.35	28796.35
20.2	32249	591.00	29564.69	30155.69
20.4	34084	645.70	31236.41	31882.11
20.6	35658	703.20	32665.07	33368.27
20.8	37349	763.40	34200.71	34964.11
21.0	39249	826.50	35928.42	36754.92
21.2	41149	892.20	37654.83	38547.03
21.4	43249	960.70	39565.02	40525.72
21.6	45139	1031.90	41279.42	42311.32
21.8	47214	1105.90	43163.72	44269.62
22.0	49274	1182.40	45032.87	46215.27
22.2	51114	1261.70	46696.93	47958.63
22.4	53546	1343.50	48907.88	50251.38
22.6	55711	1427.80	50870.36	52298.16
22.8	57674	1514.70	52644.50	54159.20
23.0	69100	1604.00	63179.48	64783.48
23.2	72000	1695.70	65818.82	67514.52
23.4	74800	1789.70	68364.41	70154.11
23.6	77500	1886.00	70816.26	72702.26
23.8	80400	1984.50	73452.19	75436.69
24.0	83460	2085.10	76235.23	78320.33
24.2	86800	2187.70	79276.52	81464.22
24.4	90000	2292.20	82187.23	84479.43
24.6	93000	2398.60	84911.81	87310.41
24.8	96600	2506.70	88191.09	90697.79
25.0	99600	2616.50	90913.97	93530.47

3. 社会经济与供水格局

目前，于桥水库供水几乎覆盖了整个天津市全域，主要供给区域包括主城区（中心城区和新四区）、滨海新区（塘沽区、大港区和汉沽区）、宝坻区、武清区、宁河县和静海县。根据 2011 年资料，引滦系统供水 6.25 亿 m³，外加引黄应急供水 1.71 亿 m³，引滦-引黄系统总供水量占到了天津市城市供水量的 80% 以上，是天津市城市供水的主要水源。

4. 数据资料

数据资料包括：于桥水库天然来水年径流系列（1960~2006 年）；水库控制流域范围各个代表站的降水资料（1960~2006 年）；天津地区水资源配置方案及水库供水资料；于桥水库的特征水位及水位流量关系曲线；潘家口、大黑汀水库的年径流资料（1960~2006 年）；天津市（2003~2014 年）水情公报。

4.5.2 于桥水库汛限水分期控制

1. 模糊聚类分析法

1）聚类因子的选定

本章具体分析了于桥水库 1979~2010 年共 32 年每年汛期的基本降雨资料，选用 6 个指标作为分期的依据：旬最大一日面平均雨量、旬最大三日面平均雨量、旬最大五日面平均雨量、旬最大七日面平均雨量、旬平均雨量以及旬暴雨天数（日降雨量大于 50mm）。其结果如表 4-6 所示。

表 4-6　于桥水库汛期分期指标特征值

汛期各旬	旬最大一日降雨量/mm	旬最大三日降雨量/mm	旬最大五日降雨量/mm	旬最大七日降雨量/mm	旬平均日降雨量/mm	旬暴雨天数/d
6 月上旬	9.583	12.892	14.019	14.839	1.554	0
6 月中旬	10.504	14.067	16.571	18.598	1.892	0
6 月下旬	17.563	22.165	23.54	24.778	2.577	0.094
7 月上旬	17.594	23.52	26.299	29.419	3.098	0.063
7 月中旬	24.859	31.076	35.697	37.036	3.943	0.188
7 月下旬	27.598	41.47	46.589	50.397	4.937	0.125
8 月上旬	25.756	37.284	42.485	48.372	5.241	0.156
8 月中旬	20.95	30.579	36.876	42.789	4.488	0.094
8 月下旬	12.509	17.4	19.607	20.74	2.011	0.063
9 月上旬	11.716	15.588	17.952	20.765	2.254	0

续表

汛期各旬	旬最大一日降雨量/mm	旬最大三日降雨量/mm	旬最大五日降雨量/mm	旬最大七日降雨量/mm	旬平均日降雨量/mm	旬暴雨天数/d
9月中旬	8.053	11.392	13.246	14.069	1.447	0
9月下旬	6.64	8.079	9.186	9.72	0.978	0

2）数据的标准化处理

消除量纲的影响，需要将各个指标的特征值进行统一的处理，处理后的结果如表 4-7 所示。

表 4-7　于桥水库汛期分期指标一致无量纲化结果

汛期各旬	旬最大一日降雨量	旬最大三日降雨量	旬最大五日降雨量	旬最大七日降雨量	旬平均降雨量	旬暴雨天数
6月上旬	0.140	0.144	0.129	0.126	0.135	0.000
6月中旬	0.184	0.179	0.197	0.218	0.214	0.000
6月下旬	0.521	0.422	0.384	0.370	0.375	0.500
7月上旬	0.523	0.462	0.458	0.484	0.497	0.335
7月中旬	0.869	0.689	0.709	0.672	0.696	1.000
7月下旬	1.000	1.000	1.000	1.000	0.929	0.665
8月上旬	0.912	0.875	0.890	0.950	1.000	0.830
8月中旬	0.683	0.674	0.740	0.813	0.823	0.500
8月下旬	0.280	0.279	0.279	0.271	0.242	0.335
9月上旬	0.242	0.225	0.234	0.272	0.299	0.000
9月中旬	0.067	0.099	0.109	0.107	0.110	0.000
9月下旬	0.000	0.000	0.000	0.000	0.000	0.000

3）建立模糊相似矩阵

根据表 4-7 数据，利用式（4-2）建立模糊相似矩阵。其模糊相似矩阵结果如表 4-8 所示。

表 4-8　于桥水库模糊相似矩阵

汛期各旬	6月上旬	6月中旬	6月下旬	7月上旬	7月中旬	7月下旬	8月上旬	8月中旬	8月下旬	9月上旬	9月中旬	9月下旬
6月上旬	1.000	0.842	0.412	0.363	0.262	0.201	0.213	0.257	0.556	0.747	0.866	0.167
6月中旬	0.842	1.000	0.545	0.485	0.360	0.280	0.294	0.351	0.706	0.899	0.716	0.167
6月下旬	0.412	0.545	1.000	0.899	0.715	0.635	0.640	0.762	0.795	0.637	0.325	0.000
7月上旬	0.363	0.485	0.899	1.000	0.752	0.661	0.669	0.791	0.763	0.573	0.282	0.000
7月中旬	0.262	0.360	0.715	0.752	1.000	0.839	0.883	0.889	0.537	0.434	0.202	0.000

续表

汛期各旬	6月上旬	6月中旬	6月下旬	7月上旬	7月中旬	7月下旬	8月上旬	8月中旬	8月下旬	9月上旬	9月中旬	9月下旬
7月下旬	0.201	0.280	0.635	0.661	0.839	1.000	0.943	0.860	0.470	0.342	0.151	0.000
8月上旬	0.213	0.294	0.640	0.669	0.883	0.943	1.000	0.869	0.473	0.358	0.160	0.000
8月中旬	0.257	0.351	0.762	0.791	0.889	0.860	0.869	1.000	0.579	0.423	0.193	0.000
8月下旬	0.556	0.706	0.795	0.763	0.537	0.470	0.473	0.579	1.000	0.771	0.444	0.000
9月上旬	0.747	0.899	0.637	0.573	0.434	0.342	0.358	0.423	0.771	1.000	0.631	0.167
9月中旬	0.866	0.716	0.325	0.282	0.202	0.151	0.160	0.193	0.444	0.631	1.000	0.167
9月下旬	0.167	0.167	0.000	0.000	0.000	0.000	0.000	0.000	0.000	0.167	0.167	1.000

4）建立模糊等价矩阵

通过逐次平方法将模糊相似矩阵 **R** 做模糊乘积计算，依次得到 **R²**、**R⁴** 和 **R⁸**，直到计算到前后两个矩阵相等，得到模糊等价矩阵如表4-9所示。

表4-9　于桥水库模糊等价矩阵

汛期各旬	6月上旬	6月中旬	6月下旬	7月上旬	7月中旬	7月下旬	8月上旬	8月中旬	8月下旬	9月上旬	9月中旬	9月下旬
6月上旬	1.000	0.842	0.637	0.573	0.537	0.470	0.473	0.556	0.747	0.842	0.866	0.167
6月中旬	0.842	1.000	0.706	0.706	0.545	0.545	0.545	0.579	0.771	0.899	0.842	0.167
6月下旬	0.637	0.706	1.000	0.899	0.762	0.762	0.762	0.791	0.795	0.771	0.631	0.167
7月上旬	0.573	0.706	0.899	1.000	0.791	0.791	0.791	0.791	0.795	0.763	0.573	0.167
7月中旬	0.537	0.545	0.762	0.791	1.000	0.883	0.883	0.889	0.752	0.637	0.444	0.167
7月下旬	0.470	0.545	0.762	0.791	0.883	1.000	0.943	0.869	0.661	0.635	0.444	0.167
8月上旬	0.473	0.545	0.762	0.791	0.883	0.943	1.000	0.883	0.669	0.637	0.444	0.167
8月中旬	0.556	0.579	0.791	0.791	0.889	0.869	0.883	1.000	0.763	0.637	0.444	0.167
8月下旬	0.747	0.771	0.795	0.795	0.752	0.661	0.669	0.763	1.000	0.771	0.706	0.167
9月上旬	0.842	0.899	0.771	0.763	0.637	0.635	0.637	0.637	0.771	1.000	0.747	0.167
9月中旬	0.866	0.842	0.631	0.573	0.444	0.444	0.444	0.444	0.706	0.747	1.000	0.167
9月下旬	0.167	0.167	0.167	0.167	0.167	0.167	0.167	0.167	0.167	0.167	0.167	1.000

5）截度的选取及聚类结果

在表4-9于桥水库模糊等价矩阵的基础上，取定截度 S 为0.8。得到的结果如表4-10所示。

表4-10　模糊聚类法结果

汛期各旬	6月上旬	6月中旬	6月下旬	7月上旬	7月中旬	7月下旬	8月上旬	8月中旬	8月下旬	9月上旬	9月中旬	9月下旬
6月上旬	1	1	0	0	0	0	0	0	0	1	1	0
6月中旬	1	1	0	0	0	0	0	0	0	1	1	0

汛期各旬	6月上旬	6月中旬	6月下旬	7月上旬	7月中旬	7月下旬	8月上旬	8月中旬	8月下旬	9月上旬	9月中旬	9月下旬
6月下旬	0	0	1	1	0	0	0	0	0	0	0	0
7月上旬	0	0	1	1	0	0	0	0	0	0	0	0
7月中旬	0	0	0	0	1	1	1	1	0	0	0	0
7月下旬	0	0	0	0	1	1	1	1	0	0	0	0
8月上旬	0	0	0	0	1	1	1	1	0	0	0	0
8月中旬	0	0	0	0	1	1	1	1	0	0	0	0
8月下旬	0	0	0	0	0	0	0	0	1	0	0	0
9月上旬	1	1	0	0	0	0	0	0	0	1	0	0
9月中旬	1	1	0	0	0	0	0	0	0	0	1	0
9月下旬	0	0	0	0	0	0	0	0	0	0	0	1

从表 4-10 中可以看出,6 月上旬和 6 月中旬为一个分期,为于桥水库汛期的前期;6 月下旬和 7 月上旬为于桥水库汛期的过渡期;7 月中旬至 8 月中旬为于桥水库主汛期;8 月下旬至 9 月下旬为于桥水库的后汛期。

2. K-means 聚类分析法

采用同模糊聚类分析法中相同的指标,即旬最大一日降雨量、旬最大三日降雨量、旬最大五日降雨量、旬最大七日降雨量、旬平均降雨量以及旬暴雨天数。通过 MATLAB 自带的 K-means 函数,得到于桥水库汛期 K-means 聚类分析分期结果。当 K 值取为 2 时,结果如表 4-11 所示,当 K 值取 3 时,结果如表 4-12 所示。

表 4-11　$K=2$ 时于桥水库汛期分类结果

汛期各旬	旬最大一日降雨量/mm	旬最大三日降雨量/mm	旬最大五日降雨量/mm	旬最大七日降雨量/mm	旬平均降雨量/mm	旬暴雨天数/天	分类
6月上旬	0.14	0.144	0.129	0.126	0.135	0	2
6月中旬	0.184	0.179	0.197	0.218	0.214	0	2
6月下旬	0.521	0.422	0.384	0.37	0.375	0.5	2
7月上旬	0.523	0.462	0.458	0.484	0.497	0.335	2
7月中旬	0.869	0.689	0.709	0.672	0.696	1	1
7月下旬	1	1	1	1	0.929	0.665	1
8月上旬	0.912	0.875	0.89	0.95	1	0.83	1
8月中旬	0.683	0.674	0.74	0.813	0.823	0.5	1
8月下旬	0.28	0.279	0.279	0.271	0.242	0.335	2
9月上旬	0.242	0.225	0.234	0.272	0.299	0	2
9月中旬	0.067	0.099	0.109	0.107	0.11	0	2
9月下旬	0	0	0	0	0	0	2

表 4-12　*K*=3 时于桥水库汛期分类结果

汛期各旬	旬最大一日降雨量/mm	旬最大三日降雨量/mm	旬最大五日降雨量/mm	旬最大七日降雨量/mm	旬平均降雨量/mm	旬暴雨天数/天	分类
6 月上旬	0.14	0.144	0.129	0.126	0.135	0	2
6 月中旬	0.184	0.179	0.197	0.218	0.214	0	2
6 月下旬	0.521	0.422	0.384	0.37	0.375	0.5	1
7 月上旬	0.523	0.462	0.458	0.484	0.497	0.335	1
7 月中旬	0.869	0.689	0.709	0.672	0.696	1	3
7 月下旬	1	1	1	1	0.929	0.665	3
8 月上旬	0.912	0.875	0.89	0.95	1	0.83	3
8 月中旬	0.683	0.674	0.74	0.813	0.823	0.5	3
8 月下旬	0.28	0.279	0.279	0.271	0.242	0.335	1
9 月上旬	0.242	0.225	0.234	0.272	0.299	0	1
9 月中旬	0.067	0.099	0.109	0.107	0.11	0	2
9 月下旬	0	0	0	0	0	0	2

从表 4-11 中可以看出,当 *K* 值取 2 时,于桥水库汛期共分为三期。其中 6 月上旬至 7 月上旬为一个分期,为于桥水库汛期的前期;7 月中旬至 8 月中旬为于桥水库主汛期;8 月下旬至 9 月下旬为于桥水库的后汛期。从表 4-12 中可以看出,当 *K* 值取 3 时,于桥水库汛期共分为五期。其中 6 月上旬和 6 月中旬为一个分期,为于桥水库汛期的前期;6 月下旬和 7 月上旬为于桥水库的汛前过渡期;7 月中旬至 8 月中旬为于桥水库主汛期;8 月下旬和 9 月上旬为于桥水库的汛后过渡期;9 月中旬和 9 月下旬为于桥水库的后汛期。

3. 对比分析

本研究在整理于桥水库 1979~2010 年共 32 年汛期的降雨资料后,分别采用了模糊聚类分析法和 K-means 聚类分析法对于桥水库的汛期进行了划分。并且在每一种方法中采用了不同的指标值,其结果总结如表 4-13 所示。

表 4-13　于桥水库汛期划分结果

分期方法	参数取值	分期结果
模糊聚类分析法	*S*=0.8	6 月上旬至 6 月中旬,6 月下旬至 7 月上旬,7 月中旬至 8 月中旬,8 月下旬至 9 月下旬
	S=0.85	6 月上旬至 6 月中旬,6 月下旬至 7 月上旬,7 月中旬至 8 月中旬,8 月下旬至 9 月下旬
	S=0.88	6 月上旬至 6 月中旬,6 月下旬至 7 月上旬,7 月中旬至 8 月上旬,8 月中旬至 9 月下旬
	S=0.9	6 月上旬至 7 月中旬,7 月下旬至 8 月上旬,8 月中旬至 9 月下旬

分期方法	参数取值	分期结果
K-means 聚类 分析法	$K=2$	6 月上旬至 7 月上旬, 7 月中旬至 8 月中旬, 8 月下旬至 9 月下旬
	$K=3$	6 月上旬至 6 月中旬, 6 月下旬至 7 月上旬, 7 月中旬至 8 月中旬, 8 月下旬至 9 月上旬, 9 月中旬至 9 月下旬

分析比较表 4-13, 可以发现汛期划分数目最多为五期, 最少为三期。考虑到于桥水库的降雨时程分布, 再结合他人研究成果综合考虑, 将于桥水库的汛期划分为三期。从表 4-13可以得出, 模糊聚类法中 $S=0.9$ 时于桥水库的汛期可以分为 6 月上旬至 7 月中旬, 7 月下旬至 8 月上旬, 8 月中旬至 9 月下旬共三期; K-means 聚类法中 $K=2$ 时于桥水库的汛期可以分为 6 月上旬至 7 月上旬, 7 月中旬至 8 月中旬, 8 月下旬至 9 月下旬共三期。考虑到之后要利用分期设计暴雨推求分期设计洪水, 设计暴雨的历时为 30 日, 可以得出以下结论: 6 月上旬至 7 月上旬为于桥水库的前汛期; 7 月中旬至 8 月中旬为于桥水库的主汛期; 8 月下旬至 9 月下旬为于桥水库的后汛期。

4.5.3 于桥水库分期设计洪水

1. 分期设计暴雨

要确定设计暴雨, 首先需要在流域实测的面平均雨量序列中确定一个固定的历时, 计算该历时下每年的最大值。从而得到每个分期的一时段内降雨量的最大值序列, 对此序列进行频率分析, 可以得到各分期不同频率下的设计暴雨值。

4.5.2 小节中确定于桥水库汛期分为三期, 分别为前汛期 40 天 (1)、主汛期 41 天 (2)、后汛期 41 天 (3)。根据已知资料可以得到于桥水库历时为 30 天的典型洪水过程线。以设计暴雨推求设计洪水, 则设计暴雨与设计洪水相对应, 所以确定出各分期设计暴雨的历时为 30 天。对降雨资料进行整理, 得到每年各分期最大三十日雨量如表 4-14 所示。

表 4-14 于桥水库汛期各分期逐年最大三十日雨量 (单位: mm)

年份	汛期			汛期		
	1	2	3	1	2	3
	6 月 1 日 ~ 7 月 10 日	7 月 11 日 ~ 8 月 20 日	8 月 21 日 ~ 9 月 30 日	6 月 1 日 ~ 7 月 10 日	7 月 11 日 ~ 8 月 20 日	8 月 21 日 ~ 9 月 30 日
	跨期			不跨期		
1979	133.17	413.5	24.041	121.88	382.21	23.102
1980	124.11	185.24	45.313	121.45	172.12	42.402
1981	108.87	105.49	29.509	108.87	94.723	27.288
1982	124.58	193.52	25.033	123.39	189.43	23.129

年份	汛期			汛期		
	1	2	3	1	2	3
	6月1日~ 7月10日	7月11日~ 8月20日	8月21日~ 9月30日	6月1日~ 7月10日	7月11日~ 8月20日	8月21日~ 9月30日
	跨期			不跨期		
1983	56.443	126.66	31.648	54.352	120.75	30.963
1984	121.2	198.86	58.089	115.95	171.53	43.803
1985	91.457	160.45	152.7	90.606	132.53	130.41
1986	115.76	155.89	107.62	115.76	135.58	104.91
1987	129.84	215.73	165.25	94.423	188.68	159.82
1988	134.19	394.6	164.21	108.7	368.38	146.36
1989	76.813	431.24	58.053	68.283	409.21	57.326
1990	89.459	278.33	211.93	77.417	259.59	185.34
1991	81.535	155.01	44.035	76.363	152.03	39.868
1992	46.504	230.85	35.25	43.35	215.94	29.573
1993	130.81	98.89	52.782	103.66	90.307	47.646
1994	138.84	250.87	43.89	136.21	216.99	42.181
1995	81.888	328.64	147.14	76.881	283.38	140.79
1996	125.5	403.7	79.567	124.96	382.95	76.225
1997	34.965	48.527	35.94	25.28	44.275	35.94
1998	263.88	200.02	16.689	246.13	191.15	16.277
1999	52.93	44.594	28.766	52.903	31.503	18.614
2000	35.703	124.98	31.141	35.253	120.94	29.442
2001	51.858	116.87	11.88	51.767	113.18	11.038
2002	70.735	89.207	26.079	70.735	89.207	26.058
2003	42.521	40.007	61.377	42.107	40.004	50.428
2004	72.994	164.44	125.07	72.354	154.49	106.93
2005	55.266	268.96	20.394	49.762	259.11	18.057
2006	73.182	119.76	56.233	69.9	110.73	52.896
2007	24.016	47.11	43.466	23.635	47.11	39.455
2008	107.87	258.63	112.11	107.2	244.05	102.31
2009	78.569	134.68	60.089	75.444	103.39	55.426
2010	43.159	125	99.953	35.131	98.772	77.737

分析比较表 4-14 于桥水库跨期和不跨期的最大三十日降雨量序列，考虑到于桥水库工程的防洪安全，最后选用于桥水库 1979～2010 年汛期各分期的跨期最大三十日数据作为分析对象，对其进行频率分析，得到各分期三十日设计暴雨结果如表 4-15 所示。频率分析配线结果分别为图 4-9～图 4-11 所示。

表 4-15   于桥水库汛期各分期三十日设计暴雨计算结果   （单位：mm）

P/%	汛期		
	1	2	3
	6 月 1 日～7 月 10 日	7 月 11 日～8 月 20 日	8 月 21 日～9 月 30 日
PMF	402.50	1078.46	655.71
0.01	346.25	907.37	527.19
0.1	287.40	731.26	398.66
1	224.27	546.76	270.14
2	203.91	488.53	231.45
5	175.45	408.50	180.31
10	152.21	344.58	141.62
20	126.58	275.91	102.93

注：PMF 指可能最大洪水。

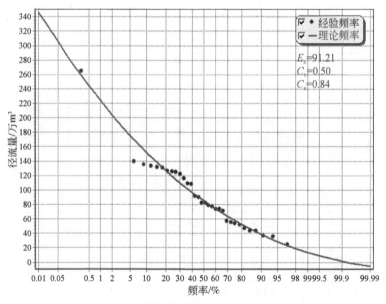

图 4-9   于桥水库前汛期最大三十日降雨量频率曲线

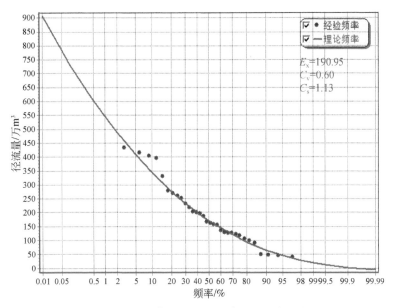

图 4-10　主汛期最大三十日降雨量频率曲线

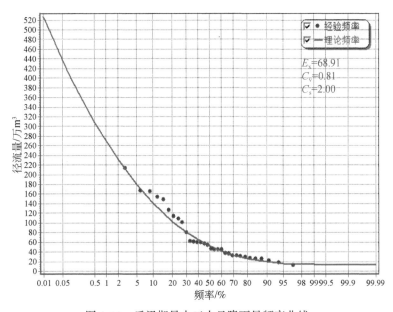

图 4-11　后汛期最大三十日降雨量频率曲线

随之需要计算出年设计暴雨值以期与分期设计暴雨做比较，具体方法为从实测降雨资料中选出每年三十日降雨量的年最大值组成时间序列，对该序列进行频率分析。图 4-12 为配线结果，可以看出理论频率曲线和经验频率曲线拟合较好。根据配线结果可得出不同频率下于桥水库流域的年设计暴雨值如表 4-16 所示。

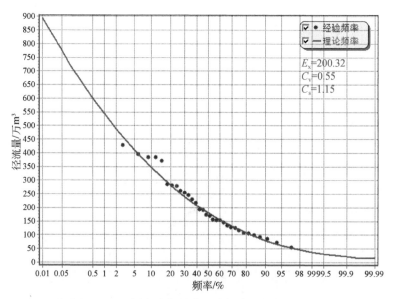

图4-12　于桥水库年最大三十日降雨量频率曲线

表4-16　于桥水库年最大三十日设计暴雨计算结果

P/%	PMF	0.01	0.1	1	2	5	10	20
最大三十日降雨量/mm	1060.81	894.28	723.03	543.87	487.41	409.88	348.05	281.75

利用表4-16所得的年最大三十日设计暴雨计算结果对表4-15中各分期设计暴雨结果进行处理，处理的原则是各分期不同频率下的设计暴雨值不得大于该频率下的年设计暴雨值。如不满足，则按照下述方法进行修正：保持各分期中可能最大设计暴雨值（$P=0.01\%$）不变，按该可能最大设计暴雨值和同频率年设计暴雨值的比值，对其他各个频率下的暴雨值进行处理。处理结果如表4-17所示。

表4-17　处理后于桥水库汛期各分期三十日设计暴雨值

P/%	汛期		
	1	2	3
	6月1日~7月10日	7月11日~8月20日	8月21日~9月30日
PMF	402.50	1060.81	655.71
0.01	346.25	894.28	527.19
0.1	279.94	723.03	398.66
1	210.58	543.87	270.14
2	188.72	487.41	231.45
5	158.70	408.50	180.31
10	134.76	344.58	141.62
20	109.09	275.91	102.93

2. 分期设计洪水

根据资料，本书所选用的于桥水库三十日洪水过程线如图 4-13 所示。

从防洪安全的角度，将图 4-13 的三十日设计洪水过程线与主汛期（7 月 10 日至 8 月 20 日）各个频率下的三十日设计洪水相对应。其余分期依据表 4-17 中处理后的于桥水库各分期三十日的设计暴雨值，按照设计洪水与设计暴雨相对应的原则，对图 4-13 进行缩放，可得到其余分期各个频率下的设计洪水过程线。例如，要得到前汛期频率为 0.01% 的

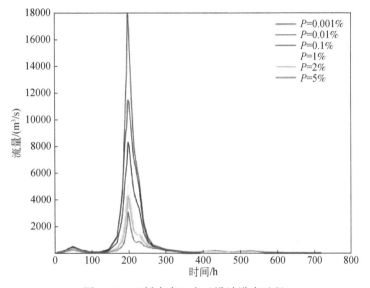

图 4-13 于桥水库三十日设计洪水过程

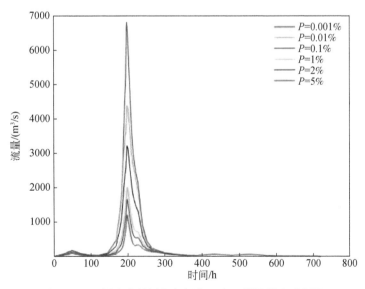

图 4-14 于桥水库前汛期各频率三十日设计洪水过程线

设计洪水过程线，需查表 4-17，得到前汛期频率为 0.1% 的设计暴雨值为 279.94mm，主汛期频率为 0.1% 的设计暴雨值为 723.03mm。按照设计洪水与设计暴雨相对应的原则，可得到前汛期频率为 0.1% 的设计洪水过程线为图 4-13 中频率为 0.1% 的设计洪水过程线缩小为 279.94/723.03 倍的结果。按照上述方法，可得出前汛期和后汛期各频率下的洪水过程线如图 4-14、图 4-15 所示，主汛期各频率下的洪水过程线同图 4-13。

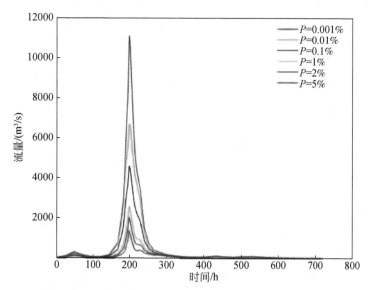

图 4-15 于桥水库后汛期各频率三十日设计洪水过程线

3. 各分期洪水频率与年设计洪水频率的对应关系

本研究选取基准洪峰流量 Q_8 为主汛期频率 0.1% 的设计洪水的洪峰流量，选取准峰前洪量 W_8 为主汛期频率 0.1% 设计洪水的峰前洪量；确定洪峰流量的影响权重（A_1）为 0.4，峰前洪量的影响权重（A_2）为 0.6。最终确定出各分期的判定指标如表 4-18 所示。

表 4-18 于桥水库各汛期分期不同频率下的判定指标

$P/\%$	汛期		
	1	2	3
	6 月 1 日~7 月 10 日	7 月 11 日~8 月 20 日	8 月 21 日~9 月 30 日
PMF	0.75	1.98	1.22
0.01	0.53	1.40	0.81
0.1	0.39	1.00	0.55
1	0.24	0.61	0.30
2	0.19	0.49	0.23
5	0.13	0.35	0.15

然后，将表4-18中第二分期一栏各指标值与频率值之间建立半对数关系（Y，$\log P$），并在MATLAB里对该半对数关系做二次拟合，其拟合结果如图4-16所示。

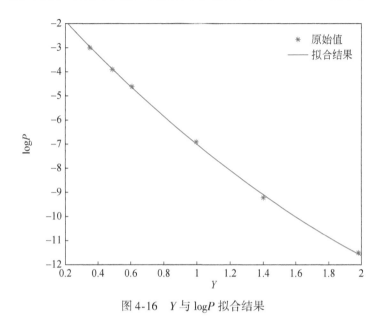

图4-16　Y 与 $\log P$ 拟合结果

根据拟合的结果，图中二次曲线公式为 $\log P = 0.97Y^2 - 7.54Y - 0.428$，由此可以确定出指标值 Y 和频率 P 之间的关系如下：

$$P = e^{0.97Y^2 - 7.547Y - 0.428} \tag{4-28}$$

这样，根据式（4-26）可得到各分期不同频率的设计洪水在年设计洪水中的位置如表4-19所示。

表 4-19　于桥水库各汛期分期洪水频率与年设计洪水频率的对应关系

P/%	汛期		
	1	2	3
	6 月 1 日~7 月 10 日	7 月 11 日~8 月 20 日	8 月 21 日~9 月 30 日
PMF	0.39	0.001	0.03
0.01	1.57	0.01	0.27
0.1	3.98	0.1	1.38
1	11.27	1	7.39
2	16.09	2	12.09
5	24.84	5	21.48

由此，根据第2章所介绍的于桥水库调洪规则，可以推求出各分期不同频率下设计洪水下泄流量的限制范围如表4-20所示，水库最高水位限制如表4-21所示。

表 4-20   于桥水库各汛期分期不同频率下洪水限泄流量

P/%	汛期		
	1	2	3
	6 月 1 日~7 月 10 日	7 月 11 日~8 月 20 日	8 月 21 日~9 月 30 日
PMF	不限泄	不限泄	不限泄
0.01	500	不限泄	不限泄
0.1	150	不限泄	500
1	150#	500	150#
2	150#	150	150#
5	150#	150#	150#

#号代表有闭蓄的要求，后同。

表 4-21   于桥水库各汛期分期不同频率下最高水位限制

P/%	汛期		
	1	2	3
	6 月 1 日~7 月 10 日	7 月 11 日~8 月 20 日	8 月 21 日~9 月 30 日
PMF	25.32	27.72	26.87
0.01	24.87	26.87	25.32
0.1	24.68	25.32	24.87
1	24.1	24.87	24.1
2	24.1	24.68	24.1
5	24.1	24.1	24.1

根据表 4-20 和表 4-21，可以查出各分期不同频率下的设计洪水的限泄要求及最高水位限制，便可以编写程序实现后续的调洪演算过程。

4.5.4   于桥水库分期汛限水位的确定

需要指出的是，由于水位 25m 以上缺乏实测资料，所以 25m 以上的水位库容关系曲线、水位流量关系曲线由实测数据外延得到。从图 4-20 中可以看出水位–库容关系曲线在 23m 处发生了激增，所造成曲线不连续，所以图 4-18 中的 $\left(\dfrac{V}{\Delta t}-\dfrac{q}{2}\right)=f_1(Z)$ 关系曲线、$\left(\dfrac{V}{\Delta t}+\dfrac{q}{2}\right)=f_2(Z)$ 样不连续。在延长水位–库容关系曲线时应利用水位 23m 以上的点延长。

据于桥水库水位、库容、泄量关系表，可以将 $\left(\dfrac{V}{\Delta t}-\dfrac{q}{2}\right)$ 和 $\left(\dfrac{V}{\Delta t}+\dfrac{q}{2}\right)$ 与水库水位 Z 建立函数关系式，可以绘制出曲线组 $\left(\dfrac{V}{\Delta t}-\dfrac{q}{2}\right)=f_1(Z)$ 和 $\left(\dfrac{V}{\Delta t}+\dfrac{q}{2}\right)=f_2(Z)$、$q=f_3(Z)$、$V=f_4(Z)$

如图 4-17 ～图 4-19 所示。图 4-17 中曲线 1 为 $\left(\dfrac{V}{\Delta t}-\dfrac{q}{2}\right)=f_1(Z)$；曲线 2 为 $\left(\dfrac{V}{\Delta t}+\dfrac{q}{2}\right)=f_2(Z)$。

需要指出的是，由于水位 25m 以上缺乏实测资料，所以 25m 以上的水位库容关系曲线、水位流量关系曲线由实测数据外延得到。从图 4-19 中可以看出水位–库容关系曲线在 23m 处发生了激增所造成曲线不连续，所以图 4-17 中的 $\left(\dfrac{V}{\Delta t}-\dfrac{q}{2}\right)=f_1(Z)$ 关系曲线、$\left(\dfrac{V}{\Delta t}+\dfrac{q}{2}\right)=f_2(Z)$ 同样不连续。在延长水位–库容关系曲线时应利用水位 23m 以上的点延长。

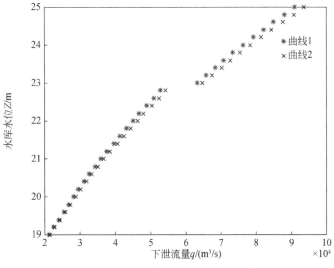

图 4-17　调洪计算半图解法双辅助曲线

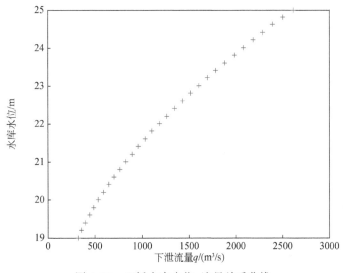

图 4-18　于桥水库水位–流量关系曲线

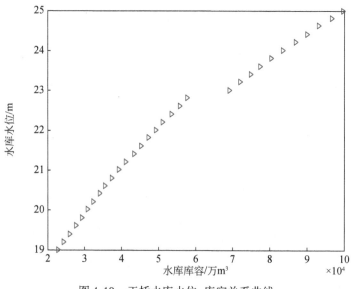

图 4-19 于桥水库水位-库容关系曲线

本研究用 MATLAB 实现调洪演算过程,可以得知洪水调度有四种模式:第一种当入库洪水为二十年一遇以下时,下泄量不超过 150m³/s,并且要求闭闸为下游错峰 (闭闸不超过 7 天);第二种当入库洪水在二十年一遇与五十年一遇之间时,下泄量不超过 150m³/s;第三种当入库洪水在五十年一遇与一百年一遇之间时,下泄量不超过 500m³/s;第四种当入库洪水在一百年一遇以上时,水库泄洪闸门全部提启,充分泄流以保大坝安全。

首先在 MATLAB 里编写五个函数文件,这五个函数分别为 $\frac{V}{\Delta t} - \frac{q}{2} = f(Z)$、$\frac{V}{\Delta t} + \frac{q}{2} = f(Z)$、$q = f(Z)$、$V = f(Z)$ 以及 $Z = f(V)$。目的是在四个脚本文件中可以直接应用这五个函数文件,得出相应水位 Z 下的 $\frac{V}{\Delta t} - \frac{q}{2}$、$\frac{V}{\Delta t} + \frac{q}{2}$、泄量 q、库容 V 以及相应库容 V 下的水位 Z。四个脚本文件分别对应上述四种洪水调度模式,需要读入的 Excel 文件共 241 行 2 列,第 1 列为时间 $t(h)$,第 2 列为某一分期指定频率下的洪水在每一时段的入库流量 (m³/s)。查表 4-7 可以得出该分期指定频率下的洪水限泄流量,找出对应洪水调度模式的脚本文件,便可得到调洪计算的演算过程。下面以前汛期为例,给出各频率下设计洪水的调洪演算结果,其中给出当汛限水位为 21.16m 时频率为 0.001% 设计洪水具体的调洪计算过程如表 4-22 所示。查表 4-20、表 4-21,可以得出前汛期的泄流量和水位限制情况 (表 4-23)。

表 4-22 于桥水库前汛期频率为 0.001% 设计洪水以 21.16m 起调调洪过程

时间 t/h	入库流量 Q/(m³/s)	水库水位 Z/m	下泄流量 q/(m³/s)
174	988.03	21.16	879.06
177	1187.20	21.18	886.71
180	1494.90	21.23	902.74

时间 t/h	入库流量 Q/(m³/s)	水库水位 Z/m	下泄流量 q/(m³/s)
183	1864.50	21.31	929.64
186	2544.10	21.44	975.75
189	3486.60	21.66	1055.80
192	4373.70	21.96	1166.70
195	5129.10	22.33	1313.20
198	6814.50	22.79	1510.10
201	6393.70	22.89	1556.70
204	5483.50	22.98	1593.50
207	4665.40	23.16	1679.00
210	3906.60	23.36	1770.80
213	3280.50	23.50	1838.60
216	2900.00	23.60	1885.90
219	2655.60	23.67	1918.00
222	2444.60	23.71	1940.80
225	2276.60	23.74	1955.90
228	2116.10	23.76	1964.60
231	1794.30	23.76	1964.20
234	1482.80	23.74	1952.50
237	1186.10	23.69	1930.20

表 4-23 于桥水库前汛期各频率设计洪水调洪演算泄流量和水位限制情况

前汛期设计洪水频率/%	PMF	0.01	0.1	1	2	5
泄量限制/(m³/s)	不限泄	500	150	150#	150#	150#
水位限制/m	25.32	24.87	24.68	24.10	24.10	24.10

考虑到现有的调洪运用规则,首先在 19.87 ~ 21.16m 之间假定出三个汛限水位:
19.87m、20.6m、21.16m,得到调洪演算结果如表 4-24 所示。

表 4-24 于桥水库前汛期不同汛限水位下调洪演算成果

汛限水位/m	特征指标	设计频率/%					
		PMF	0.01	0.1	1	2	5
19.87	最高库水位	23.36	23.64	23.05	22.83	22.38	21.63
	最大泄量	1769.40	500.00	150.00	150#	150#	150#

续表

汛限水位/m	特征指标	设计频率/%					
		PMF	0.01	0.1	1	2	5
20.6	最高库水位	23.58	24.02	23.47	22.94	22.83	22.22
	最大泄量	1876.40	500.00	150.00	150#	150#	150#
21.16	最高库水位	23.76	24.33	23.83	23.10	22.92	22.68
	最大泄量	1964.60	500.00	150.00	150#	150#	150#

分析表 4-24，可以看到即使汛限水位提升到 21.16m，前汛期各频率下调洪演算中的最高水位也没有超过表 4-23 中的限制水位。例如前汛期中频率为 0.001% 的设计洪水在年设计洪水中位于百年一遇与千年一遇之间，允许不限泄，最高水位限制为 25.32m，远大于以 21.16m 起调的最高水位 23.76m。频率为 0.01% 的设计洪水在年设计洪水中位于五十年一遇与百年一遇之间，泄量限制在 500m³/s 以下，以 21.16m 起调得出的最高水位为 24.38m，小于最高水位限制 24.87m。频率为 0.1% 的设计洪水在年设计洪水中位于二十年一遇与五十年一遇之间，泄量限制在 150m³/s 以下，以 21.16m 起调得出的最高水位为 23.83m，小于最高水位限制的 24.68m。频率分别为 1%、2%、5% 的设计洪水在年设计洪水中全部位于二十年一遇洪水以下，因此有闭蓄的要求，以 21.16m 起调得出的最高水位分别为 23.10m、22.92m 和 22.68m，均小于最高水位限制 24.1m。因此可以得出结论如表 4-25 所示。所以，选择 21.16m 作为前汛期的汛限水位。

表 4-25　于桥水库前汛期各频率洪水对应的汛限水位

前汛期洪水频率/%	PMF	0.01	0.10	1	2	5
对应的汛限水位/m	21.16	21.16	21.16	21.16	21.16	21.16

同理，按照上述方法分别对主汛期、后汛期各频率洪水以不同水位起调得到的最高水位分析，可以得到各个分期不同频率设计洪水的汛限水位如表 4-26 所示。

表 4-26　于桥水库汛期各分期不同频率汛限水位结果　　　　（单位：m）

P/%	前汛期	主汛期	后汛期
	6月1日~7月10日	7月11日~8月20日	8月21日~9月30日
0.001	21.16	19.87	21.16
0.01	21.16	19.87	21.16
0.10	21.16	21.16	21.16
1	21.16	21.16	21.16
2	21.16	21.16	21.16
5	21.16	20.4	21.16

据表 4-26 结果显示，在前汛期、后汛期以正常蓄水位 21.16m 作为汛限水位，都可以

保证大坝本身的安全，且能满足最大泄量的要求，所以在前汛期和后汛期选择 21.16m 作为汛限水位。在主汛期应该保持原有的汛限水位 19.87m 作为其汛限水位。考虑到前汛期和主汛期、主汛期和后汛期之间存在有较大的突变（水位变化为 1.29m，库容变化为 1.08亿 m³），因此应该在前汛期的后 15 天（6 月 26 日至 7 月 10 日）逐渐降低水位至 19.87m，在主汛期的后 15 天（8 月 6 日至 8 月 20 日）逐渐抬高水位至 21.16m。经分析确定出汛限水位的过程如表 4-27 所示。

表 4-27　于桥水库汛限水位过程表

分期	前汛期		主汛期		后汛期
日期	6 月 1 日~ 6 月 25 日	6 月 26 日~ 7 月 10 日	7 月 11 日~ 8 月 6 日	8 月 6 日~ 8 月 20 日	8 月 21 日~ 9 月 30 日
汛限水位/m	21.16	逐渐降低 至 19.87	19.87	逐渐抬升 至 21.16	21.16

4.6　典型水库旱限水位确定与调控

4.6.1　旱限水位计算

1. 枯水时段识别

与汛限水位约束只发生在汛期这一特征相类比，旱限水位控制应先划分出枯水时段，并在枯水期内实行旱限水位控制。由于地区属性的不同和供水需求的差异，枯水时段可能在来水较少的枯水季节发生，也可能在需水要求增大的季节（如灌溉需水较大季节）发生。

根据水库控制的流域面积的大小不同，采取不同的指标识别枯水期。对于流域控制面积较大的水库，降雨最少和水库来水量最小的月份（有利于干旱预警）与水库出现最低水位的月份（有利于实际操作）有时并不同步，应根据实际情况确定水库设置旱限水位的时段。对于控制流域面积较小的水库，可简单地用降雨资料识别水库的枯水期。由于于桥水库控制流域面积不大（2060km²），用降雨资料统计法识别于桥枯水期。

本书以蓟县气象站实测数据作为代表，对研究区 1979~2010 年的降雨序列进行整理分析。蓟县多年平均降雨量为 490mm，年际差异较大。降雨量最大值和最小值分别发生在1990 年和 1997 年，分别为 811mm 和 206mm，前者是后者的近 4 倍。降雨最少的月份发生在 11 月、12 月、1 月、2 月、3 月（图 4-20）。

对 1979~2010 年各月无雨日数进行统计，结果如图 4-21 所示。

从表 4-28 中可以看出：11 月至翌年 3 月总时间几乎占全年的一半，而总的降雨量还不足全年的 10%，降雨量的全年分布的不均性非常容易引发干旱。而在用水侧，于桥水库

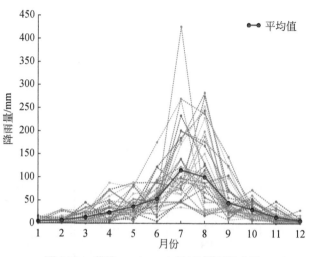

图 4-20　蓟县 1979～2010 年月降雨量曲线

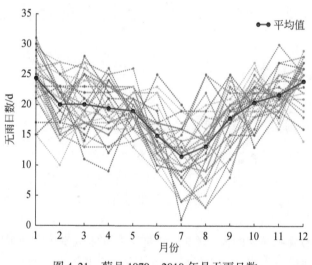

图 4-21　蓟县 1979～2010 年月无雨日数

主要承担城市生活用水、工业用水，不承担农业用水，需水量在年内各月较为平均，干旱年份除了 6～9 月，来水量总是小于需水量。由于 11 月至翌年 3 月前期较少的降雨，会使水库在此阶段来水量偏少，水库在接下来的 4 月、5 月容易发生无水可供的局面，因此将 4 月、5 月也一起纳入枯水期。

表 4-28　降雨量最小月份统计

排序	月份	$P/\%$	占全年降雨量比例/%
1	1 月	4.70	1
2	12 月至翌年 1 月	11.14	2

续表

排序	月份	$P/\%$	占全年降雨量比例/%
3	12 月至翌年 2 月	18.68	4
4	11 月至翌年 2 月	32.04	7
5	11 月至翌年 3 月	46.18	9

2. 天然来水量修正计算

根据式（4-9）和式（4-10），对 1980～2006 年的于桥水库年径流量系列进行趋势检验，年径流 $U=-9.41$，选取显著水平 $\alpha=0.05$，则 $U_{\alpha/2}=1.96$，故 $|U|<U_{\alpha/2}$，拒绝假设，说明时间序列有显著的变化趋势，根据 U 的符号判断变化趋势为递减。图 4-22 为年径流量的 5a 滑动平均图，从图中可以明显地看出年径流的递减趋势，符合检验结果。

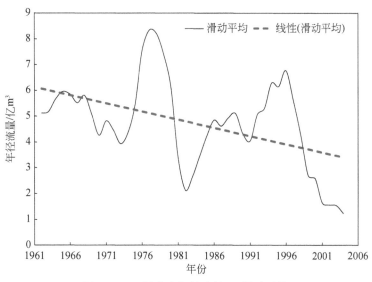

图 4-22　于桥水库年径流量 5a 滑动平均

通过对于桥水库年径流量的趋势分析，结果表明：1960～2006 年的年径流序列整体趋势可用直线来描述，如图 4-23 所示，用最小二乘法得到趋势变化后的直线方程为 $Y_{t,2}=131.9366-0.0642t$。如果径流序列不随时间变化出现上升或下降趋势，整体维持在平稳状态，那么数据整体会围绕均值上下波动，将数据开始的 $t=1960$ 所对应的趋势线的取值作为与时间轴的平行直线，即以方程 $Y_{t,1}=6.1046$ 作为均值，它反映出年径流序列发生减少趋势前的平均水平。因此，上述年径流序列趋势变化前后的差值为 $Y_{t,2}-Y_{t,1}$，即为于桥水库年径流序列的确定性趋势成分：

$$Y_t=\begin{cases}0, & t\leqslant1958\\125.832-0.0642t, & 1960<t\leqslant2006\end{cases} \tag{4-29}$$

对扣除趋势项以后的剩余项进行跳跃检验，发现跳跃不明显，可以用上述趋势描述于

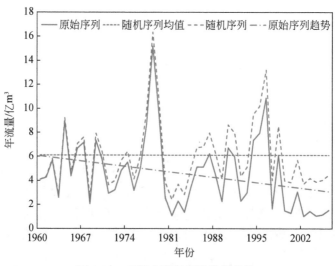

图 4-23 于桥水库年径流趋势变化

桥水库天然来水确定性成分。利用非一致性水文序列的合成公式，计算可以得到现状年的水文频率分布情况（图 4-24）。

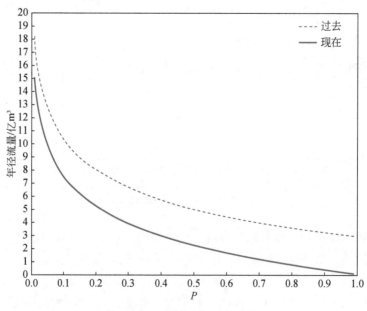

图 4-24 于桥水库水文频率图

用修正后现状年的年径流量资料进行频率分析计算，得到水库 $P=75\%$ 枯水年的设计来水。表 4-29 为设计干旱年的设计来水过程。

表 4-29　水库干旱年设计来水　　　　　　　（单位：亿 m³）

	10 月	11 月	12 月	1 月	2 月	3 月	全年
枯水年 （P=75%）	0.05	0.03	0.01	0.01	0.01	0.03	全年
	4 月	5 月	6 月	7 月	8 月	9 月	
	0.05	0.07	0.12	0.24	0.23	0.09	0.94

3. 引水量计算

于桥水库从 20 世纪 80 年代开始从潘家口水库和大黑汀水库引水。至 2009 年 9 月 11 日，引滦工程建成通水后的 26 年间累计向天津供水 192.2 亿 m³。按照天津、河北分水比例，潘家口水库和大黑汀水库来水量的 60% 供天津，扣除输水损失（输水量的 10%）。

于桥水库和潘家口水库、大黑汀水库分属海河流域和滦河流域，由于潘家口水库和大黑汀水库同属于滦河流域，且潘家口水库承担了引滦水的较大部分，因此，本书主要分析于桥水库和潘家口水库的丰枯遭遇。通过建立基于 Copula 函数的联合分布模型分析于桥水库、潘家口水库间丰枯遭遇概率。我国水文分析中径流量一般假定服从 P-Ⅲ 分布，采用线性矩法估计各水库常用的统计特征参数 $\bar{x}$、C_v、C_s 的值如表 4-30。

表 4-30　潘家口水库和于桥水库年径流量统计特征参数

区域	潘家口水库	于桥水库
$\bar{x}$	20.18023	4.790973
C_v	0.472646	0.614812
C_s	0.534969	1.20904

根据 Copula 拟合检验与优选理论，求出统计量 D 和 OLS 值，计算结果如表 4-31 所示，3 种 Copula 函数均能通过 K-S 检验，选取 OLS 值最小的 Clayton 作为连接函数。

表 4-31　各 Copula 函数参数及评价指标计算结果

参数	Clayton	Frank	Gumble-Hougaard
θ	8.66124	2.672318	3.344
D	0.100952	0.100669	0.105699
OLS	0.029197	0.037295	0.041147

用 Copula 模型得出的于桥水库与潘家口水库的遭遇的计算分布与经验点的拟合图（图 4-25），为了直观起见，图中一律按计算分布的升序排列，图中横坐标表示按计算分布升序排列后对应的观测值序号。其中二元经验频率采用 $P=m(i)/(n+1)$ 计算，$m(i)$ 指样本由大到小排位的项数，n 指样本容量个数。

从图 4-25 中可以看出：Clayton 得出的计算分布能较好地与经验点据拟合，选用 Clayton 作为联结函数是合理的，能够很好地描述两个水文区的径流量遭遇问题。根据所建

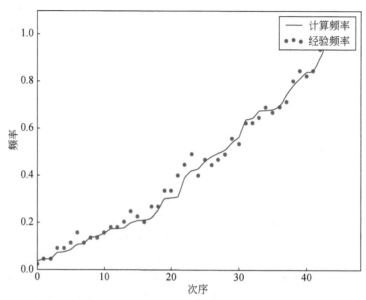

图 4-25　潘家口水库、于桥水库径流量遭遇的计算分布与经验点拟合

联合分布模型，可以求出不同时段水源区与受水区遭遇的概率，画出于桥水库与潘家口水库年径流量的联合分布等值线图，从图 4-26 中可以查出水源区与受水水库发生各种径流量组合的概率。

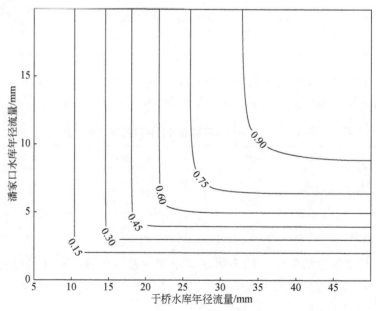

图 4-26　潘家口水库、于桥水库年径流量遭遇的联合分布等值线

表 4-32 为于桥水库、潘家口水库丰枯遭遇分析结果，可以看出两水库的丰枯同频概率达到了 64.4%，两个水库丰枯同步出现概率较大，即当于桥水库遭遇枯水年或特枯年时，大黑汀水库和潘家口水库遭遇枯水年或特枯年概率较大，这种情况是不利于调水的。可认为当于桥水库遭遇枯水年或特枯年时，潘家口水库按照相同水平年给于桥水库补水。

表 4-32　潘家口水库、于桥水库丰枯遭遇频率　　　　　（单位：%）

情形	于桥丰	于桥平	于桥枯
潘家口丰	27.56	7.46	2.49
潘家口平	7.47	9.69	7.85
潘家口枯	2.48	7.85	27.15

根据潘家口水库和大黑汀水库多年径流序列，做频率分析计算得到潘家口水库、大黑汀水库 $P=75\%$ 干旱年份的设计来水，见表 4-33。并根据上述河北、天津既定分水比例，得到于桥水库在遭遇 $P=75\%$ 的干旱年时，可引水量为 6.372 亿 m³。

表 4-33　干旱年潘家口水库、大黑汀水库的设计来水　　　　　（单位：亿 m³）

水库	年份	10 月	11 月	12 月	1 月	2 月	3 月	4 月	5 月	6 月	7 月	8 月	9 月	全年
潘家口	枯水年 ($P=75\%$)	0.97	0.64	0.32	0.26	0.26	0.55	0.69	0.42	0.94	1.9	2.99	1.86	11.8
大黑汀	枯水年 ($P=75\%$)	0.04	0.03	0.01	0.01	0.01	0.02	0.03	0.02	0.04	0.08	0.12	0.08	0.49

考虑到于桥水库每年调水时间多发生在水库供水期，且调水过程集中在几次调水中，但当水库遭遇干旱时引水量和引水频次都会相应增加，本书将可引水量按照潘家口水库来水过程进行缩放，得到于桥水库干旱年的引水过程，如表 4-34 所示。

表 4-34　于桥水库干旱年引水过程　　　　　（单位：亿 m³）

枯水年 ($P=75\%$)	10 月	11 月	12 月	1 月	2 月	3 月	全年
	0.52	0.35	0.17	0.14	0.14	0.30	全年
	4 月	5 月	6 月	7 月	8 月	9 月	
	0.37	0.23	0.51	1.03	1.61	1.00	6.372

4. 水库供水任务分析

于桥水库是引滦入津工程重要的调蓄水库，是天津重要的水源地。目前，天津市供水形成以引滦水、地表水和地下水为主要水源，辅以再生水和海水淡化水为非常规水源的供水格局。其中于桥水库水源地供水为城市生活用水提供了大部分水源，供水范围几乎覆盖了整个天津市全域。基准年（2011 年）的天津市水资源供需平衡情况如表 4-35 所示。

表 4-35 天津市水资源供需平衡表 （单位：亿 m³）

水源	城市生活	农村生活	工业	农业	城市生态	农村生态	总计
引滦水 引黄水	36054	0	37236	0	6330	0	79620
地表水	0	0	0	103637	983	3500	108120
浅层地下水	1058	3016	3019	22614	210	0	29917
深层地下水	3725	9489	5518	9250	251	0	28233
海水	0	0	2804	0	0	0	2804
再生水	787	0	1500	0	0	0	2287
供水总计	41624	12505	50077	135500	7775	3500	250981

根据表 4-35 可以看出：各用水户的供水水源不尽相同，同时各供水水源对应的用水户也不同，其中将于桥水库的天然径流来水和引滦调水统称为引滦水，引黄水作为应急调水，在干旱年于桥水库的供水不能满足天津用水时才，需要调用黄河水满足用户的缺水量，填补于桥水库的供水不足，因而本书将引黄水的需求量归入引滦水。故而"引滦引黄"共引水量反映基准年用水户对于桥水库供水的需求。

为验证天津对于桥供水需求的稳定性，对 2000～2006 年于桥用水户的用水量进行分析，如图 4-27 所示。

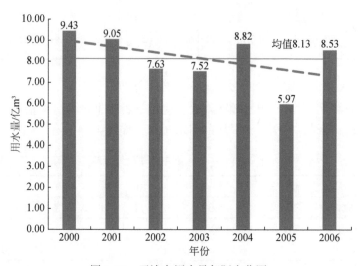

图 4-27 天津市用水量年际变化图

根据用水户 2000～2006 年用水量统计资料，用水户多年平均用水量为 8.13 亿 m³，并且用水量总体趋势较为平稳，稍有下降。而 2011 年总用水量为 7.96 亿 m³，接近多年平均用水量 8.13 亿 m³，基本反映了于桥水库供水户的平均用水水平。因此，本书选取 2011 年作为基准年是合理的。

5. 旱限水位的确定

考虑天津市面临的缺水状况，将 11 月至翌年 5 月作为于桥水库干旱预警期。依据水库旱限水位确定办法，将设计来水和用水需求做逐月滑动计算，以水库应供水量与死库容之和最大值所对应的水库水位作为旱限水位。滑动计算结果如表 4-36 所示，最大应供水量加上死库容为 15 亿 m³，相应库水位为 16.65m，因此初步拟定旱限水位 16.65m。即在干旱预警时期内，若水位低于旱限水位即启动抗旱机制。

表 4-36　于桥水库旱限水位计算表　　　　　　　（单位：亿 m³）

项目	1 月	2 月	3 月	4 月	5 月	6 月	7 月	8 月	9 月	10 月	11 月	12 月
需水量	0.68	0.68	0.68	0.68	0.68	0.68	0.68	0.68	0.68	0.68	0.68	0.68
天然来水量	0.01	0.01	0.03	0.05	0.07	0.12	0.24	0.23	0.09	0.05	0.03	0.01
引水量	0.14	0.14	0.30	0.37	0.23	0.51	1.03	1.61	1.00	0.52	0.35	0.17
总水量	0.15	0.15	0.33	0.42	0.30	0.63	1.27	1.84	1.09	0.57	0.38	0.18
应供水量	0.53	0.53	0.35	0.25	0.38	0.05	0	0	0	0.10	0.30	0.49

旱限水位与水库其他特征水位位置关系见图 4-28。

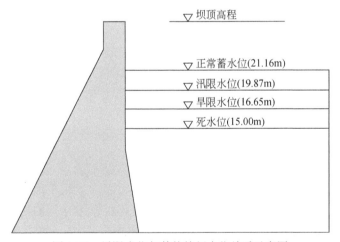

图 4-28　旱限水位与其他特征水位关系示意图

4.6.2 旱限水位动态控制

1. 旱限水位年内动态控制

按照传统旱限水位计算方法，于桥的旱限水位应设置在 16.65m。但这种方法有两个明显的缺点：①传统计算方法忽略了水库汛期蓄水在供水期的水量传递关系，在供水期初期无法准确识别干旱；②割裂了旱限水位与预警期的关系，无法判断干旱严重程度。因此依据本书第 3 章提出的旱限水位动态控制方法对于桥水库旱限水位实行动态控制。

于桥水库正常蓄水位为 21.16m，但在干旱年份水库往往难以在汛期结束时蓄水至正常蓄水位。假定于桥水库汛末（9 月 30 日）水位为 20.00m，以 10 月 1 日为节点对于桥水库进行旱限水位计算，首先模拟枯水条件下水库水位的变化，假设枯水期来水 x 取 $P = 75\%$ 来水，按照标准供水规则（SOP），得到水库水位变化如图 4-29 所示。

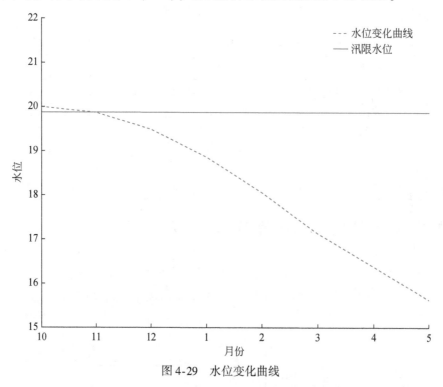

图 4-29 水位变化曲线

根据式（4-18）、式（4-19）逐月计算水库的相对缺水量 DI 值，结果如图 4-30 所示。

从图 4-30 可以看出，发生干旱（即 DI<0）的时间发生在 5 月，说明按照 SOP 规则供水，水库将在 5 月发生无水可供的局面，因此将 5 月作为当年的潜在干旱期。前推一个月作为干旱预警期，因此将 4 月作为当年的干旱预警期 T_d。整个计算过程如表 4-37 所示。

对干旱预警期对应的旱限水位进行推求：根据动态控制方法，预警期 4 月初水库蓄水量为 0.42 亿 m^3，第一个 DI<0 的月份即 5 月的缺水量为 0.32 亿 m^3，两者之和作为水库的干旱预警库容，其对应的水位作为旱限水位。故预警期 4 月开始时，水库至少应蓄有 0.64 亿 m^3 水量，才能在保证率内确保下个月不发生缺水。因此以 10 月 1 日为时间节点，计算得出当年水库初始旱限水位为（4 月，16.89m）。

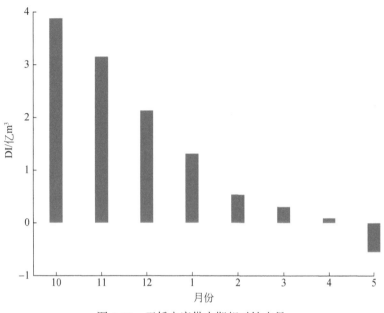

图 4-30 于桥水库供水期相对缺水量

表 4-37 于桥水库相对缺水量 (DI) 计算

项目	10 月	11 月	12 月	1 月	2 月	3 月	4 月	5 月	6 月
来水量/亿 m³	0.57	0.38	0.18	0.15	0.15	0.33	0.42	0.30	0.63
用水量/亿 m³	0.68	0.68	0.68	0.68	0.68	0.68	0.68	0.68	0.68
水位/m	20.00	19.87	19.49	18.86	18.06	17.13	16.38	15.63	15.00
蓄水量 S/亿 m³	2.72	2.62	2.32	1.82	1.29	0.77	0.42	0.16	0.00
供水量/亿 m³	0.68	0.68	0.68	0.68	0.68	0.68	0.68	0.46	0.63
DI/亿 m³	—	—	—	—	—	—	—	−0.32	−0.07

因为水库每年汛末水位不同，为方便水库管理，本书按照旱限水位动态控制方法，对汛末水位在 16.65~25.00m 间的情况，以步长为 0.01m 进行 836 次旱限水位计算，表 4-38 归纳出了以 10 月 1 日为计算节点，不同蓄水情况对应的预警月份和旱限水位。

表 4-38 于桥水库旱限水位动态控制旱限水位表

汛末水位/m	预警期月份	旱限水位/m
16.64~17.36	11	17.18
17.37~18.25	12	17.58
18.26~19.03	1	17.64
19.04~19.47	2	17.32

汛末水位/m	预警期月份	旱限水位/m
19.48～19.79	3	16.82
19.80～20.27	4	16.88
20.28～20.32	5	16.41

计算结果表明：当于桥水库汛末蓄水位达到 20.32m 以上时，在保证率内水库可以保证对用水户的正常供水，因此不用再设定旱限水位。

从图 4-31 中看出，进入供水期水库的水位一般是逐月下降的。但从图 4-31 中可以看出，在汛末水库蓄水水位低于 17.58m 时，干旱预警期提早到 11～12 月，对应旱限水位值高于汛末蓄水位，这说明水库在开始供水之前便已面临干旱局面。因为对于桥水库而言，干旱年份枯水季节的各月来水都不足以满足当月用水需求，水库的汛末蓄水量对供水期水库供水能力的影响是非常大的。事实上，于桥的汛限水位设置在 19.87m，水库在汛末出现低于 17.58m 的水位是罕见的。图 4-32 直观反映出，随着水库汛末蓄水位的增加，水库供水保障率也显著增加，在 75% 的来水条件下，水库到 4 月才触发 16.885m 的旱限水位，导致干旱预警。当水库汛末蓄水位超过正常蓄水位 21.16m 时，水库在 75% 的干旱期来水条件下也能够保障供水。

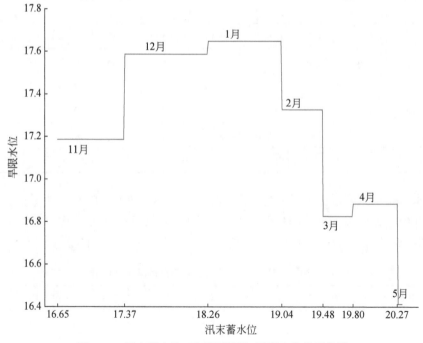

图 4-31　汛末蓄水位–干旱预警期–旱限水位关系曲线

以供水期开始作为节点的旱限水位计算过程中，将 $P=75\%$ 枯水年来水作为来水系列，而实际情况中，并不一定发生这样频率的来水过程，实际来水量与 75% 枯水年来水存在较大差异。根据旱限水位动态控制年内要求，应根据实际来水，在供水期每个月月初作为计算节点，逐月修改来水系列，对当年潜在干旱期和干旱预警期进行再计算，并调整旱限水位。图 4-32 给出了于桥水库以 11 月作为计算节点的旱限水位年内修正过程。

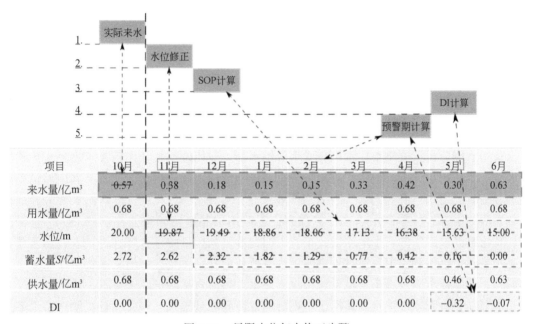

项目	10月	11月	12月	1月	2月	3月	4月	5月	6月
来水量/亿m³	0.57	0.38	0.18	0.15	0.15	0.33	0.42	0.30	0.63
用水量/亿m³	0.68	0.68	0.68	0.68	0.68	0.68	0.68	0.68	0.68
水位/m	20.00	19.87	19.49	18.86	18.06	17.13	16.38	15.63	15.00
蓄水量S/亿m³	2.72	2.62	2.32	1.82	1.29	0.77	0.42	0.16	0.00
供水量/亿m³	0.68	0.68	0.68	0.68	0.68	0.68	0.68	0.46	0.63
DI	0.00	0.00	0.00	0.00	0.00	0.00	0.00	−0.32	−0.07

图 4-32　旱限水位年内修正步骤

与传统静态旱限水位相比，动态旱限水位的优势是显而易见的。于桥水库的静态旱限水位为 16.65m，但在实际控制中，如图 4-31 所示，如果水库在汛期结束时出现低于 17.58m 的水位，预示着水库在开始供水之后，在 11～12 月即将面临较为严重的干旱，此时参考 16.65m 水位预警已经没有意义。此外，当水库在 5 月低于 16.65m，但高于 16.41m 时，在供水保证率内，水库在 6 月能正常供水，无须进行干旱预警。总体来讲，静态旱限水位在枯水期前期设置偏低，在枯水期末期设置偏高。

此外，传统旱限水位需要在旱限水位与重现期（设计保证率）之间建立关系，采用一定的抗旱标准，采用的标准过高将导致旱限水位过高，出现频繁预警。动态旱限水位有效地克服了这个问题。首先，动态旱限水位采用（月份、水位）数对的形式，在时间段上更有针对性，不会频繁预警；其次，虽然初始旱线水位采用的保证率是 75%，但由于动态旱限水位具有年内滚动修正机制，可以逐月作为计算节点修正年内旱限水位，因此当供水期来水量发生显著减小的情况，可以通过修正计算提早预警。

2. 旱限水位年际动态控制

旱限水位的年际变化分析应该建立在对水库供水任务的合理预测之上。本书建立了天津市水资源供需系统的系统动力学模型，目的是分析于桥水库在天津市供水系统中承担的供水任务。

从供水侧分析，自于桥水库被纳入引滦工程以来，其已经成为支撑天津市国民经济发展的重要水源。2011 年引滦和引黄应急补充供水总量达到 7.96 亿 m³，占到了地表供水总量的 53%。

但只有于桥水库供水远远不能解决天津市依然面临的供水保证率低、地下水超采、水环境恶化、水生态脆弱等一系列问题。为了应对这些问题，天津市不断争取外调水源，大力开发非常规水资源，逐步形成了多水源、多保障、多系统供水格局。2014 年年底南水北调中线已经通水，到 2020 年南水北调东线通水后，天津市将具有以下八大水源：引江中线外调水、引江东线外调水、引滦外调水、当地地表水、当地地下水、海水淡化水、再生水以及引黄应急调水，其中引黄应急供水作为引滦外调水的相机补充，在特枯年份负责天津市的应急供水。

从用水侧分析，天津市用水可分成生活用水、工业用水、农业用水和生态环境用水这几大类。生活用水又可根据用水对象细分为城镇生活用水或农村生活用水，其中城镇生活用水包括居民用水与公共用水（含第三产业和建筑业等用水）；农村生活用水部分除居民日常生活用水之外，牲畜用水也计算在列；工业用水是指工矿企业在制造加工、空调冷却、净化洗涤过程中的新水取用量，企业内部的重复利用量并不计算在内；农业用水是指树林、果园、草地和农田灌溉过程中的用水以及鱼塘补水；生态环境补水特指由人工干预的河湖、湿地补水以及城市环境景观用水，降水、径流自然满足的水量不计算在内。

本书在分析天津市多水源多用水户现有配置格局的基础上，一方面分析除于桥水库之外供水系统的供水水平变化，另一方面分析各用水户的用水趋势，结合供水配置基本原则，将供水缺口的量定义为于桥水库的应供水量。系统动力学模型因果图如图 4-33 所示。

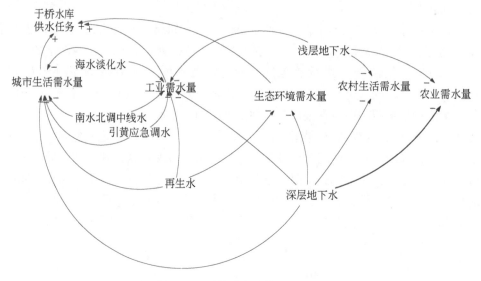

图 4-33　系统动力学模型因果图

1）模型的边界

从系统的层面上看，界限并不等同于现实意义上的地理边界，依据模型建立的目的，系统边界的意义在于把相关的关键变量及重要关系囊括起来，而系统和之外的部分依然可以维持物质和信息的输入输出，确保系统的开放性（福雷斯特，1986）。为了方便研究，以天津市为空间研究边界，时间边界为 2002～2020 年，其中 2002～2015 年为历史统计数据年，之后为模型预测年。为了减少时间段所带来的误差，将时间步长确定为 1 年。

2）结构流图

根据天津市整体供水格局、供需平衡关系和系统内部结构关系，构建天津区域供水系统动力学模型，供水侧主要分成外调水、非常规水（包括再生水和海水淡化水）、地下水和地表水（不含于桥水库供水）。用水侧主要是城市生活用水、农村生活用水、工业用水、生态用水、农业用水。在上述供给关系基础上，根据当前供水规划，将城市生活用水、工业用水和生态用水三者的用水缺口算作于桥水库供水任务，如图 4-34 所示。

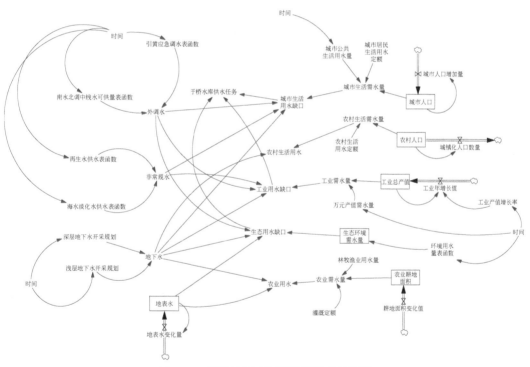

图 4-34 天津地区水资源配置模型结构图

3）主要参数及结构方程

供水系统反馈关系中包含大量参数，需要对它们量化优选，整体较为复杂。但通常情况下对系统动力学模型而言，决定模型行为模式的关键在于结构布局，参数值的大小对其影响相对较小。并不是系统动力学模型不需要进行模型参数估算，而是其所用途径和传统的估计方法有所区别。在传统的参数估计中，通常只按照系统整体或局部的行为模式，将其结果用于反馈回路，步入了用行为本身探究行为本身的误区。在对系统动力学模型进行参数估计时，应该尽量不去参考已使用的行为模式（何有世，2001）。

尽管系统动力学模型没有很高的参数估算要求，但应尽量准确地估计会对系统行为产生明显影响的部分参数。本书的参数着重参考了从政府机关公布的统计年鉴数据以及水利部门发布的水资源公报和相关规划中整理的基础数据，在模型运行中不断修正系统参数，尽可能使其科学可靠、符合实际情况。

主要参数有：①状态变量。城市人口数量、农村人口数量、工业总产值、环境需水量、地表水。②速率变量。城市人口增长率、城镇化率、工业年增长值、耕地面积变化率、地表水变化量。③辅助变量。城市生活用水缺口、工业用水缺口、生态用水缺口等。④表函数。地下水开采规划、再生水供水规划、淡化水供水规划，南水北调水供水规划等。

4）模型检验

首先，对模型进行直观检验，发现模型中各个变量的设置、因果关系的构建、结构流图的布置以及方程表述都比较合理；其次，对方程的量纲仔细审查，等式两端的量纲一致无误；最后试运行 Vensim-PLE 软件对模型进行模拟，模型试运行成功且并无出现病态结果。

然后，对模型进行一致性检验，运用建立的于桥水库供水任务 SD 基本模型仿真计算2003～2014 年天津地区城镇人口数量、工业产值，与研究区实际情况相对比，结果如表4-39、表4-40 所示。

表 4-39 工业产值一致性检验

年份	统计值/亿元	模拟值	相对误差
2003	4370	4374.00	0.00
2004	5763.93	5336.28	0.07
2005	6774.1	6510.26	0.04
2006	8527.7	7942.52	0.07
2007	10502.91	9689.87	0.08
2008	12506.83	11821.60	0.05
2009	14758.05	14422.40	0.02
2010	17016.01	17595.30	0.03
2011	21523.32	21466.30	0.00
2012	24017.18	24256.90	0.01
2013	27169.14	27410.30	0.01
2014	30055.12	30973.70	0.03

表 4-40　城镇人口一致性检验

年份	统计值/万人	模拟值/万人	相对误差
2003	1009	1009.0	0.00
2004	1021.5	1049.4	0.03
2005	1040.5	1091.3	0.05
2006	1072.6	1135.0	0.06
2007	1115	1180.4	0.06
2008	1176.1	1227.6	0.04
2009	1228.3	1276.7	0.04
2010	1299.5	1327.8	0.02
2011	1354.5	1380.9	0.02
2012	1413	1436.1	0.02
2013	1464.9	1493.6	0.02
2014	1516.81	1553.3	0.02

用 2003~2014 年于桥水库的用水需求来检验模型模拟的水库承担的供水任务，如表 4-41 所示。

表 4-41　于桥水库用水需求一致性检验

年份	实际用水/亿 m³	模拟值/亿 m³	相对误差
2003	7.63	6.96	0.10
2004	7.52	7.89	0.05
2005	8.82	8.09	0.09
2006	8.58	8.14	0.05
2007	8.53	7.95	0.07
2008	8.13	7.4	0.10
2009	8.13	7.81	0.04
2010	8.39	8.18	0.03
2011	7.66	8.46	0.09
2012	9.06	8.85	0.02
2013	9.87	10.15	0.03
2014	10.87	11.45	0.05

在现状供水格局的基础上，将 2015 年南水北调中线供水加入天津市供水水源中，其供水能力自 2015 年 4 亿 m³ 到 2016 年增加至其设计分配天津的 8.6 亿 m³ 水（多年平均设计总水量 10.2 亿 m³，扣除输水损失 15%）。中线引江水主要向中心城区水厂和津滨水厂供水。受水用户和于桥水库用水户发生重叠。用水子系统中，城镇人口增长率取为 4%，工业总产值年增长率取为 13%，生态环境需水要求按文献（何云雅，2005）给出的值。供水子系统中，非常规水和地下水均按照相关规划设定表函数。模型模拟得到于桥水库任务变化趋势如图 4-35 所示。

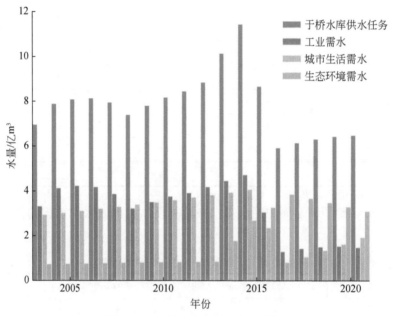

图 4-35　于桥水库水量需求预测图

从于桥水库水量需求变化趋势来看，2014 年之前于桥水库的用水需求稳中有升，变化趋势基本和工业需水的变化趋势相同，城市生活用水对于桥水库水的需求是以稳定的趋势逐年升高。从 2015 年开始，于桥水库承担的供水任务明显下降，这是因为引江水的到来填补了一部分于桥水库用水户的用水需求。值得一提的是，南水北调水的到来使于桥水库的水在工业生产、城市生活和生态环境三者用水的配水比例发生了较大变化，生态环境用水大幅提高。模型的参数设定是充分考虑了天津市整体发展布局，以及天津市生态规划工程，其中 2015 年重点湿地补水主要集中在大黄堡和七里海，2020 年在 2015 年的基础上增加对团泊洼湿地恢复，需水量的变化整体体现出了社会对生态环境的认识逐步深入和营造人水和谐生态环境的努力。

影响水库旱限水位的两个因素是水库的来水量和水库所承担的供水任务。根据于桥水库供水任务的年际变化预测结果可以看出：于桥水库供水任务在 2014 年以后年际变化较为明显，有必要对旱限水位进行年际的修正计算。

根据于桥水库供水任务系统动力学模型模拟结果，以及未来几年内水库供水任务的变化做出水库旱限水位年际动态控制图,图 4-36 中 x 轴表示水库的预警期,y 轴表示汛末蓄水位,z 轴表示旱限水位。

由图 4-36 可以看出:在 2014 年之后,相同来水条件下,水库预警开始的月份更晚、结束更早,水库旱限水位明显降低。这是因为南水北调水自 2015 年开始,承担起了一部分原本于桥水库的供水任务,降低了区域对于桥水库水的依赖,水库保障供水能力相对增强。在 2015 年调水工程进一步落实之后,水库旱限水位进一步降低,预警期缩短,最终由于水库承担起更多的生态补水任务,2016 年之后旱限水位有所回升,但幅度较小,预警期无变化。

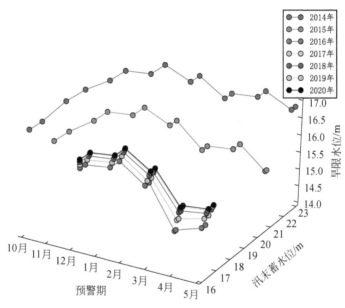

图 4-36　于桥水库旱限水位年际动态控制图

3. 基于旱限水位的限制供水策略

旱限水位是启动抗旱应急响应的重要依据,本研究构筑了旱限水位控制的限制供水模型,用其制定于桥水库干旱期的供水规则。假设于桥水库遭遇干旱年份,汛末水位为 19.1m,死水位之上的蓄水量 S 为 2 亿 m^3(于桥水库汛限水位为 19.87m,对应的死水位以上的库容为 2.62 亿 m^3)。

按照旱限水位动态控制预警期推求方法,以 10 月 1 日为计算节点,于桥水库潜在干旱期发生在 3~5 月,6 月虽然也发生了轻微缺水,但 6 月水库开始进入汛期,旱情随之结束,模型计算中将 6 月一律作为限制供水时间边界。潜在干旱期前推一个月,即 2 月作为干旱预警期。根据旱限水位计算方法,预警期 2 月初水库蓄水量为 0.57 亿 m^3,第一个 DI<0 的月份即 3 月的缺水量为 0.31 亿 m^3,两者之和作为水库的干旱预警库容,确定出 2 月旱限水位为 17.33m。若水库在干旱预警期月份 2 月初水库水位低于 17.33m,则开始触发限制供水。表 4-42 为 SOP 规则下于桥水库的放水过程。

表 4-42　SOP 规则下于桥水库放水过程

项目	10 月	11 月	12 月	1 月	2 月	3 月	4 月	5 月	6 月	7 月	8 月	9 月
来水	0.57	0.38	0.18	0.15	0.15	0.33	0.42	0.30	0.63	1.27	1.84	1.09
用水	0.68	0.68	0.68	0.68	0.68	0.68	0.68	0.68	0.68	0.68	0.68	0.68
SOP	2.00	1.90	1.59	1.10	0.57	0.05	0.00	0.00	0.00	0.00	0.59	1.76
供水	0.68	0.68	0.68	0.68	0.68	0.37	0.42	0.30	0.63	0.68	0.68	0.68
DI	—	—	—	—	—	-0.45	-0.38	-0.56	-0.07	—	—	—

根据式（4-20）至式（4-25）干旱期水库供水模拟优化模型，对于桥水库干旱期供水过程进行模拟，选择不同的限制供水控制参数 HF 时，目标函数 f 值差别较大，分别计算水库累计缺水指数（CDI）与 SOP 策略做对比，结果如表 4-43 所示，CDI 随 HF 变化规律如图 4-37 所示。

表 4-43　不同调度规则下于桥水库 CDI 值比较

项目	SOP	HF				
		0.60	0.66	0.75	0.80	0.90
CDI	0.665	0.640	0.488	0.553	0.565	0.595

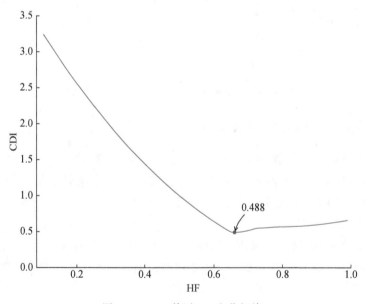

图 4-37　CDI 值随 HF 变化规律

图4-37可以看出：当HF取0.66时，目标函数取值最小，为0.488，较SOP调度下的0.665有明显降低，选HF=0.66对于桥水库供水过程进行模拟，结果如表4-44所示。

表4-44   限制供水下于桥水库供水过程

项目	10月	11月	12月	1月	2月	3月	4月	5月	6月	7月	8月	9月
来水	0.57	0.38	0.18	0.15	0.15	0.33	0.42	0.30	0.63	1.27	1.85	1.09
用水	0.68	0.68	0.68	0.68	0.68	0.68	0.68	0.68	0.68	0.68	0.68	0.68
供水	0.68	0.68	0.68	0.68	0.45	0.45	0.45	0.43	0.63	0.68	0.68	0.68
缺水	0.00	0.00	0.00	0.00	0.23	0.23	0.23	0.25	0.05	0.00	0.00	0.00

从表4-43和表4-44可以看出，水库限制供水从预警期开始，以预警期内减少一部分供水为代价，从而避免了潜在干旱期内出现程度更加严重的缺水。

对不同汛末蓄水水平，供水期相同的来水条件（75%来水），随着汛末蓄水的增高，CDI有梯级递减的趋势，CDI与HF及汛末蓄水的变化规律如图4-38所示。

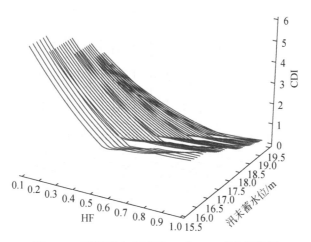

图4-38   不同蓄水水平下HF与CDI变化规律图

将图4-38沿着y轴投影，如图4-39所示，在几个大阶段中，CDI取值最小时对应的HF值随水库汛末蓄水增多而变大。但基本上HF最优值都取在0.50～0.75之间。

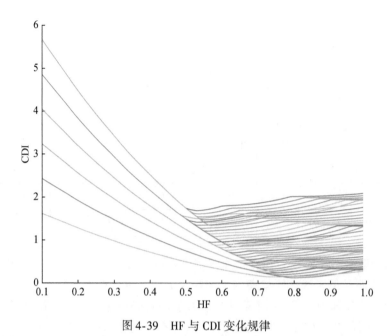

图 4-39　HF 与 CDI 变化规律

第5章 | 地下水系统临界特征识别与调控

5.1 地下水系统及其功能解析

5.1.1 地下水系统概念

自 20 世纪 40 年代贝塔朗菲（Ludwig von Bertalanffy）提出的一般系统论在应用系统工程解决复杂问题取得重大成功后，系统论作为一种思想方法广泛地渗入各学科领域。20世纪 60 年代以前，主导水文地质学研究的是"含水层系统"概念，大区域尺度中地下水垂向运动的作用不太被重视。20 世纪 70 年代，系统思想渗入水文地质领域后，地下水系统理论逐渐发展成熟，成为水文地质研究的指导思想和分析工具，并在实际工作中得到广泛应用。地下水系统从整体出发，研究系统、要素和环境三者间相互关系和相互影响规律，已成为地下水资源评价与管理的重要理论。

地下水系统理论起源于加拿大学者托特（J. Tóth）对潜水盆地地下水流特征的研究。1963 年 Tóth 撰文阐述了复杂盆地剖面地下水流系统的结构特征（Tóth，1963），20 世纪 80 年代提出了重力穿层流动，认为地下水在重力驱动下自组织地形成嵌套式多级次水流系统，将流动系统理论推广到非均匀介质场，打破了地下水只限于在某些含水层流动的观念，地下水流系统的理论框架基本成型。Engelen 和 Kloosterman（1996）对地下水流系统理论进一步分析和应用，通过研究盆地介质条件、地形地势、盆地深度和水流速度等地下水流系统因素，分析了地下水流系统的物理机制，得出了一套解决水质问题的地下水流系统概念和方法。Tóth（1999，2009）指出流动的地下水是一种普遍的地质营力，以自组织的地下水流系统模式，控制着与地下水有关的各种自然现象和自然作用的空间有序分布。"地下水系统调查方法和测量仪器"的专题讨论会（1983 年）着重讨论了地下水系统的基本概念、分类、野外工作方法、水文地质参数测定等问题。1981～1987 年，美国地质调查局系统分析了犹他州、内华达州及邻州大盆地地区的含水层系统，进行了地下水系统的划分，建立了大区域含水层地下水流模型。

我国自 20 世纪 80 年代后期引入"地下水系统"概念，地下水系统的研究得到了很大发展。主要包括地下水系统的基本概念、研究范畴、分析方法的理论研究和应用研究。通常认为地下水系统都具有各自的特征与演变规律，包括各自的含水层系统、水循环系统、水动力系统、水化学系统。近 40 年来，我国北方开展的地下水系统的研究较多。许志荣（1983）研究了华北黄河冲积平原（河南地区）浅层地下水系统，建立与地下水运动条件相适应的数学模型。张宗祜等（2000）研究了自然因素和人类活动影响下的华北平原地下水环境演化规律及其与外部环境相互作用，模拟了地下水系统对外部环境变化的响应与反馈，预测了地下水环境未来演化趋势。武选民等（2002）在西北黑河下游额济纳盆地地下水系统研究中，从额济纳盆地含水系统结构及埋藏分布、地下水补给与排泄、地下水流场、水化学特征、水环境同位素等方面的综合分析入手，将全盆地划分为潜水和承压水两大子系统，并进一步区分出 5 个亚系统及次亚地下水流动系统。张光辉等（2004）研究了晚更新世以来海河平原地下水形成与循环演化规律，以及人类活动对地下水循环条件影响机理和资源环境效应。杨会峰等（2014）提出了一套划分中国北方地下水系统的方案 将其划分为 4 个地下水系统区块、10 个一级地下水系统和 56 个二级地下水系统。李文鹏和郝爱兵（2002）研究了中国西北内陆干旱区盆地地下水形成演化模式，对内陆干旱盆地平原区进行四级地下水系统划分，并分析了盆地地下水的形成演化和盐分迁移规律。梁杏等（2012）对地下水流系统理论与研究方法进行了系统总结，提出重视地下水流系统理论物理机制和数学模拟方法研究，加强新技术方法引入，拓宽应用领域研究等发展方向。

美国地质调查所水资源处拉尔·C. 海斯认为，"地下水系统"这一术语"指的是从潜水面到岩石裂隙带底面的这一部分地壳，是地下水赋存和运动的场所，由含水层（作为地下水运动的通道）和围闭层（阻碍地下水运动）所组成"。许涓铭和邵景力（1986）提出了狭义的地下水系统，包括 3 个部分，即输入、输出及系统实体。输入包括开采量、回灌量、降水与地表水渗透量等；输出包括潜水蒸发量、泉流量、地表水基流量等；而系统实体则是系统的结构，例如含水层的类型、结构、水文地质参数等。张光辉等（2009）则归纳地下水系统的概念应包括以下内容：①具有一定独立性而又互相联系、互相影响的不同等级的亚系统或次亚系统；②为水文系统的一个组成部分，与降水和地表水系统存在密切联系，互相转化；地下水系统的演化，很大程度上受地表水输入与输出系统的控制；③地下水系统的时空分布与演变规律，既受天然条件的控制，又受社会环境，特别是人类活动的影响而发生变化。因此，地下水系统是指在时空分布上具有共同水文地质特征与演变规律的一个独立单位，它可以包括若干次一级的亚系统或更低的二级单位。它是由各种天然要素、人为要素所控制的，具有不同等级的互有联系又互相影响，在时空分布上具有四维性质和各自特征、不断运动演化的若干独立单元的统一体。包含地下水含水系统和地下水流动系统。地下水含水系统是指以含水层为基本单位的一组具有固定边界的、互有联系的、同一时代或不同时代的若干含水岩组。显然，一个含水系统往往由若干含水层和相对隔水层（弱透水层）组成，通常以隔水或相对隔水的岩层作为系统边界，属空间三维性质的系统。地下水流动系统是指由源到汇的流面群构成的，具有统一时空演变过程的地下水体。其整体性（系统性）体现于它具有统一的水流，沿着水流方向，盐量、热量与水量发生有规律的演变，呈现统一的时空有序结构，属时空四维系统。

由此可见，地下水系统的形成及其特性，一方面取决于自然因素，例如地质和水文地质条件、水文和气象条件等，另一方面，地下水系统是水文系统中的一个重要组成部分，所以地下水系统与地表水（包括降水径流）系统存在不可分割的关系。地下水系统通过输入、输出与外界有着物质、能量的交换，因此，地下水系统是一个开放的自然-人工复合系统，并不断运动演化。其关系可用式（5-1）表示。

$$GS = \{w, m, b, k, c, th, x, y, z, t\} \tag{5-1}$$

式中：GS 为地下水系统；w 为地下水；m 为含水介质及贮水构造；b 为系统边界；k 为地下水流的动能、势能；c 为地下水流的化学能及化学成分；th 为地下水流的热能；x，y，z 为空间坐标；t 为时间。

5.1.2 地下水系统功能

1. 地下水资源功能

地下水资源功能是指具备一定的补给、储存和更新条件的地下水资源供给保障作用或效应，具有相对独立、稳定的补给源和水的供给保障能力。地下水作为水资源的组成部分，发挥了重要的资源供给功能。根据《中国水资源公报》，2014 年全国总供水量和总用水量均为 6095 亿 m³，其中，地表水源供水量 4921 亿 m³，占总供水量的 80.8%；地下水源供水量 1117 亿 m³，占总供水量的 18.3%；其他水源供水量 57 亿 m³，占总供水量的 0.9%。2014 年全国总供水量组成见图 5-1。

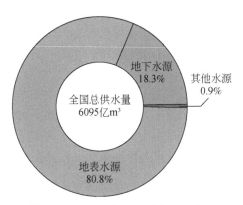

图 5-1　2014 年全国总供水量组成图

各省级行政区中，南方省份地表水供水量占总供水量比例均在 86% 以上，而北方省份地下水供水量则占有相当大的比例，其中河北、河南、北京、山西和内蒙古 5 个省（自治区、直辖市）地下水供水量占总供水量约一半以上，供水量组成见图 5-2。

地下水资源供给功能也能通过经济社会发展对地下水资源的依存度来定量描述，依存度越高，说明经济社会更多地依赖于地下水，而更少地依赖于地表水等其他水体。

2. 地下水生态功能

地下水作为生态系统的基础物质之一，对保持生态平衡具有重要作用，此外地下水作为水循环过程中不可或缺的重要环节，从时间和空间上直接或间接作用于生态环境，维持或加剧生态环境向稳定或失稳状态转变。生态环境问题的发生与发展大都与水尤其是地下水

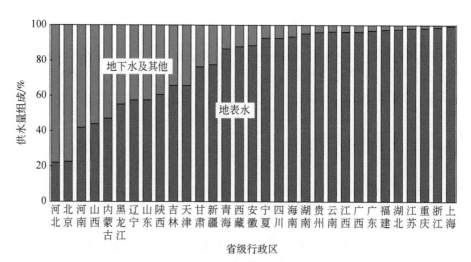

图 5-2 2014 年各省级行政区供水量组成图

有关，地下水成为生态环境发生变化的最重要控制因素之一。地下水具有记载地下水生态系统演变信息，维持地下水生态系统稳定及调控地下水生态环境的特性即地下水生态属性。

地下水生态系统是指与地下水有依赖关系的生态系统，由依靠地下水而生存的植物、动物和其他有机体群落与其环境组成。从生态系统利用地下水的方式上，可以把依赖于地下水的生态系统划分为生存在地下水里的生态系统、依赖于地下水溢出量的生态系统、依赖于地下水位的生态系统三大类型（表 5-1）。其中，生存在地下水里的生态系统包括潜水含水层与溶洞生态系统、地下水与河水混合的河床沉积层；依赖于地下水溢出量的生态系统包括河流基流生态系统、湿地生态系统和海岸带生态系统；依赖于地下水位的生态系统包括陆生植被生态系统和岸边植被生态系统。上述的地下水生态系统都不同程度地依赖于地下水的水位、水量和水质，地下水对于维持生物多样性与生态系统过程具有重要作用。

表 5-1 地下水生态系统分类

分类		主要特征	依赖的地下水变量		
大类	亚类		水位	水量	水质
生存在地下水里的生态系统	潜水含水层与溶洞生态系统	含水层孔隙、裂隙与溶洞是无脊椎水生动物的栖息地；其进化缓慢对研究地下水历史具有科学意义	水位埋深影响栖息环境的含氧量、营养物与能源	流速与滞留时间	溶解氧、矿物质与营养物是地下水生物的生存基础；地下水微生物能降解有机污染物
	地下水与河水混合的河床沉积层	地下水与河水的混合区；生化反应最强烈；独特的微生物无脊椎水生动物活动地区；鱼、蛙等的产卵地	决定地下水流向河床沉积层	影响地下水与河水的混合比例	减缓河床沉积层水温变幅；提供矿物质与营养物

续表

分类		主要特征	依赖的地下水变量		
大类	亚类		水位	水量	水质
依赖于地下水溢出量的生态系统	河流基流生态系统	栖息在河水中的无脊椎水生动物与河岸植被生态系统	决定地下水向河流排泄	基流量的季节性变化与最枯水流持续时间	舒适的地下水温为水生动物提供庇护区;地下水化学变化维持生物多样性
	湿地生态系统	包括湖泊、沼泽、泉水、人工湿地等水生与岸边植被生态系统	决定地下水向湿地排泄	地下水流入量维持枯水期湿地水流	地下水温与水化学成分形成生物多样性
	海岸带生态系统	包括河口湾、潟湖、浅海滩涂生态系统	决定地下水向海岸带生态系统排泄	影响淡水与咸水的混合比例	淡化咸水与提供营养物
依赖于地下水位的生态系统	陆生植被生态系统	植被根系直接从潜水面吸收水分	地下水位埋深、季节性变幅、水位下降速度、最低水位持续时间影响植被长势	区域地下水流系统决定地下水位动态	地下水含盐量影响植被类型与长势
	岸边植被生态系统	河流与湿地岸边植被不仅依靠地表水,在枯水期也依靠地下水	枯水期地下水位埋深、最低水位持续时间影响植被长势	区域地下水流系统决定地下水位动态	地下水含盐量影响植被类型与长势

　　根据生态系统对地下水的依赖程度,可将地下水生态系统划分为完全依赖、强依赖、偶尔依赖、基本不依赖四种类型。河流基流生态系统、泉出露口附近生态系统、含水层生态系统等属于完全依赖型,例如甘肃月牙泉生态系统就是完全依赖于地下水而存在的,对地下水位的变化非常敏感。湿地生态系统、天然绿洲植被生态系统、近岸海洋生态系统等属于强依赖型。高山植被系统、荒漠生态系统等属于基本不依赖型。而大多数生态系统属于偶尔依赖型,如山地生态系统、人工绿洲生态系统等。

　　以地表植被为例,植被生长状况与地下水位埋深息息相关,地下水位只有保持在一定的变动带中,才能维持生态环境的良性循环。地下水通过其水位埋深的变化改变包气带水分含量和影响土壤中盐分含量的变化,进而制约地表植物生长状况。地下水位过高,在蒸发影响下,溶解于地下水中的盐分可在表土聚积使土壤发生盐渍化,植物生长受到制约;地下水位过低,地下水不能通过毛细管上升到达植物根系层,使植被衰减发生沙漠化。据研究,当土壤含水量为毛管持水量(田间最大持水量)的 70% ~ 100% 时,最适宜植物生长；当土壤含水量为毛管持水量的45%~60%时，对植物生长影响不大，植被仍能正常生长；当土壤含水量为毛管持水量的30%~45%时，对植物生长影响较严重；当土壤含水量为毛管持水量的30%以下时，对植物生长影响非常严重，部分植被开始枯萎，甚至死亡。

王芳等（2008）据新疆塔里木河干流区的胡杨、柽柳、芦苇、甘草、罗布麻、骆驼刺等植物的生长情况，按生长良好、生长较好和生长不好三种情形出现的频率，分析了与地下水埋深的关系（表5-2、图5-3），采用高斯曲线拟合了几种典型植物分布概率与地下水埋深的关系，结果如下：

胡杨：相关系数 $r=0.9090$　　　$y=e^{2.130+0.509x-0.081x^2}$

柽柳：相关系数 $r=0.8543$　　　$y=e^{1.640+0.584x-0.080x^2}$

芦苇：相关系数 $r=0.9769$　　　$y=e^{2.624+0.661x-0.177x^2}$

罗布麻：相关系数 $r=0.8613$　　$y=e^{2.127+0.807x-0.150x^2}$

甘草：相关系数 $r=0.9137$　　　$y=e^{1.741+1.239x-0.214x^2}$

骆驼刺：相关系数 $r=0.9304$　　$y=e^{1.086+1.126x-0.164x^2}$

表5-2　塔里木河干流区典型植物在不同地下水面埋深范围出现频率统计（单位:%）

植被生长		埋深										
		<1m	1~2m	2~3m	3~4m	4~5m	5~6m	6~7m	7~8m	8~9m	9~10m	>10m
生长良好	胡杨	3.03	24.2	33.3	27.3	12.1						
	柽柳	1.96	29.6	29.4	21.6	11.8	1.96					3.92
	芦苇（矮）	6.86	28.4	40.2	16.7	4.9	1.96	0.98				
	芦苇（高）	20.7	62.1	17.2								
	罗布麻	4.17	16.7	45.8	12.5	16.7	4.17					
	甘草	2.7	18.9	40.5	24.3	10.8		2.7				
生长较好	胡杨	4	10	26	31	18	7	4				
	柽柳	2.25	17.4	30.3	23.6	14.0	3.93	2.81	3.43	0	1.12	0.56
	芦苇	14.8	28.6	80.2	17.0	7.14	1.65	0.55				
	罗布麻	3.85	7.69	36.5	15.4	25.0	5.77	1.92	3.85			
	骆驼刺	5.56	11.1	22.8	22.2	19.4	8.33	2.78	2.78			
生长不好	胡杨	7.14	7.14	3.57	3.57	7.14	10.7	17.8	17.9	14.3		
	柽柳	9.10	12.1	18.2	21.2	15.2	6.06		12.1		6.09	

3. 地下水地质环境功能

地下水是地质环境系统的环境要素之一，不断与外界进行物质能量交换，由于水热条件不平衡，极大地改变了地质环境，产生特定的环境地质问题。地下水环境属性决定地质环境稳定功能。即地下水系统对其所赋存地质环境稳定性所具有支撑和保护的作用或效应，若地下水系统变化，则地质环境系统出现相应改变。泉流量衰减、地下水质恶化、地面沉降或塌陷、海水入侵等就是明显的例证。

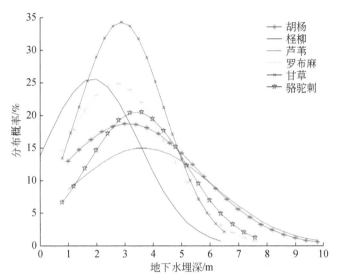

图 5-3　塔里木河干流区典型植物分布概率与地下水埋深的关系

　　地面沉降是由多种因素引起的地面标高缓慢降低的环境地质现象。人类活动和地质作用是造成地面沉降的主要原因,其中长期过量开采地下水是造成地面沉降的重要原因。由于长期超采地下水,地下水位大幅度下降,造成弱透水层和含水层孔隙水压力降低,黏性土层孔隙水被挤出并产生压密变形,从而引起地面沉降。地下水位与沉降总体呈正相关关系,如北京、天津、沧州、廊坊等地区地下水位与沉降量关系如图 5-4 所示。

　　海水入侵是指由于自然因素或人为活动的影响,滨海地区的地下水动力条件发生变化从而使淡水与海水之间的平衡状态遭受破坏,引起海水或与海水有直接动力联系的高矿化咸水沿含水层向陆地方向侵入,咸淡水界面不断向陆地方向移动,使淡水资源遭到破坏的过程和现象。其中,对淡水资源的过度需求导致超量开采,地下水位持续大幅度下降是造成海水入侵、水质恶化的主要原因之一。由莱州市和龙口市海水入侵与开采量关系可知(图 5-5),海水入侵速度与地下水开采呈明显的正相关。

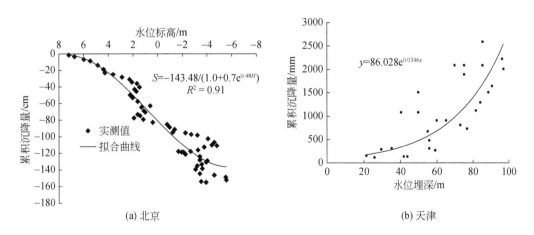

(a) 北京　　　　　　　　　　　　　(b) 天津

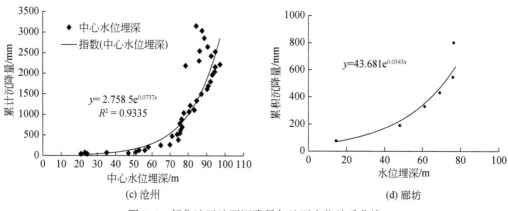

图 5-4　部分地区地面沉降量与地下水位关系曲线

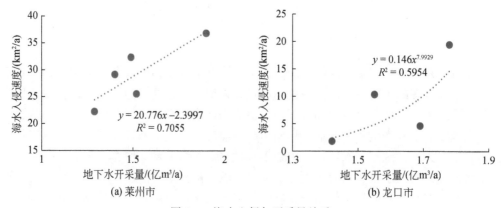

图 5-5　海水入侵与开采量关系

综上，地下水的属性决定了地下水功能，地下水属性与功能的关系如图 5-6 所示。地下水对水环境、生态环境、地质环境的作用是地下水的资源供给功能、生态维持与调控功能、地质环境稳定功能的综合体现。

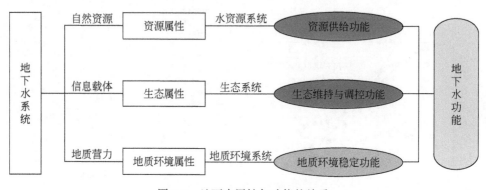

图 5-6　地下水属性与功能的关系

5.2 地下水功能评价

5.2.1 地下水系统耗散结构特征分析

地下水系统具有如下的耗散结构系统特征。

1. 地下水系统是复杂的开放系统

地下水系统是一种开放系统,与其所处的环境有着极为密切的物质和能量的交换关系,与大气圈、岩石圈、生物圈和水圈之间通过降水、蒸发、下渗和径流等水文过程不断进行水分交换,使地下水系统与所处的环境存在物质流、能量流、信息流,使系统总熵减少,有序性增强。

2. 地下水系统远离平衡态

系统平衡态的特征是各要素均匀单一、无序、熵值极大,混乱程度最大。地下水系统是在长期环境、地质历史发展过程中逐步形成并不断得到改造的实体,地下水系统在时间上、空间上和功能上能保持有序,因此,系统不是处于平衡态。若系统处于近平衡状态区并与外界有物质、能量的交换,就会回到平衡状态,所以,地下水系统是远离平衡态的。

3. 地下水系统内部要素和子系统之间是非线性结构

非线性系统具有非均匀性、非对称性和相干性。地下水系统是一个资源、生态、经济相复合的系统,地下水系统的各个子系统是相互联系、相互作用的,任何一个子系统状态的变化最终会波及整个地下水系统。如地下水的超采引起水位持续下降而形成超采漏斗后,会引发地面变形、水质恶化、地表生态格局变化等一系列问题。地下水系统各子系统之间所存在的关系都是非线性的,几乎难以找出它们之间的线性关系,而我们通常所说的线性只是一种近似而已。

4. 地下水系统的涨落导致系统有序

涨落是指系统中某个变量或行为对均值的偏离,它使系统偏离原来的状态。

在一定的外部环境(天然的或人为的)影响下,地下水系统依靠其自身的结构,表现出鲜明的自组织特性,可以在一定的外界环境下实现自组织过程。当地下水系统环境条件发生变化时,地下水系统会在水量、水位等状态参量上发生响应,这些状态参量的连续变化可能会引起一系列渐变,即发生"小涨落"。但当地下水系统某一状态参量的渐变达到一定程度时,连续性被破坏,即系统状态参量达到某个临界值时,系统就会产生"巨涨落",从当前的状态跃到更有序的状态,形成新的耗散结构。如超量开采引起的水量和水质的突变。一旦出现这种情况,往往从一个子系统波及其他子系统,而系统本身的水位整体下降，总水量出现输入、输出负均衡。地下水系统是一个有机联系的整体，渐变和突变是这一整体进化过程中两个不可分割的阶段。

5. 人类活动是地下水环境演化最重要的驱动力

地下水系统的时空分布与演变规律，既受自然因素的制约，又受社会环境，特别是人类活动的影响。地下水系统演化是自然地质过程和人类活动耦合作用的结果。人类活动对地下水系统物质、能量与信息的输入支配着地下水系统的演化路径与演化方向。

地下水系统一旦遭受人类活动干扰，就会变为自然-人工复合系统，地下水的开采等活动作为新的环境因素而使地下水系统涨落幅度增大，可能导致地下水系统失稳。旧的系统失稳过程中，地下水系统的各种状态变量的变化范围可能突破先前的多年平均变化范围，形成异常涨落（巨涨落）。在人为活动影响下，随时间的持续可能会使地下水位的微小变化逐渐累积增大，变成"巨涨落"，当其超过一定的阈值时，就会发生突变，从根本上改变地下水系统的状态。由于作用于地下水系统的外部宏观环境（如气候分带、植被变化、降雨分区等）通常相对稳定，因此，天然条件下，地下水系统处于相对稳定态，虽然短时的环境波动会对地下水系统产生一定"干扰"，使地下水系统输出状态变量在多年平均值附近的有限范围内波动，但不会影响到地下水系统的整体结构和功能等特征。随着人类大规模、高强度地开发利用地下水，人为因素对地下水系统的干扰强度越来越大，地下水开采成为现代地下水系统丧失其天然稳定态的最直接、最重要影响因素。

5.2.2 地下水功能序参量

1. 序参量选择方法

已有研究成果表明，当系统处于无序状态时，描述系统状态的某一个或一类变量为零或数值较小，随着系统由无序向有序转化，这类变量从零向正有限值变化或由小向大变化，因此可以用此类变量来描述系统的有序程度，称该类变量为序参量。与其他系统变量相比，序参量随时间变化缓慢，所以也称为慢变量，而其他变量随时间变化快，称为快变量。

由于系统演变机制和复杂程度的差异，系统序参量的确定比较复杂，没有固定的方法，但一般可以采用如下原则选取。在较为简单的系统中，当系统存在明显比其他变量变化慢的变量时，则选择此类变量为序参量。例如，激光系统中描述激光的产生及性质的变量有原子磁矩和电子跃迁所产生的光场，光场随时间变化慢，原子磁矩随时间变化快，则光场为序参量。在较复杂的系统中，无法区分系统变量随时间变化的快慢，但可以通过坐标变换，得到新的状态变量，在新的变量中，可明显地看出序参量。在更复杂的系统中，无法通过变量的变化快慢和坐标变化找到序参量，而需要选择更高层次的变量作为系统的序参量，来研究系统演变。例如，一个理想气体热力学系统，每个分子的位置、动量，以及由它们经过变换所得到的能量、角动量等均无法作为序参量，而应选择在宏观层次上的温度、压强等作为热力学系统的序参量。

2. 地下水功能序参量

根据地下水功能演变的主要影响因素，表征地下水功能的序参量如图5-7所示。

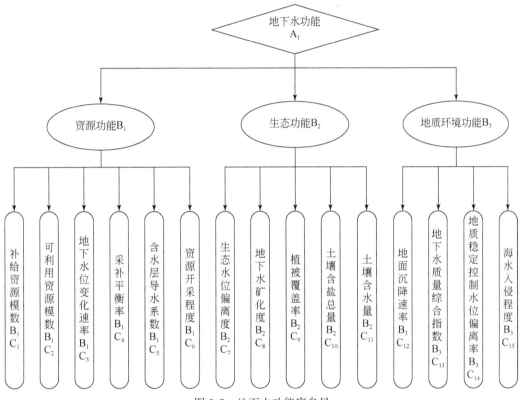

图 5-7　地下水功能序参量

1）资源功能序参量

地下水资源功能（B_1）包含6个序参量，分别是补给资源模数（C_1）、可利用资源模数（C_2）、地下水位变化速率（C_3）、采补平衡率（C_4）、含水层导水系数（C_5）、资源开采程度（C_6）。

2）生态功能序参量

地下水生态功能（B_2）包含5个序参量，分别是生态水位偏离度（C_7）、地下水矿化度（C_8）、土壤总含盐量（C_9）、土壤含水率（C_{10}）、植被覆盖率（C_{11}）。

3）地质环境功能序参量

地下水地质环境功能（B_3）包含4个序参量标，分别是地面沉降速率（C_{12}）、地下水质量综合指数（C_{13}）、地质稳定控制水位偏离率（C_{14}）、海水入侵程度（C_{15}）。

各序参量的含义、计算方法见表5-3。

表5-3　地下水功能序参量

功能类别	序参量			计算公式
	名称	注释	意义	
资源功能（B_1）	补给资源模数（B_1C_1）	单位面积地下水资源补给量	表示地下水资源补给能力	补给资源模数 $=\dfrac{\text{地下水补给量}}{\text{评价区面积}}$
	可利用资源模数（B_1C_2）	单位面积地下水可利用量	表示地下水可利用资源的大小	可利用资源模数 $=\dfrac{\text{地下水可利用量}}{\text{评价区面积}}$
	地下水位变化速率（B_1C_3）	单位时间地下水位变化量	表示地下水资源更新能力	地下水位变化速率 $=\dfrac{\text{地下水位变化量}}{\text{评价时间}}$
	采补平衡率（B_1C_4）	开采量与补给量的比值	表示地下水资源再生性	采补平衡率 $=\dfrac{\text{地下水实际开采量}}{\text{地下水补给量}}$
	含水层导水系数（B_1C_5）	地下水含水层的导水系数	表示地下水系统的循环能力强弱	含水层导水系数 = 含水层厚度×渗透系数
	资源开采程度（B_1C_6）	地下水开采量占可利用量的比值	表示地下水资源剩余的开采潜力	资源开采程度 $=\dfrac{\text{实际开采量}}{\text{地下水可利用量}}$
生态功能（B_2）	生态水位偏离度（B_2C_7）	地下水位与生态水位的偏离程度	从地下水位反映地下水对生态环境的作用或功效	资源开采程度 $=\dfrac{\text{地下水位−生态水位}}{\text{生态水位}}$
	地下水矿化度（B_2C_8）	单位体积的含盐量	从地下水矿化度反映地下水对生态环境的作用或功效	资源开采程度 $=\dfrac{\text{地下水含盐量}}{\text{地下水体积}}$
	植被覆盖率（B_2C_9）	植被覆盖程度	从植被覆盖程度反映地下水对生态环境的作用或功效	植被覆盖率 =（0.38×林地面积+0.34×草地面积+0.19×耕地面积+0.07×建设用地面积+0.02×未利用地面积）/研究区面积
	土壤含盐总量（B_2C_{10}）	土壤总含盐量与土壤体积的比值	从土壤含盐量反映地下水对生态环境的作用或功效	土壤含盐总量 $=\dfrac{\text{土壤总含盐量}}{\text{土壤体积}}$
	土壤含水量（B_2C_{11}）	土壤含水量与土壤体积的比值	从土壤含水率反映地下水对生态环境的作用或功效	土壤含水量 $=\dfrac{\text{土壤含水体积}}{\text{土壤体积}}$
地质环境功能（B_3）	地面沉降速率（B_3C_{12}）	单位时间沉降量	从地面沉降状况反映地下水对地质环境稳定性的作用或功效	地面沉降速率 $=\dfrac{\text{地面沉降量}}{\text{时间}}$
	地下水质量综合指数（B_3C_{13}）	地下水质量等级，分为Ⅰ、Ⅱ、Ⅲ、Ⅳ和Ⅴ级水	从地下水质量的总体状况角度反映地下水环境	根据国家地下水水质标准（GB—T14848—93），采用综合指数的方法所求的地下水质量综合指数

功能类别	序参量			计算公式
	名称	注释	意义	
地质环境功能（B_3）	地质稳定控制水位偏离率（B_3C_{14}）	地下水实际水位与地质环境控制性水位差值与控制性水位差值的比值	从地下水位反映地下水对地质稳定性的作用或功效	地面沉降速率 $=\dfrac{实际水位-地质环境控制性水位}{地质环境控制性水位}$
	海水入侵程度（B_3C_{15}）	海水入侵面积与评价区面积的比值	从地下水淡水体遭遇海水或咸水体入侵状况反映地下水对地质稳定性的作用或功效	海水入侵程度$=\dfrac{海水入侵面积}{评价区面积}$

3. 序参量分级标准

根据文献及相关研究成果，各序参量分级标准见表5-4。

表5-4　序参量分级标准

功能类别	序参量	单位	分级标准				
			1 级	2 级	3 级	4 级	5 级
			可持续性优	较好	一般	较差	差
资源功能（B_1）	补给资源模数（B_1C_1）	万 m³/(a·km²)	>35	25～35	15～25	5-15	<5
	可利用资源模数（B_1C_2）	万 m³/(a·km²)	>25	15～25	8～15	4～8	<4
	地下水位变化速率（B_1C_3）	m/a	<0.01	0.01～0.5	0.5～1.0	1.0～1.5	>1.5
	采补平衡率（B_1C_4）	%	<10	10～30	30～60	60～90	>90
	含水层导水系数（B_1C_5）	m²/d	<100	100～300	300～600	600～800	>800
	资源开采程度（B_1C_6）	%	10～30	30～80	80～100	100～120 或 5～10	>120 或<5
生态功能（B_2）	生态水位偏离度（B_2C_7）	m	0	<0.5	0.5～1	1～1.5	>1.5
	地下水矿化度（B_2C_8）	g/L	<2	2～3.5	3.5～5.5	5.5～10	>10

功能类别	序参量	单位	分级标准				
			1 级	2 级	3 级	4 级	5 级
			可持续性优	较好	一般	较差	差
生态功能 （B_2）	植被覆盖率 （B_2C_9）	%	>60	45～60	30～45	20～30	<20
	土壤含盐总量 （B_2C_{10}）	%	<0.55	0.55～0.73	0.73～0.87	0.87～1.35	>1.35
	土壤含水量 （B_2C_{11}）	%	6.27～7.84	4.17～6.27	3.14～4.17	1.57～3.14	<1.57
地质环境 功能（B_3）	地面沉降速率 （B_3C_{12}）	mm/a	<0.01	0.01～0.1	0.3～0.5	0.5～2.0	>2.0
	地下水质量 综合指数（B_3C_{13}）	无量纲	<0.8	0.08～2.50	2.50～4.25	4.25～7.2	>7.2
	地质稳定控制水位 偏离率（B_3C_{14}）	%	<1	1～2	2～3	3～4	>4
	海水入侵程度 （B_3C_{15}）	%	<2	2～10	10～20	20～30	>30

5.2.3 基于有序度熵的地下水功能评价

1. 地下水系统有序性

1975 年德国物理学家哈肯建立了协同学的基本理论框架，并用这一思想解释各种复杂系统的演化机制。协同学是一种巨系统理论，它把一切研究对象看成是由数目极大的组元、部分或子系统构成的系统，这些子系统彼此之间会通过物质、能量或信息交换等方式相互作用。通过这种相互作用，整个系统将形成一种整体效应或者一种新型的结构。在系统这个层次，这种整体效应具有某种全新的性质，而这种性质在微观子系统层次是不具备的。协同学就以研究那些与组分特性无关的系统结构、性质变化的一般规律为目标。

协同学理论认为，系统内部的各种子系统、参量或因素的性质和对系统的影响是有差异的、不平衡的，根据这个特点，把系统参量分为快变量和慢变量。在远离临界点时，这种快、慢变量的差异和不平衡受到抑制，未能表现出来。当系统逼近临界点时，这种差异和不平衡就暴露出来了，快变量犹如昙花一现的事物，不会左右系统演化的进程。慢变量则主宰着演化进程，支配着快变量的行为，协同学就把慢变量称为序参量。

无论什么系统，如果某个参量在系统演化中能指示出新结构的形成，它就是序参量。序参量一旦形成后又起着支配或役使系统子系统的作用，主宰着系统整体演化过程。如果存在多个序参量，那么它们之间就存在着竞争和合作，以及由这种竞争、协同带来的系统演化。哈肯把序参量概念引入协同学，就能够代替熵成为判断系统演化方向一般判据，它将成为人们通过少数变量把握有序演化过程的重要工具。人们不需要注意所有的变量、所有的因素，而只需抓住序参量即可。协同学中的序参量从形式上看，与热力学中"熵"的概念有类似之处，它们都是表征系统有序或混乱的度量，只是序参量有点像熵的负数。不同的是，熵在总体上概括了系统的状态，而序参量在系统中则同时并存几个；熵只是在热力学系统中才有明确的物理意义，在其他系统中只具有抽象意义，而序参量则随不同的系统而变。序参量概念的特性使其具有更大的应用价值和范围。

地下水系统符合耗散结构系统特征，为一个有序的耗散结构。地下水系统是耗散结构，说明地下水系统是一动态有序结构，系统从低度有序向高度有序演化的过程，是耗散结构形成或从一种耗散结构转变到另一种耗散结构的过程。但系统的相变结果不一定都走向新的有序，也可能走向无序，有序、无序之间可以相互转化。地下水的资源、生态、地质环境等多重属性功能，地下水系统的有序性就是系统中资源、生态、地质环境子系统都能够保持一定的秩序，而且在组合上协调、适度，并能保持动态平衡协调，使地质环境子系统稳定发展，生态子系统保持平衡，最终实现地下水系统的良性循环与健康发展。

2. 有序度（协调度）

地下水系统是耗散结构，系统的相变结果不一定都走向新的有序，也可能走向无序。为此，引入有序度（协调度）评价地下水系统功能。

考虑地下水子系统 s_j，设其发展过程中的序参量变量为 $e_j = (e_{j1}, e_{j2}, \cdots, e_{jn})$，其中 $n \geq 1$。e_{ji} 的取值应在临界阈值区间，如：$\beta_i \leq e_{ji} \leq \alpha_i$, $i \in [1, n]$。假定 $e_{j1}, e_{j2}, \cdots, e_{jm}$ 在阈值区间的取值越大，子系统的有序程度越高，功能越强，其取值越小，子系统的有序程度越低，功能越弱，如资源子系统中的地下水补给资源模数；假定 $e_{jm+1}, \cdots, e_{jp}$ 在临界阈值区间的取值越大，子系统的有序程度越低，功能越弱，其取值越小，子系统的有序程度越高，功能越强，如生态子系统中的地下水矿化度等。这样，地下水子系统 s_j 序参量分量 e_{ji} 的有序度为

$$u_j(e_{ji}) = \begin{cases} \dfrac{e_{ji} - \beta_{ji}}{\alpha_{ji} - \beta_{ji}} & i \in [1, m] \\ \dfrac{\alpha_{ji} - e_{ji}}{\alpha_{ji} - \beta_{ji}} & i \in [m+1, n] \end{cases} \tag{5-2}$$

式中：$u_j(e_{ji})$ 为序参量分量 e_{ji} 的有序度；β_{ji} 和 α_i 分别为 e_{ji} 的最小和最大临界阈值。

由式（5-2）可知，若序参量 e_{ji} 的有序度值 $u_j(e_{ji}) \in [0, 1]$，则序参量在临界阈值区间，且其值越大，e_{ji} 对子系统 S_j 有序的贡献越大。相反，若 $e_{ji} \notin [0, 1]$，说明 e_{ji} 不在合理阈值区间，需进行调节。

从总体上看，序参量变量 e_{ji} 对系统 S_j 有序程度的"总贡献"可通过 $u_j(e_{ji})$ 的集成来实现，如下式所示：

$$U_j(e_{ji}) = \lambda_i u_j(e_{ji}), \quad \lambda_i \geq 0, \quad \sum_{i=1}^{n} \lambda_i = 1 \tag{5-3}$$

$U_j(e_j)$ 称为子系统 s_j 序参量 e_{ji} 的有序度，且 $U_j(e_{ji}) \in [0,1]$。$u_j(e_{ji})$ 越大，e_{ji} 对系统有序的贡献越大，系统有序的程度就越高，反之则越低。λ_i 为序参量分量 e_{ji} 的权系数，它的确定既应考虑到系统的现实状况，又应能够反映系统在一定时期内的发展目标，其含义是序参量分量 e_{ji} 在保持子系统有序运行中所起的作用或所处的地位。

3. 地下水功能

由于特定时段内地下水系统功能的有限性，子系统内部序参量存在着相互竞争，序参量的有序度不可能同时增加，某一序参量的有序度的提高，可能会导致子系统其他序参量有序度的降低，使得子系统的有序度如何变化无从确定。耗散结构的熵理论为我们解决这个问题提供了依据，虽然熵并不能对系统演化进行定量计算，而且也不易于用显式函数表示出来，但利用熵与有序度之间的关系，可以对系统演化方向进行定性分析，即熵减少，有序性增强，地下水系统功能增强；熵增大，有序性减弱，地下水功能降低。

根据信息熵的定义，利用序参量有序度可建立判别地下水系统功能演化方向的有序度熵（协调度熵）S_j 函数。

$$S_j = -\sum_{i=1}^{n} \frac{1 - U_j(e_j)}{n} \log \frac{1 - U_j(e_j)}{n} \tag{5-4}$$

根据地下水系统功能有序度熵结果，可以确定地下水功能，其分级及其意义如表 5-5 所示。

表 5-5　地下水目标功能评价结果的分级与意义

功能名称及代码	分级指数	状态级别	功能状况	利用前景
资源功能，B_1	≤0.17	I	强	适宜规模开采
	(0.17, 0.34]	II	较强	可以适度开采
	(0.34, 0.67]	III	一般	只能调节开采
	(0.67, 0.84]	IV	较弱	确实不宜开采
	>0.84	V	弱	必须禁止开采
生态功能，B_2	≤0.17	I	强	根本无法利用
	(0.17, 0.34]	II	较强	确实不宜利用
	(0.34, 0.67]	III	一般	需要涵养利用
	(0.67, 0.84]	IV	较弱	可以适度利用
	>0.84	V	弱	适宜规划利用
地质环境功能，B_3	≤0.17	I	强	禁止开采，保护地质环境
	(0.17, 0.34]	II	较强	不宜开采，涵养地质环境
	(0.34, 0.67]	III	一般	调节开采，利用地质环境
	(0.67, 0.84]	IV	较弱	适度开采，淡化地质环境
	>0.84	V	弱	规模开采，弱化地质环境

5.2.4 地下水系统临界水位

地下水系统作为分布参数系统,其状态变量是空间坐标和时间的函数。表征地下水系统状态的变量包括地下水位、水量、水质及岩土介质应力状态等,其中以地下水位和水量最具代表性。本节从地下水位和水量两个角度,介绍地下水系统临界点识别方法和临界值。

为合理开发利用、有效保护地下水资源,在某一地区,对于特定的地下水开采目的层确定合理的地下水开采控制水位,即为临界水位,以防止由于过量开采地下水对地下水流系统自身及周边环境引发破坏作用。

1. 地下水控制性关键水位分类

地下水控制性关键水位是指具有明确物理概念的一系列水位值的总称,对应于地下水不同开发利用状态的一系列水位值,或者说对应于地下水不同可开采量的一系列水位值。地下水控制性关键水位具有两个鲜明特点:第一,它并不是静态数值或阈值,而是由受年内水文气象和地下水开发利用状况等影响的一组数值或阈值构成。如在汛期过后,地下水接受了更多的降水入渗补给及河流入渗补给等,水位随之抬升,各控制性水位值也应随之发生变化,即年内不同时间尺度(如月、旬、周、日)的控制性水位值或阈值是不同的,是一组变动的数值或阈值。第二,地下水控制性关键水位是为了实施地下水目标管理而设定的一些期望(目标)水位值或阈值,是一个反映水行政主管部门不同时期管理目标、理念、意志和偏好的表征指标。由于受地下水文循环、补给、径流、排泄及人为开采等因素影响,地下水位长年不断波动变化。对于枯水时期或贫水地区,在没有外调水的情况下,为了生存和发展等民生问题,地下水短期或长期超采往往是被允许的;而对于南水北调受水区,根据地下水的不同压采目标和管理目标,各水平年地下水控制性关键水位是不同的,是一个变动的数值或阈值。

根据表征地下水的目的和意义不同,将地下水控制性关键水位划分为三类:第一类,用于描述和表征地下水预警状态的水位,包括正常水位、警示水位和警戒水位。第二类,用于指导地下水开发利用的水位,包括正常开采水位、限制开采水位和禁止开采水位。第三类,用于监控和管理地下水动态的水位,包括蓝线水位和红线水位。

从用于描述和表征地下水预警状态的水位特点看,无论是抬升型还是下降型地下水控制性关键水位均可细化分为正常水位、警示水位和警戒水位三种类型。

1)抬升型关键水位

正常水位系指表征地下水处于"健康"的地下水循环过程的一系列水位值或水位阈值。在该水位状态下,地下水的资源功能、生态功能和地质环境功能均能发挥正常作用,不会产生资源问题(地下水大量蒸发损失、水质变劣)、生态问题(土壤次生盐渍化、沼泽化)和地质环境问题等。水行政主管部门根据"合理开发和高效利用"的原则,按照正常的取水许可管理制度进行有效管理,维持地下水处于正常水位状态。

　　警示水位系指表征地下水处于"亚健康"的地下水循环过程的一系列水位值或水位阈值。在该水位和高于该水位状态下，地下水的资源功能、生态功能和地质环境功能有可能受到影响、不能发挥正常作用，有可能产生资源问题（地下水大量蒸发损失、水质变劣）、生态问题（土壤次生盐渍化、沼泽化）或者地质环境问题等。当地下水位处于抬升型警示水位值（或阈值）及以上时，应适度加大地下水开采强度。

　　警戒水位系指表征地下水处于"不健康"的地下水循环过程的一系列水位值或水位阈值。在该水位和高于该水位状态下，地下水的资源功能、生态功能和地质环境功能将受到影响、不能发挥正常作用，将会产生资源问题（地下水大量蒸发损失、水质变劣），或者生态问题（土壤次生盐渍化、沼泽化），或者地质环境问题等。当地下水位处于抬升型警戒水位值（或阈值）及以上时，应加大地下水开采强度。

2）下降型关键水位

　　正常水位系指表征地下水处于"健康"的地下水循环过程的一系列水位值或水位阈值。在该水位状态下，地下水的资源功能、生态功能和地质环境功能均能发挥正常作用，不会产生资源问题（地下水超采、可再生能力衰减、水质变劣）、生态问题（土壤沙化、荒漠化）或者地质环境问题［地面沉降、塌陷、地裂缝及海（咸）水入侵］等。水行政主管部门要采取"合理开发和高效利用"的原则，按照正常的取水许可管理制度对地下水进行有效管理，维持地下水处于正常水位状态。

　　警示水位系指表征地下水处于"亚健康"的地下水循环过程的一系列水位值或水位阈值。在该水位和低于该水位状态下，地下水的资源功能、生态功能和地质环境功能有可能受到影响、不能发挥正常作用，有可能产生资源问题（地下水超采、可再生能力衰减、水质变劣）、生态问题（土壤沙化、荒漠化）或者地质环境问题［地面沉降、塌陷、地裂缝及海（咸）水入侵］等。当地下水位处于下降型警示水位值（或阈值）及以下时，应适度限制地下水开采规模，采取"限制性开发和有效利用"的原则，按照取水许可管理制度进行有效管理，防止地下水预警状态向更加恶化的方向发展。

　　警戒水位系指表征地下水处于"不健康"的地下水循环过程的一系列水位值或水位阈值。在该水位和低于该水位状态下，地下水的资源功能、生态功能和地质环境功能将受到影响、不能发挥正常作用，将会产生资源问题（地下水超采、可再生能力衰减、水质变劣）、生态问题（土壤沙化、荒漠化）或者地质环境问题［地面沉降、塌陷、地裂缝及海（咸）水入侵］等。当地下水位处于下降型警戒水位值（或阈值）及以下时，应强制核减地下水开采规模，采取"强制性减采和利用"的原则，按照取水许可管理制度进行危机管理，遏制地下水预警状态的进一步发展。

　　从用于指导地下水开发利用的水位特点看，正常开采水位、限制开采水位和禁止开采水位大多数情况下应当属于下降型地下水控制性关键水位范畴。

　　正常开采水位系指表征地下水处于多年平均采补均衡状态的一系列水位值或水位阈值。在该水位状态下，地下水实际开采量小于可开采量，地下水尚具有一定的进一步开发利用的潜力。这时，经济社会发展对水资源的新增需求，可按照正常的取水许可管理制度采取合理扩大地下水开发利用规模的方式予以满足。

限制开采水位系指表征地下水处于多年平均采补准均衡状态的一系列水位值或水位阈值。在该水位和低于该水位状态下，地下水实际开采量等于或略大于可开采量，地下水已无进一步开发利用的潜力。这时，经济社会发展对水资源的新增需求，不能依靠扩大地下水开采规模予以满足，水行政主管部门可加强水资源统一管理和联合调度，按照取水许可管理制度适度限制地下水开发利用规模，避免地下水长期处于临界或超采的状态。

禁止开采水位系指表征地下水处于多年平均采补负均衡状态的一系列水位值或水位阈值。在该水位和低于该水位状态下，地下水实际开采量大于可开采量，地下水处于超采状态，已没有进一步开发利用的潜力。禁止开采水位是确定地下水禁采区的主要标准。当实际地下水位处于禁止开采水位值（或阈值）及以下时，说明地下水已遭到了严重超采，水行政主管部门应采取严厉的禁采管理措施，按照取水许可管理制度进行危机管理，遏制地下水严重超采的态势。

从利用控制性关键水位实施对地下水资源量化和动态管理的角度，根据地下水位抬升或下降对地下水的资源功能、生态功能和地质环境功能等造成的影响程度，将地下水控制性关键水位划分为蓝线水位和红线水位。其中蓝线水位和红线水位分别对应于警示水位与警戒水位，或者限制开采水位和禁止开采水位。

蓝线水位一般是指地下水采补平衡即地下水开采量等于地下水可开采量时的水位值，或者是指为了实现某一时期地下水管理目标而设定的期望水位值或阈值。当地下水位从蓝线水位以内向外变动时，说明当前地下水开发利用格局可能存在不合理因素，此时的地下水位开始由正常状态向非正常状态变化，可能导致地下水的资源功能、生态功能和地质环境功能等问题，可能会产生不良的灾难性后果。

红线水位一般是指地下水开采量大于地下水可开采量、出现地下水位持续下降且水位降深等于含水层厚度三分之二时的水位值，或者是指为了实现某一时期地下水管理目标而设定的期望水位值或阈值。当地下水位跨入红线水位以外时，表明当前的地下水开发利用格局肯定存在不合理因素，已导致或将导致地下水的资源功能、生态功能和地质环境功能等问题，已产生或将会产生不良的灾难性后果。

根据地下水控制性关键水位上述分类依据，地下水功能是地下水控制性关键水位分类的主要依据。对应浅层地下水和深层地下水，根据实际环境条件又存在各种具体水位（表5-6）。

表5-6　地下水系统临界水位列表

地下水	具体水位分类
浅层地下水	泉水出露水位、生态功能临界水位、资源功能临界水位、基坑降水水位、地质环境功能临界水位
深层地下水	资源功能临界水位、地质环境功能临界水位

2. 资源功能临界水位

资源功能补给水位在此定义为和降水入渗补给有关的水位。降水入渗补给是地下水的主要补给源，降水入渗补给量的大小受降水特征、包气带岩性、地下水埋深、雨前土壤含水量、地形地貌、植被等多种因素影响，其中降水特征、包气带岩性、地下水埋深是主要影响因素。不同岩性、不同的地下水位埋深以及不同的降水量条件下降水入渗系数 α 值都不尽相同，一般情况下，地下水位埋藏较浅时，α 值随着埋深的增加而增大，随后 α 值则又随着埋深的增加而减少，因此可以将降水入渗系数最大时所对应的地下水位称为资源功能补给临界水位。

华北平原不同岩性多年平均降水入渗系数如表 5-7 所示，降水入渗补给系数随岩性、降水量和地下水埋深等条件变化而变化。以粉土为例，当降水量大于 650mm 时，2 ~ 3m 对应的降水入渗补给系数最大，可认为对于地下水补给而言，2 ~ 3m 为资源功能临界水位。

表 5-7　华北平原不同岩性多年平均降水入渗系数汇总表

岩性	降水量/mm	地下水埋深/m					
		1 ~ 2	2 ~ 3	3 ~ 4	4 ~ 6	>4	>6
黏土	450 ~ 550	0.10	0.4	0.15	—	0.3	—
	550 ~ 650	0.12	0.15	0.16	—	0.15	—
	>650	—	—	—	—	—	—
粉质黏土	450 ~ 550	0.11	0.16	0.15 ~ 0.17	0.14	0.17	0.13
	550 ~ 650	0.13	0.16 ~ 0.21	0.20	0.20	0.20	0.20
	>650	—	0.25	0.24	0.21	—	0.21
粉土	450 ~ 550	0.12	0.19 ~ 0.26	0.19 ~ 0.21	0.16	0.20	0.16
	550 ~ 650	0.14	0.21 ~ 0.32	0.23 ~ 0.28	0.26	0.23	0.25
	>650	—	0.36	0.31	0.28	—	0.27
粉土与粉质黏土互层	450 ~ 550	0.11	0.29	0.20	—	0.20	—
	550 ~ 650	0.14	0.21 ~ 0.23	0.22	—	0.22	—
	>650	—	—	—	—	—	—
细粉砂	450 ~ 550	0.15	0.22 ~ 0.37	0.23 ~ 0.33	0.30	0.23	0.29
	550 ~ 650	0.17	0.23 ~ 0.37	0.25 ~ 0.35	0.32	0.24	0.30
	>650	—	0.33	0.28	0.25	—	0.23
砂砾石[1]	450 ~ 550	—	0.60	0.57	0.56	—	0.55
	550 ~ 650	—	0.66	0.64	0.63	—	0.62
	>650	—	0.69	0.67	0.66	—	0.66

注：①主要分布于北京山前平原永定河与潮白河冲积扇。

根据河南省包气带岩性降水量–降水入渗系数–水位埋深（P-α-H）关系曲线（图 5-8），在地下水埋深相同条件下，除粉细砂外，亚砂土、亚黏土、亚砂亚黏土互层均为降水量越大，降水入渗补给系数越大；在降水量和包气带岩性相同的条件下，随着地下水埋深增加，降水入渗补给系数增加，地下水达到一定埋深时补给系数出现最大值，之后随着地下水埋深的增加，入渗补给系数减小，并趋于稳定；在包气带岩性相同的条件下，最大降水入渗补给系数所对应的地下水埋深随着降水量的增加而增加。以亚砂土为例，由亚砂土降水量–降水入渗系数–水位埋深（P-α-H）关系曲线可知，当降水量为 900mm、800mm、700mm、600mm 和 500mm 时最大降水入渗补给系数所对应的地下水埋深分别约为 3.25m、3m、2.75m、2.5m 和 2.3m，因此亚砂土资源功能临界水位为 2~3.5m。

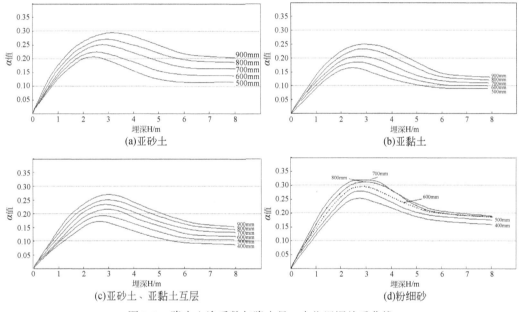

图 5-8　降水入渗系数与降水量、水位埋深关系曲线

根据山前倾斜平原在洪积扇上部，粗大的颗粒直接出露地表，或仅覆盖薄土层，十分有利于吸收降水及山区汇流的地表水的特点，从充分利用地下含水层的调蓄能力的角度，将山前砂砾平原的水位埋深调节在 10~20m，以便调蓄汛期地表洪水，该地下水可认定为山前倾斜平原地下水资源功能水位。

3. 地下水系统生态功能临界水位

水是生态系统中最活跃的因子，生态系统的改善依赖于水资源的需求状况与供给程度。地下水作为水资源的重要组成部分，其开发利用必然会对生态环境产生巨大影响，以指标为例，植被对地下水位变化响应的概念模型如图 5-9 所示。在天然状态下，植被与地下水位的周期性波动达到动平衡状态。植被生长期蒸腾作用引起地下水位下降，非生长期地下水位恢复。当地下水开采引起水位下降后，如果地下水位下降速度超过植被

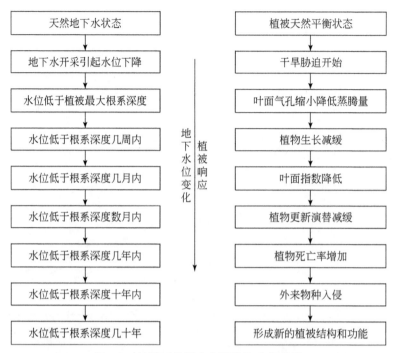

图 5-9   植被对地下水位下降的响应过程

根系的生长速度，植被开始受到缺水胁迫。当地下水位持续低于植被最大根系深度几周时间，叶面气孔缩小以减少蒸腾量，同时二氧化碳吸收降低，植被生长减缓。随着地下水低水位持续时间的延长，植被从叶面积减小向植被死亡更替，更耐干旱的物种入侵形成新的植被生态系统。以疏勒河流域植被演化过程为例（图 5-10），水、盐对植被分布影响明显，决定着植被的生存、种类及组成。不同的地下水植被类型明显不同，水位埋深较浅时，可生长冰草、芦苇、甘草等，当地下水埋深超过 4m 时，只能生长柽柳、泡泡刺等。

植被对地下水位的响应通常可概化为线性响应和临界突变响应（图 5-11）。例如，生长在河谷的植被可能依赖河流洪水、河流基流、土壤水、地下水等多种水源；地下水位下降可能使河流基流减少，水位埋深超过植被根系，引起植被退缩、种群和结构发生变化，植被对地下水位的响应主要呈线性关系。而生长在地貌高处的植被只依赖土壤水和地下水，当地下水位下降超过某个临界水位埋深（低于植被最大根系深度）后，干旱季节植被受到缺水胁迫，生长变缓，当低水位持续数年则会引起植被死亡，发生沙漠化，植被对地下水位的响应主要为临界突变响应。

从满足植被生长需要的角度，植被生态系统健康状况与土壤含水量、土壤允许含盐量、地下水适宜矿化度、地下水位临界埋深等密切相关，而土壤含水量、土壤含盐量、地

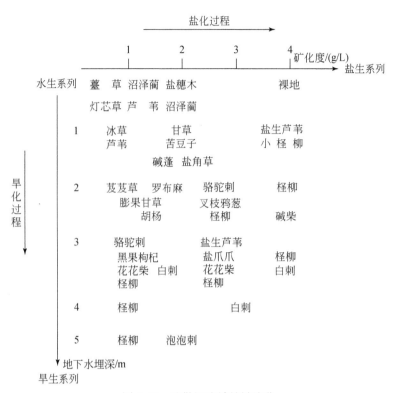

图 5-10　疏勒河流域植被演化

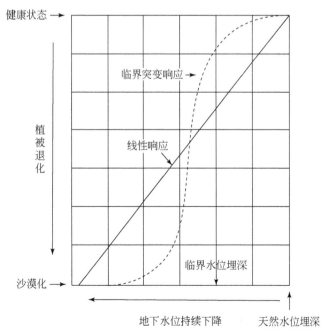

图 5-11　干旱–半干旱地区植被对地下水位下降的响应函数

下水矿化度与地下水埋深存在联系，因此，不同学者从不同的角度提出了维持生态系统的地下水生态水位。在西北内陆地区自然绿洲依赖地下水维系，当地下水位埋深较深时，地下水无法通过毛细管作用向地表植物根系输送水分，不利于植物生长；当地下水埋深较浅时，受地表土壤盐碱化的影响，植物生长也受到制约（表5-8）。对于胡杨来说，最佳地下水位埋深为2~4m，柽柳的最佳地下水位埋深为1~4m。黑河流域下游区主要植物适宜生长的地下水埋深在1~5m（表5-9），而极限地下水埋深2~5.5m之间，例如胡杨，适宜的地下水埋深为1~5m，幼龄时极限埋深为3.5m，中老龄时极限埋深为5.5m。

表5-8　西北内陆地区自然绿洲不同地下水位埋深条件下胡杨和柽柳出现频率

（单位：%）

植物种类	生长状况	地下水位埋深									
		<1m	1~2m	2~3m	3~4m	4~5m	5~6m	6~7m	7~8m	8~10m	>10m
胡杨	良好	3.1	24.2	33.3	27.3	12.1					
	较好	4	10	26	31	18	7	4			
	较差			7.2		3.6		7.1	10.7	17.9	14.3
柽柳	良好	2	29.4		21.6	11.8	1.96				
	较好	2.3	17.4	30.3	23.6	14	3.4	2.8			
	较差	9.1	12.1	18.2	21.2	15.2	6.1				

表5-9　黑河流域下游区不同植物适宜生长的地下水位埋深

植物种类	适宜地下水埋深/m	极限地下水埋深/m	
		幼龄植物	中老龄植物
胡杨	1~5	3.5	5.5
柽柳	1~5	2	5
沙枣	1~5	3.5	5.5
梭梭	2~4	—	4
芦苇	0~3	3	—
白刺	1~2.5	2.5	—

　　在旱季（春秋两季），土壤水盐运行处于蒸发积盐阶段，调控地下水埋深在临界深度以下，可以截断或减少地下水盐对土壤水盐的补给，抑制水盐上行；到了雨季时，又起到了增大降雨入渗补给地下水量，减少地表径流，预防渍涝，增加伏雨洗盐及淡化地下水的作用。华北平原中东部浅层地下水位的控制原则为：汛前有利于降水入渗补给，汛后又不造成渍涝，不产生土壤盐渍化。表5-10为不同学者确定的华北地区土壤的地下水临界深度。

表5-10　华北地区不同土壤地下水临界深度　　　　　（单位：m）

土壤	毛管水强烈上升高度	地下水临界深度	研究者
轻壤土	1.6±0.2	1.8±0.2	袁长极（1964）
轻壤土	1.2～1.4	2.0～2.2	刘有昌（1962）
轻壤土	1.3～1.7	1.8～2.2	赖民基和方成荣（1959）
壤土	1.2～1.5	2.0～2.3	冼传领（1964）
轻壤土	—	2.2～2.3	王洪恩（1964）
轻壤–沙壤	1.4～1.8	1.9～2.3	娄溥礼和高志远（1960）

　　显然，对不同生态系统、不同区域维持地下水生态功能临界水位各异。张天曾（1981）从盐渍化和荒漠化两个方面确定了地下水生态水位的上限与下限；在此基础上，一些学者又再细分出了沼泽化地下水位、盐渍化地下水位、适宜地下水位、警戒地下水位、沙漠化地下水位、海水入侵型地下水位等（表5-11）。

表5-11　地下水生态水位分类及其主要特征

类型	地下水埋深/m	主要特征
沼泽化地下水位	<1.0（或具有季节性积水）	土壤因长期滞水，处于还原状况，形成灰蓝色潜育层，对植物生长不利，沼泽植物生长虽茂盛，但蒸散耗水量消耗很大
盐渍化地下水位	1～2.5	地下水通过毛细管作用可到达地表，土壤土层湿度较大，植物生长良好，虽不会发生沙漠化，但地下水中的盐分可以向地表聚积，易使土壤发生盐渍化，影响植物生长；潜水蒸发损失大，会造成一定数量地下水资源的浪费
适宜地下水位	2～4.5	通过毛细管上升水流可到达植物根系层供植物吸收利用，土壤水基本上可以满足乔木、灌木、草木各类植物需要，潜水的无效蒸发很少，几乎全部被植物吸收利用，既不会发生盐渍化，也不会发生沙漠化
警戒地下水位	4～6	潜水停止蒸发，木土壤土层干燥，浅根系的草本植物无法利用地下水而衰败或死亡；乔木、灌木根系较深，主根可向下延伸吸收地下水，还可忍耐土壤干旱，但长势不良，存在着沙漠化的潜在威胁
沙漠化地下水位	>6	土壤向自成型荒漠土发展，剖面通体干旱，潜水面以上的包气带很大部分为薄膜水，很难为植物利用，深根系植物吸收地下水也较困难，乔木、灌木衰败或干枯死亡；地表裸露，风蚀风积严重，光板龟裂地和片状积沙并存，出现荒漠化景观

4. 地质环境功能临界水位

1）地面沉降临界水位

　　地面沉降速率与地下水位下降速率、地面沉降量与地下水位降幅有很好的相关性，沉降面积与承压水水位下降漏斗在时空分布上基本相符，可以通过分析地面沉降和地下水位之间的关系来确定合理的地下系统临界水位。

　　根据地面沉降急剧发展初期的地下水位埋深和地面沉降平缓期的地下水位埋深来确定地下水位埋深的阈值，当地下水位下降超过该临界阈值时，地面沉降发展剧烈。例如，沧州市中心水位埋深 40~70m 是沉降变化的一个关键区间，当水位埋深≤40m 时，曲线处于缓慢上升阶段，沉降发展不明显；当 40m<水位埋深<70m 时，曲线呈明显上升趋势，沉降开始发展；水位埋深≥70m 时，曲线出现明显的拐点，沉降发展迅速。因此，40m 埋深应是一个警戒水位埋深，70m 埋深应该是一个限制水位埋深，超过此水位埋深，将产生较快的地面沉降（图 5-12）。天津深层地下水的主要开采层是第二、三含水层组，在控制地面沉降量约束条件下，海岸带和市区第二含水层组水位埋深控制在 30~35m，第三含水层组水位埋深控制在 40m 以内，基本不会引发地面沉降。其他地区第二含水层组水位控制在 35~40m，引发的地面沉降一般在 1~3mm/a；第三含水层组水位控制在 45m 左右；引发的地面沉降一般在 5mm/a 左右；由第二含水层组地下水开采引起第一含水层组水位下降而引起的地面沉降一般在 1~2mm/a，3 个含水层组引发的地面沉降一般不会大于10mm/a。

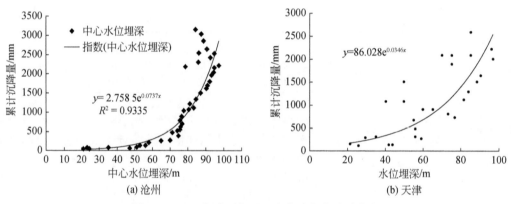

图 5-12　地面沉降量与地下水位降深的关系曲线

2）海水入侵控制临界水位

　　海水入侵是由于滨海地区地下水位下降，咸淡水界面之间的动态平衡被打破而出现的海水向陆地含水层入侵的现象，地下水位降低是导致海水入侵的重要原因。海水入侵主要特征是地下水中氯离子含量升高，大多数学者把 Cl^- 含量作为衡量海水入侵的标志性指标。Cl^- 含量环境背景值法则是近年来较为常用的标准之一，超过背景值的程度，可作为判断入侵强度的依据，不同类型的地下水，海水入侵淡水含水层的标准不同。参考我国生活饮用水卫生标准、农田灌溉水质标准以及国际健康组织的规定，可将海水入侵的标准大致确定为 Cl^- 浓度 200~300mg/L。具体到每个地区，要综合考虑该地区的实际水文地质条件和对海水入侵控制的要求，制定不同的标准。

　　在海水入侵地区，Cl^- 浓度与地下水位之间有明显的相关关系，因此，可以通过分析 Cl^- 浓度与地下水位之间的关系来推求海水入侵的程度。大连市通过分析漏斗中心多年枯水期地下水埋深与 Cl^- 浓度之间的关系（图 5-13），结合当地对水质的要求，得出大连市地下水位应控制在海拔标高 1.30~3.41m。根据烟台市区多年平均地下水位埋深与 Cl^- 浓度关系（图 5-14），可推断控制海水入侵的地下水位约 6m。而根据沿海地区城市多年的生产实践，滨海区漏斗中心水位高程一般在 -5 至 -6m，最大在 -8m，便能防止海水入侵。

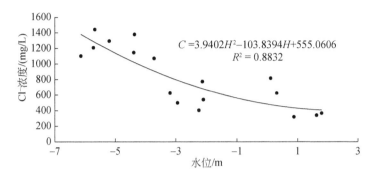

图 5-13　大连地区某井漏斗中心多年枯水期地下水位与 Cl⁻浓度关系曲线

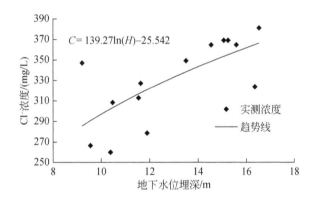

图 5-14　烟台市区多年平均地下水位埋深与 Cl⁻浓度关系曲线

此外，根据吉本-赫尔伯格（Gyben-Herzberg）所给出的静水压力平衡模型 $z = 40h_f$，假设浅层含水层厚度为 D，当 $z \geq D$，即 $z = 40h_f \geq D/40$ 时，淡水压力大于咸水压力，不会发生海水入侵，因此浅层地下水的临界水位是 $D/40$，如日照地区潜水含水层厚度为十几米到几十米不等，最大 100m，按照上述水位计算公式，要保证浅层地下水位大于 2.5m，则不会发生海水入侵，否则将有可能发生海水入侵。

5. 地下水系统临界水位识别方法

目前，地下水生态水位计算方法主要有水文学方法、统计学和生态学相结合的方法。

1) 水文学方法

生态过程与水文过程共同影响着物质和能量传输的各个环节，生态水文模型是量化地下水位与植被关系的有效途径，其基础是水量平衡方程、能量平衡方程和物质平衡方程，常用的有地下水数值模拟模型、土壤水模型、溶质运移模型等。例如，Zhao 等（2008）采用 GIS 技术与地下水数值模拟模型 FEFFLOW 相结合的方法，分析灌溉和地下水开采条件下植被空间变化情况，研究结果表明，在流域的边缘区地下水位持续下降，而在冲洪积平原区，地下水位持续增加，这种截然相反的结果也导致了一部分区域植被退化而另一部分区域发生盐碱化；Chui 等（2011）建立了分布式生态水文模型，系统地探讨了植被与地下水的相互作用；蒋磊等（2013）采用 HYDRUS 溶质运移模型分析了干旱区河谷林的地下水、土壤、植被和大气间的水分传输关系；Doble 等（2006）则将植被生长模型与地下水流模型 MODFLOW 相结合，建立蒸发对地下水深度和含盐量的响应。水文学方法理论性强，还有可操作性和灵活性的特点，且计算结果真实可靠，目前已成为研究地下水位的首选方法，但因所需要的输入参数较多，多层次数据如何进行同化、如何通过试验观测验证和校核参数等是该方法需要深入研究的问题。

2) 统计学和生态学相结合的方法

统计学和生态学相结合的方法是计算地下水生态水位时采用最多的方法，其思路是通过统计学模型定量分析植被群落盖度、频度与地下水位间的关系，例如，王威等（2010）选取高斯模型回归分析方法对乌兰淖水源地的地下水位埋深和植被数据进行分析，得到植被多度同地下水位埋深的数学模型，并确定乌兰淖地区适宜生态水位；张丽等（2004）选取对数正态分布模型分析干旱区几种典型植物的适合地下水位及其对环境因子的忍耐度；张俊等（2013）采用实地样方调查统计各物种出现频率或盖度，建立与水位埋深的关系；张二勇等（2012）利用植被结构图分析法，统计分析地下水开发后生态植被出现演替的临界水位。该方法原理简单、计算简便，适用于直观对比分析，但这类方法计算结果的准确性大多依赖于样本数据的可靠性和代表性。

上述概念和研究虽然出发点不同，但其核心都是合理的地下水位范围，在这个范围内，地下水功能不会受到破坏，不会产生生态环境和地质负效应，而超出地下水系统临界水位，将产生一系列负效应。生态功能临界水位、资源功能临界水位和地质环境功能临界水位，这三者水位有的是交叉的，功能兼容，满足一个功能的水位可能也满足其他功能。地下水系统临界水位的识别方法主要有试验法、数值模拟法、经验法等。

试验法多见于土壤水分运移与植被、地下水位关系方面的研究，通过大量试验观测数据，来分析地下水位与生态之间的关系，其标志性参考是植被的生态状况，从而给出了一系列地下水位生态指标。

数值模拟法多见于土壤水分运移以及地下水资源评价研究中。如崔亚莉等（2001）在对西北地区地下水与生态需水关系研究中，通过分析潜水埋深与生态需水之间的规律，推导了潜水生态埋深的数学计算公式，实际潜水埋深所能够提供的生态需水量以及潜水极限埋深的数学计算公式，并以玛纳斯河流域为例，建立了地下水数值模型，进行了地下水生态分区（依据地下水位埋深），提出玛纳斯河流域水资源合理开发利用模式。

情景分析法，概括地说，情景分析的整个过程是通过对环境的研究，识别影响研究主体或主体发展的外部因素，模拟外部因素可能发生的多种交叉情景分析和预测各种可能前景。孙才志等（2006）采用情景分析的方法，根据地下水资源在不同情景下的具体功能，在参照有关地下水不同岩性极限埋深、最佳埋深和给水度值基础上，确定出辽河流域平原区的不同生态水位，以此为基础，构建两套地下水生态标准，计算出地下水生态调控量。

神经网络法是人们在模仿人脑处理问题的过程中发展起来的一种新型智能信息处理理

论，它通过大量的称为神经元的简单处理单元构成非线性动力学系统，对人脑的形象思维、联想记忆等进行模拟和抽象，实现与人脑相似的学习、识别、记忆等信息处理能力。BP 网络是一个有指导的前馈型网络，由输入层、隐蔽层（可有多层）和输出层三个部分组成，每层有若干个神经元。人工神经网络具有非线性、不确定性和并行处理的强大功能。Daliakopoulos 等（2005）论证了人工神经网络合理的结构设计可以模拟地下水位的下降趋势，提供未来 18 个月较精确的地下水位预测。

时间序列法的基本思想是认为地下水水质水位在随时间变化的过程中，任一时刻的变化和前期要素的变化有关，利用这种关系建立适当的模型来描述它们变化的规律性，然后利用所建立的模型做出地下水动态未来时刻的预报值估计。用时间序列分析的方法，可以建立多种用于预报的随机模型，如一维时间序列分析（包括一次滑动平均模型、一次指数平滑模型、方差分析周期模型、季节交乘趋势模型、季节趋势模型、逐步回归模型等），是一种典型的自因子分析方法；多维时间序列是一个既考虑自因又考虑外因的分析方法。

回归模型是地下水动态预测中较成熟，广为大家熟悉的一种预测方法。依照考虑影响因素的数目及其间存在的关系分为：一元线性回归模型、多元线性回归模型、多元非线性回归模型、逐步回归模型、自回归模型。多元回归和逐步回归方法常见于开采条件下的长期和中短期地下水系统预测，能反映实际的地下水水位变化规律。

根据地下水位下降或者抬升对地下水的地质环境功能、生态功能和资源功能等造成的影响程度，可将地下水临界水位划分为常态水位和应急水位。常态水位指地下水处于良性循环，即地下水处于多年平均采补均衡状态或者准均衡状态的一系列水位值或水位阈值。应急水位则是指地下水良性循环被打破，即地下水处于多年平均采补负均衡状态（下降型）或者多年处于过渡补充状态（上升型）一系列水位值或者水位阈值。

当地下水位在常态水位之上（水位下降区）或者常态水位之下（水位抬升区）时，地下水的资源功能、生态功能和地质环境功能均能发挥正常作用，不会产生或者很少产生资源问题（地下水大量蒸发损失、水质变劣）、生态问题（土壤次生盐渍化、沼泽化）和地质环境问题等。此时，水行政主管部门根据"合理开发和高效利用"的原则，按照正常的取水许可管理制度进行有效管理，维持地下水处于正常水位状态。

当地下水位处于常态水位和应急水位之间时，地下水的资源功能、生态功能和地质环境功能将受到影响，不能发挥正常作用，可能产生资源问题（地下水大量蒸发损失、水质变劣）、生态问题（土壤次生盐渍化、沼泽化）和地质环境问题等。此时，水行政主管部门应当给予高度警觉和关注，适度限制地下水开采规模、加强水资源统一管理和联合调度，加密水位监测频次，采取"限制性开发和有效利用"的原则，按照取水许可管理制度进行有效管理，防止地下水预警状态向更加恶化的方向发展。

当地下水位在应急水位之下（水位下降区）或者应急水位之上（水位抬升区）时，地下水的资源功能、生态功能和地质环境功能将受到严重影响，不能发挥正常作用，极其容易产生资源问题（地下水大量蒸发损失、水质变劣）、生态问题（土壤次生盐渍化、沼泽化）和地质环境问题。此时，水行政主管部门应当给予高度关注，在水位下降型地区，应启动应急管理预案，强制核减地下水开采规模、强化水资源统一管理和应急调度，加密水位监测频次，采取"强制性减采和利用"的原则，按照取水许可管理制度进行危机管理；而在水位上升型地区，应采取"加大地下水开采、井排结合"原则，以遏制地下水预警状态的进一步发展。

5.2.5　地下水系统临界开采量

综合考虑允许开采量、可持续开采量和安全开采量已有的内涵，认为地下水系统临界开采量和安全开采量定义一致，即"在一定时期内，通过技术经济合理的取水方案，在不产生不能承受的生态环境问题，满足地下水的资源、生态环境和地质环境等功能的前提条件下，达到地下水资源可持续开发利用的最大开采量"。

地下水系统临界开采量具有以下两个方面的含义：①一方面取决于当代技术能力、经济水平和自然循环条件，另一方面则受制于社会可持续发展和维持生态环境健康的最低要求；②地下水系统临界开采量是动态的。上述要素任意其一发生改变，临界开采量都有可能随之发生变动，是天然补给量的一部分，应小于可开采量。

国外学者 Tondera 等（2009）从水位约束的角度，分别采用半解析模型和数值模型进行安全开采量的评价。Kalf（2005）结合澳大利亚的实际情况，提出一套基于水均衡原理的可持续开采量计算方法，并强调任何确定可持续开采量的方法和可持续发展都必须保证地下水系统能够及时达到新的平衡。Hans 等（2008）采用综合指标确定了丹麦整个国家的安全开采量，其指标的确定历经多轮专家学者的交互式讨论，考虑地下水开采引发的河流流量减少和地下水水质变化两个方面的环境负效应，最终确定了考虑地下水位下降、河流流量减少、深层含水层补给量增加和基流量减少四个指标作为评判标准，第一次将可持续开采量的评价标准由定性推向定量。

杨泽元（2004）考虑地下水引起的表生生态效应，建立生态环境评价模型和地下水数值模型，分别对地下水表生生态效应和地下水水位与水质进行评价，通过数值模型结果与生态环境评价模型的耦合，对不同开采方案所能引起的表生生态效应进行评价和预警，从而求得区域的地下水安全开采量。殷丹等（2006）针对岩溶含水系统的复杂特点，建立了难老泉泉域的神经网络模型，所得到的地下水可采资源量评价结果与该地区地下水开发利用实际情况较为一致。王皓等（2007）采用水均衡法和数理统计法对南闫水源地水资源量及可开采量进行核算。王家兵等（2007）以天津市地面沉降量控制在 10mm/a 以内为约束，采用数学模型评价深层地下水的安全埋深以及安全开采量。

目前虽然已有不少定量评价地下水系统临界开采量和可持续开采量的方法，但是对不良的环境问题如何评价还未有很好的解决方案，尤其是对经济技术、生态环境、地质环境和可持续要求等不同领域的约束如何集中反映到评价模型中，还没有报道。对满足多变量约束的地下水系统临界开采量研究更多是理论上的探讨，具有普适性的区域安全开采量评价方法还有待研究人员的进一步开发。

国内外关于开采资源量的常用评价方法可以分为集中式参数模型和分布式参数模型两类。集中式参数模型主要包括水均衡法、开采系数法、系统分析法和数量统计法。分布式参数模型则主要有解析法和数值法两类。评价安全开采量的核心问题反映在如何体现多种约束条件上,现有方法可以分为单一约束型和多约束耦合型。

目前常利用水均衡评价模型与地下水动力学评价模型相结合的方式来进行地下水系统临界开采量识别,主要步骤如下。

(1)查明评价区地下水循环系统的完整性,将流域地下水系统进行分区。

(2)以当地中长时间尺度的气候变化周期作为主要依据,同时充分考虑人类活动对地下水补给条件的影响强度和变化规律,确定地下水均衡期的时限。

(3)确定地下水系统及各分区水量均衡的所有源、汇项,建立相应的数据库,求取地下水系统及各分区的净补给量、可利用储存量和激发补给量,并将净补给量和激发补给量之和作为确定流域和各分区地下水系统临界开采量。

(4)根据查明社会、经济、技术和生态环境约束条件,确定各分区及流域的地下水安全开采能力,初步评价地下水系统临界开采量。

(5)选择典型区,采用地下水动力学法评价安全开采量,确定校正系数。

(6)依据初步评价结果和校正系数最终确定各分区地下水系统临界开采量。

综上所述,综合考虑地下水开采引起地质环境和生态环境的变化程度和影响,确定地下水系统临界水位;结合气候变异、地下水调蓄和恢复能力,运用地下水模型确定各地区地下水系统临界开采量。

5.3 地下水常态与应急调控

5.3.1 地下水系统常态与应急管理内涵

常态通常指持续出现或是经常发生的状态,又称正常状态或一般状态。常态管理,是指相对于平稳的社会环境和自然环境处于正常运行态势下所进行的管理,其目的是维持正常的需求,防止累积效应的发生,尽量减少应急发生的概率,管理的途径主要是控制管理。应急状态是指特殊的或不经常出现的,或需要采取某些超出正常工作程序的行动以避免事故发生或减轻事故后果的状态,有时也称为紧急状态,大致可分为自然灾害、重大事故和重大社会事件三种。应急管理是指为应对各种危机情景所进行的信息收集与分析、问题决策、计划与措施制定、化解处理、动态调整、经验总结和自我诊断的全过程。其最重要的特点是在非常情况下牺牲部分利益,顾全大局,管理的目的是维护系统在特殊情境下的可持续运行,管理的路径主要是风险管理。

常态和应急状态的区分体现在三个方面,即状态存在或是发生的概率特征、事件发生的差异性影响或结果、管理或应对途径的差别化。基于系统视域的角度,常态和应急状态之间存在密切关系,主要表现在两方面的关系:① 依存关系。一个领域的常态和应急状态,均是同一事件序列在不同时空区间内的表现,之间存在密切的动态依存关系,如干旱和洪水都是同一水文系列不同概率区间的事件,与平水时段或状态是相互依存和相互影响的。② 转换关系。应急状态往往都是从常态情境发展而来的，其演变的具体路径包括渐变与突变，如旱涝灾害的发生是一个逐步发展和渐变的过程，突发性的水污染事件则是一个突变的过程，因此进入应急状态往往体现在某一特征阈值上。此外，常态和应急状态还是相对于经济社会系统的管理能力的一个概念，对于不同时期或不同阶段的抵御能力，由于其管理的控制标准是不一样的，常态和应急状态的划分也是不同的，比如在生产力水平较低的时期，由于其工程技术体系的不完善，在发生 10 年一遇的洪水时，可能就要进入应急状态，而在区域防洪工程技术体系发展到较高水平时，20 年一遇的洪水发生时也可能处于常态管理的范畴。

由于常态管理与应急管理之间存在着密切的辩证统一关系，因此尽管常态和应急状态的情景和管理的路径存在差异，但综合两方面情景的统合管理的思想长期存在，并被运用于管理的实践当中。常态和应急统合管理，将理性的控制过程和高效的风险减免机制相互结合，通过博弈应急管理和常态管理各自牺牲一部分利益，实现全局最优。表征是应急管理常态化，常态管理应急化；本质是各种极值的均化，即把风险转化，做到"大事化小，小事化了"，降低风险发生的不确定性。

水资源常态与应急统合管理，就是立足于自然水文的年内与年际整体过程，将正常状态下的水资源管理和非正常状态下的应急管理有机结合起来，实施基于自然水循环系统全过程调控的水资源管理，从而实现将水资源开发利用、防洪除涝和抗旱减灾等有机融合，提升水循环调控效率，增强水安全保障程度。

对于地下水系统来说，常态水位下，水资源管理部门实施其常态管理职能，以保障地下水系统的良性运转和协调发展；应急水位下，水资源管理部门针对应急状态实施管理，以挽救和减少突发事件等非常态因素所造成的损失。因此，从地下水功能角度出发，当满足地下水的资源功能、生态环境功能和地质环境功能时，为地下水常态管理；当上述某一种或多种功能受到影响时，则为地下水应急管理。

从二者的联系性来看，无论是地下水常态管理，还是地下水应急管理，管理的主体均是水资源管理部门，管理的对象均是地下水系统。首先，地下水常态管理是地下水应急管理的基础和前提。其次，地下水应急管理检验并提升着水资源管理部门地下水常态管理工作的水平。最后，地下水应急管理需要融于地下水常态管理之中。

根据地下水的特征、管理需要以及地下水的开发利用状态和存在问题的紧急程度可将地下水管理区划分为两种状态，即应急管理和常态管理。可以利用选定的监测井的监测水位数据与给定的常态水位和应急水位比较，以此来判别当前时段其管理分区的水位所处的状态，然后再根据预先设定的管理原则以及管理策略对地下水资源进行量化和科学管理。

表 5-12 是地下水系统临界水位和管理等级对应表，对于浅层含水层来说，当地下水位处于应急水位之上时，处于"应急管理"等级，此时应采取"强制性开采"原则；对于深层含水层来说，当地下水位处于应急水位之下时，处于"应急管理"等级，此时应采取"强制性减采"原则；当地下水处于合理范围即常态水位时，处于"常态管理"等级，此时采取"合理开采"原则。

表 5-12　地下水系统临界水位和管理等级对应表

控制水位	管理等级	管理原则
应急水位（上）	应急	强制性开采
常态水位	常态	合理开采
应急水位（下）	应急	强制性减采

常态和应急管理实质上是对水循环过程的某一区段采取人工调控措施的行为。对于一个完整的自然水文过程来说，年际和年内的丰枯周期性变化是其最大的特征，趋势性和随机性特征则叠加在周期性特征上，形成水文过程的整体特征。一个区域的年内水文过程可大致划分为三个阶段，即平水段、枯水段和丰水段（刘宁，2013）。

受随机性的影响，不同阶段的划分是一个相对的概念，随着自然地理特征、季节变化而有所差异，不同水文区段的水位过程线见图 5-15 所示。处于丰水期时，降雨量较大，除满足生产生活用水需求外，还形成对地下水的补给量，会引起地下水位的升高。在枯水期，由于降雨直接形成的供水能力降低，会引起地下水位的下降。图中绿实线为生态环境功能控制水位，具体分为生态环境功能最高限制水位（防止盐碱化和沼泽化等）和生态环境功能最低限制水位（防止生态破坏和海水入侵等）两个指标来控制；绿虚线为对应年内水文过程的生态环境功能实际水位。如果实际水位高于生态环境功能最高限制水位，或低于生态环境功能最低限制水位，即处于应急水位，对应管理等级为"应急管理"，采取"强制性开采"或"强制性减采"措施。

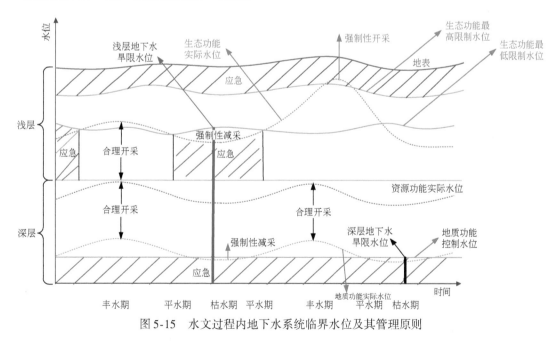

图 5-15　水文过程内地下水系统临界水位及其管理原则

黄实线为地质功能控制水位，如果低于这一限值有发生地面沉降的风险；黄虚线为对应年内水文过程的地质功能实际水位。如果实际水位低于地质功能控制水位，即处于应急水位，对应管理等级为"应急管理"，采取"强制性减采"措施。

蓝线为资源功能实际水位。如果水位处于"常态水位"，采取"合理开采"措施。对于浅层地下水而言，主要分生态功能水位和资源功能水位。对于深层地下水而言，主要分资源功能水位和地质功能水位。

在满足生态环境功能、地质功能和资源功能的前提下，还需进行基于地下水旱限水位控制的水资源常态和应急管理。结合地下水库特征水位概念，引出地下水旱限水位概念，指"在干旱预警期内，在当前技术经济条件允许、不致引起生态环境功能、地质功能和资源功能破坏的前提下，综合分析确定的最低地下水水位"。图中蓝粗实线代表浅层地下水旱限水位，指在枯水期不破坏生态环境功能前提下对应的最低地下水水位。黑粗虚线代表深层地下水旱限水位，指在枯水期不破坏地质功能前提下对应的最低地下水水位。

5.3.2 地下水资源常态与应急调控模型

1. 地下水常态与应急调控模型建立

地下水水位和开采量是地下水动态研究的两个基本变量，两者空间属性不同，水位在空间上具有连续性但不具有可加性，开采量在空间上具有可加性但不具有连续性，但地下水开采量、地下水水位之间存在确定的定量关系，因此建立地下水资源常态与应急综合调控模型，利用地下水水位监测数据和开采量数据，对地下水资源的开发利用过程进行调节和控制，以缓解地下水资源短缺和地下水灾害严重的现状，并最终实现流域水资源的良性循环和可再生。具体而言，地下水资源常态与应急综合调控包含以下几层含义。

第一，协调。当前所面临的环境污染、生态破坏、资源匮乏等多种问题都是由于经济–资源–环境系统的严重不协调而造成的。进行地下水资源常态与应急综合调控，就是通过采用适当的动态调节机制，在地下水资源利用过程中，协调人与社会、人与环境、经济发展与环境保护之间的关系，协调人类各用水部门之间的关系。只有这样不断进行协调、调节，才能保持系统之间的动态平衡关系，从而使系统整体以及各个子系统都能充分发挥其功能，达到系统的最佳整体效应。

第二，优化。由于地下水资源的有限性，故在对地下水资源利用进行调控达到协调的同时，还应遵循优化的原则，以实现地下水资源的最优配置和利用。另外，对于复杂的地下水资源系统，实现整体结构合理、运转工况协调和社会经济、环境综合效益统一，没有优化技术和相应的辅助决策系统手段是难以奏效的，因此优化技术是临界调控取得高效的必要手段。

第三，良性循环。任何一个系统的运转都存在良性循环与恶性循环两种可能，只有建立完善的良性循环机制，并且随系统变化进行调节和控制，才能使系统物流、能流、信息流和价值流相互作用、相互协调，形成永续的良性循环。同样，地下水资源的调控也必须保证良性循环，才能更好地发挥系统整体、协调和优化的全部功能。

通过理论研究和工程实践证明，模拟模型只能解决预报的问题，而模拟优化才能解决地下水修复过程中决策方案的优选问题。因此基于数值模拟的优化模型日益受到人们的普遍重视。但优化模型必须要以模拟模型为基础，用以保证优化模型的寻优过程一定是在遵循地下水实际系统固有原理和规律（由模拟模型来表达）的基础上进行。因此就需要通过某种方式和途径，把模拟模型嵌入优化模型之中，使之成为优化模型的组成部分，实现模拟模型与优化模型的连接。以往运用的嵌入法、响应矩阵法、状态转移方程法都是用来解决如何在优化模型中嵌入和调用模拟模型这一问题的，但是它们本身有各自的适用范围，使用起来常常受到限制。

根据地下水的常态管理和应急管理内涵，根据预先设定的管理原则以及管理策略对地下水资源进行量化和科学管理，建立的地下水常态与应急管理模型需要考虑如下内容。

1）目标函数的确定

由于大多数地区地下水都是超负荷开采，导致大面积地下水位下降现象，为此，为得到最佳控制水位目标，以最小的水位降深即最大的水头值为目标，即

$$\max z = \sum_{i=1}^{n} h_i \tag{5-5}$$

式中：z 为地下水水头值（m）；h_i 为生活生产各部门开采地下水后的水头值（m）；n 为开采地下水各部门数量。

此外，为保证生产、生活和社会经济的正常发展，需要供给足够的水量，以地下水开采量最大为目标，即

$$\max Q = \sum_{i=1}^{n} Q_i \tag{5-6}$$

式中：Q 为地下水开采量（亿 m^3）；Q_i 为生活生产各部门开采量（亿 m^3）。

2）约束条件的确定

（1）水均衡约束。

（2）水位约束（考虑生态功能和地质功能的水位约束）。

（3）开采量约束（考虑资源功能的供水量约束）。

开采量约束包含两方面的含义：一方面是研究区所提供的地下水开采量要能满足区内正常的生产、生活和环境需水量；另一方面是地下水开采量不能超过地下水可开采能力。

（4）非负约束（开采量非负）。

以研究区地下水水均衡方程为基础，地下水位和开采量作为约束条件，以水位最大和开采量最大为目标函数，建立地下水常态和应急管理模型。

$$\max F = (h, Q)$$
$$\begin{cases} [A][h(t)] \cdot [B][Q(t)] = [C] \\ h_{\min} \leqslant h \leqslant h_{\max} \\ Q_{\min} \leqslant Q \leqslant Q_{\max} \\ Q \geqslant 0 \end{cases} \tag{5-7}$$

式中：F 为地下水开采综合效益，为地下水水头（h）和地下水开采量（Q）的函数；$[A]$、$[B]$、$[C]$ 为回归系数（无量纲）；$h_{\min}$、$h_{\max}$ 分别为地下水最低水头和最高水头

(m)；$Q_{\min}$、$Q_{\max}$分别为地下水最小开采量和最大开采量（亿 m^3）。

2. 地下水常态与应急综合调控模型求解

替代模型法是一种连接模拟模型与优化模型的有效途径。建立在功能上能够逼近地下水流数值模拟模型的近似替代模型，在优化模型迭代求解过程中即可直接调用替代模型（即对替代模型进行求解），而不必再是模拟模型本身。这样不仅能够克服以往耦合技术方法的局限性，而且可以大幅度地减少优化模型求解计算过程中调用模拟模型所造成的计算负荷，节省大量时间。因此，替代模型法是一种很有挖掘潜力和应用前景的解决途径，它的研究与应用会日益受到人们的重视与认可。

替代模型质量的好坏取决于建模过程中的两个关键环节，即采样方法和替代模型种类的研究选定。选用一种合适的采样方法结合模拟模型获得输入（抽水量）–输出（水位降深）样品数据集，是建立替代模型的基本前提，最常见的抽样方法有蒙特卡罗抽样方法和拉丁超立方抽样方法，可在研究区抽水井抽水量的可行范围内进行采样获得输入数据集（抽水量）。

1）蒙特卡罗抽样法

蒙特卡罗抽样法的最初应用可以追溯到 18 世纪法国数学家蒲丰通过随机投针试验计算圆周率问题。蒙特卡罗抽样法也称为随机模拟方法或统计试验法，是用事件发生的"频率"来决定事件的"概率"，通过随机抽样和统计试验来求近似解的数值方法。它的基本思想是：针对实际问题首先建立一个简单且便于实现的概率统计模型，使所求解（或量）恰好是该模型某个指标的概率分布或数字特征；然后对模型中的随机变量建立抽样方法，在计算机上产生随机数，进行大量的统计试验，取得所求问题的大量试验值；最后对模拟试验结果加以分析，求出它的统计特征值或分布。20 世纪 40 年代以后，随着计算机的出现和迅速发展，应用计算机模拟概率过程能快速实现多次模拟试验并统计结果，从而蒙特卡罗抽样法越来越得到人们重视，应用也日渐广泛。

用蒙特卡罗抽样法时，需要产生各种概率分布的随机变量。最简单、最基本、最重要的是在 [0，1] 上均匀分布的随机变量。通常把 [0，1] 上均匀分布随机变量的抽样值称作随机数，其他分布随机变量的抽样都是借助随机数来实现，因此，随机数是随机抽样的基本工具。

随机数产生的方法有物理方法和数学方法。目前计算机模拟广泛使用的是数学方法，也就是利用数学迭代或递推公式产生随机数，但是这种随机数是根据确定的公式求得，存在周期现象且对初值依赖性大，一般难以满足真正随机数的要求，所以用数学方法产生的随机数常称作伪随机数。

根据蒙特卡罗抽样法，运用特定的数学公式产生均匀分布的伪随机数。选择数学方法在计算机上产生伪随机数要考虑如下几点：①数列间近似为统计独立，并服从均匀分布；②数列的重复周期应足够长；③产生伪随机数的计算机程序应当稳定，运算速度快，占用内存空间少。

常见的随机变量分布有离散型随机变量和连续型随机变量。一般地下水研究所需的抽水试验方案中每个抽水量都是相互独立的单一样品值，即离散型随机变量，所以本次只研究蒙特卡罗抽样法对离散型随机变量的抽样。

设 X 为离散型随机变量，且：$P\{X=a_i\}=p_i(p_i\geqslant 0, i=1,2,\cdots, \sum_{i=1} p_i=1)$，又设 ξ 为

$[0，1)$ 区间上均匀分布的随机数，定义：$p^{(0)}=0, p^{(n)}=\sum_{i=1}^{n} p_i$，$n=1, 2, \cdots$；

$$令: x=\begin{cases} a_1 & 0\leqslant\xi<p_1 \\ a_2 & p_1\leqslant\xi<p_1+p_2 \\ \vdots & \\ a_i & \sum_{j=1}^{i-1} p_j\leqslant\xi<\sum_{j=1}^{i} p_j \end{cases}$$

即 $P\{x=a_i\}=P\{p^{(i-1)}\leqslant\xi<p^i\}=p_i$

所以，由随机数 ξ 决定了随机变量 X 的取值情况，从而达到抽样目的。

总结蒙特卡罗随机法对离散型随机变量抽样的主要步骤如下。

（1）首先将离散的随机变量按从小到大排序，把其频率作为其产生的概率，并与相应的伪随机数区间进行对应。

（2）生成随机数。

（3）产生的随机数与相应伪随机数区间进行对照，抽取样品值。

2）拉丁超立方抽样法

拉丁超立方抽样（Latin Hypercube Sampling，LHS）于 1979 年由 Mckay 第一次采用，并指出它是一种有效而实用的受约束小样本采样技术。1982 年之后，Iman 和 Conover 发展了相关变量的拉丁超立方抽样。拉丁超立方抽样是一种多维分层抽样方法。它的基本思想是：首先，在决定抽样规模后，将每个随机变量 x_i 的定义域区间划分为 N 个互不重叠的子区间，每个等分具有相同的概率为 $1/N$；其次，在每个子区间上分别进行独立的等概率抽样，确保随机分布区域能够被采样点完全覆盖；再次，改变各随机变量采样值的排列顺序，使相互独立的随机变量的采样值的相关性趋于最小；最后，进行筛选并抽样。拉丁超立方抽样法减少了抽样次数，能够有效避免蒙特卡罗抽样法大量反复的抽样工作。

分层抽样的内容如下。

（1）一维分层抽样。

设一维输入变量：$y=f(x)$，x 是随机变量。分层抽样通过如下步骤进行。

定义参与计算机运行的抽样数目 N；

先将 x 等概率地分成若干个区域——"bin"，$x_0<x_1<x_2<x_3\cdots<x_n<x_{n+1}\cdots<x_N$ 使得 $P(x_n<x<x_{n+1})=\dfrac{1}{N}$；

之后样本一次落入哪个 bin 中取决于该 bin 的概率密度函数，样本 x^n 使得 $x_{n-1}<x^n<x_n$，且概率为 $P(x\mid x_{n-1}<x<x_n)$，此时，均值的估计量可表示为：$\bar{y}=\dfrac{1}{N}\sum_{n=1}^{N} f(x^n)$，$S_y^2=\dfrac{1}{N-1}$

$\sum\limits_{n=1}^{N}(y^n-\bar{y})^2$ 等。

（2）多维分层抽样。

对于多个随机变量的输入，分层抽样需要将输入的样本空间等概率地分成 N 个区域，仅仅在每一维上等概率划分是不行的。以二维随机变量抽样为例（图 5-16）。

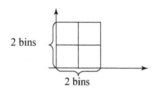

2 bins

2 bins

图 5-16　二维随机变量分二层抽样示意图

设 x_1，x_2 是均匀分布，每一维分两层，则 $N=2\times2=4$（bins）。对于一般 N_b 个 bins，考虑 d 维输入问题，则有：$N=(N_b)^d$，比如对于八维输入且每维上有 2 个 bins，则 $N=2^8=256$（bins）。

基于分层抽样的思想，拉丁超立方抽样法是一种高效的蒙特卡罗模拟方法，与直接蒙特卡罗抽样法不同，该方法具有抽样"记忆"功能，可以避免直接抽样法数据点集中而导致的仿真循环重复问题。同时，它强制要求抽样过程中采样点必须离散分布于整个抽样空间。

在用抽样方法得到输入输出数据集的基础上，建立双响应面模型、径向基函数（RBF）神经网络模型两种地下水数值模拟模型的替代模型，在替代模型基础上，结合地下水功能研究结果进行地下水的常态与应急综合调控研究。

人类生产生活对地下水的过度开发利用，造成了各种生态地质环境问题。这些问题的产生一方面是由于人类对地下水不合理的开发利用，另一方面也与传统地下水资源管理方法存在缺陷有关。对于现代地下水资源的管理应考虑地下水系统临界水位、地下水临界开采量等方面，从开采总量和控制性关键水位两方面来实行严格的控制。但之前还没有一个统一的标准来划定开采总量和控制性关键水位以及它们之间的关系。我国许多地区仍然只从总量上对地下水进行控制，造成局部地段集中开采，地下水位大幅度下降，导致地质环境问题的产生。因此针对不同地区，确定适宜于该地区的最佳控制管理水位并结合该地区的地下水临界开采量，同时从水量和水位两方面对地下水资源的开发利用进行约束管理，可以更好地保证地下水资源的可持续开发利用。本研究利用地下水模拟模型的替代模型找到地下水开采量和地下水位的关系，并在分析用水量与地下水位之间关系的基础上，结合地下水功能评价的结果及常态与应急管理内涵，利用监测水位数据与给定的常态水位和应急水位比较，以此来判别当前时段其管理分区的水位所处的状态，然后再根据预先设定的管理原则以及管理策略对地下水资源进行量化和科学管理。如对于浅层含水层地下水位位于应急水位之上时，位于"应急管理"等级，此时采取"强制性开采"原则；对于深层含水层来说，当地下水位位于应急水位之下时，位于"应急管理"等级，此时应采取"强制性减采"原则；当地下水位位于合理范围即常态水位时，位于"常态管理"等级，此时采取"合理开采"原则。地下水常态与应急综合调控模型可为有效管理和保护地下水提供技术支持。

5.4　天津市地下水常态与应急调控

5.4.1　天津市概况

1. 地理位置

天津市地处华北平原的东北端，介于东经 116°42′05″ ~ 118°03′31″、北纬 38°33′57″ ~ 40°14′05″之间，地势北高南低、西高东低。面积为 1.19 万 km²，海岸线长 153km，南北长度为 172km，东西宽度为 104km，东南临渤海海湾，北依燕山山脉，西北部紧挨北京市和河北省。天津市辖蓟州区、宝坻区、武清区、宁河县、北辰区、东丽区、西青区、津南区、塘沽区、汉沽区、静海区、大港区以及市区，其中市区又包含河东区、河西区、和平区、南开区、红桥区及河北区。

2. 水文地质

研究区内水文地质的特征主要受到地质构造、水文气象、地形地貌和地层岩性等多种因素的控制。根据含水介质的特征，可将含水介质划分为碎屑岩类裂隙含水岩系、松散岩类孔隙含水岩系及碳酸盐岩岩溶裂隙含水岩系。从山前到渤海之滨的广大平原区大致以宁河—宝坻断裂为界，在断裂带以南分布有巨厚新生界，赋存孔隙地下水；断裂带以北分布有第四系孔隙地下水与下伏基岩地下水，基岩埋深一般小于 300m。

根据区域水文地质特征，并且以沉积物质为基础，将第三系、第四系孔隙水划分为六个含水层，通常情况下，一般以 100m 的厚度为分界线。

研究区潜水含水层，其岩性以宝坻—蓟运河断裂带为分界线，在断裂带以北地区以冲洪积细砂、中细砂及中粗砂为主，单井涌水量最大为 30m³/h，埋深范围在 5 ~ 25m；在断裂带以南地区以粉质黏土和粉细砂为主，单井涌水量低于 5m³/h，水位埋深 1 ~ 3m。在宝坻—蓟运河断裂带以北主要为淡水区，断裂带以南主要分布有淡水、咸水及微咸水。

研究区深层地下水包括第 Ⅱ 至第 Ⅴ 含水层承压水。沉积粒度在垂向上自上而下由细到粗，再由粗到较细，构成了一个完整的沉积旋回，反映出沉积粒度的多次交替的特征，其中以第 Ⅲ 和第 Ⅳ 含水层粒度最粗，分布最广，因此富水带的分布也以第 Ⅲ 和第 Ⅳ 含水层涌水量大于 1000m³/d 的范围最大。粗粒相的分布表现出一定的继承性，深层地下水的这四个含水层粒度均较粗，其厚度均较大并且均为强富水带。弱富水带主要分布在大港一带，尤以第 Ⅴ 含水层范围较小。

各深层地下水的基本特征如下：第 Ⅱ 含水层几乎分布在整个天津市平原区，埋藏不深，补给条件较好，是主要的地下水开采层，其富水特征主要受到古水系分布的影响，含水层粒度总体上呈现出自西北向东南逐渐变细、富水性逐渐变差的规律；第Ⅲ和第Ⅳ含水层是目前开采利用最广的含水层之一，主要分布在宝坻断裂带以南，其富水性分布与第Ⅱ含水层基本相似，粗粒相沉积范围比第Ⅱ含水层稍大，赋存条件比较好，但埋藏较深，不易补给，开采后，水位下降较大；第Ⅴ含水层对于农业开采利用很少，主要集中在城镇地区；第Ⅵ含水层富水性变化和砂层厚度变化基本一致。

3. 地下水系统划分

浅层地下水的形成与运动明显受水文系统的控制，是开放型地下水系统，可以直接接受大气降水、地表水、农田灌溉水等垂直入渗补给，通过潜水蒸发、人工开采、侧向径流和坑塘等排泄，与外部环境条件关系密切，易受外部环境条件的控制。深层地下水系统以半封闭型为主，不具备直接接受大气降水和地表水的入渗补给条件。天然条件下，仅有侧向径流补给，通过侧向径流或缓慢顶托越流排泄。在开采条件下，补给主要是上部含水层的越流、地层压缩释水，地下水的动力特征受浅层地下水影响。

地下水系统区划遵循以下原则。

（1）浅层地下水系统属于开放型的地下水系统，深层地下水系统属于半封闭型的地下水系统。但前者水动力特征对后者产生影响，后者的资源量的主要部分来自前者。二者统一区划。

（2）区划时以地质、水文地质特征与含水介质场的结构为基础。

（3）以地下水的补给、径流、排泄和水循环特征的统一性作为地下水系统区划的依据。

按照上述地下水系统区划的原则和边界划分的依据，初步考虑可将工作区按照表5-13进行地下水系统划分，其中包括8个地下水系统子区，4个地下水系统小区。

天津市地下水系统区划见表5-13。

表5-13　天津市地下水系统区划表

地下水系统	地下水子系统
蓟运河地下水系统（Ⅰ）	蓟运河冲洪积扇系统小区（Ⅰ$_2$）
	蓟运河古河道带地下水系统小区（Ⅰ$_3$）
潮白河地下水系统（Ⅱ）	潮白河冲洪积扇系统小区（Ⅱ$_2$）
	潮白河古河道带地下水系统小区（Ⅱ$_3$）
潮白河-蓟运河地下水系统	潮白河-蓟运河冲积海积地下水系统子区（Ⅰ$_4$+Ⅱ$_4$）
永定河地下水系统（Ⅲ）	永定河古河道带地下水系统子区（Ⅲ$_3$）
子牙河地下水系统（Ⅳ）	子牙河古河道带地下水系统子区（Ⅳ$_3$）
海河地下水系统	海河冲积海积地下水系统子区（Ⅲ$_4$+Ⅳ$_4$）
漳卫河地下水系统	漳卫河冲积海积地下水系统子区（Ⅴ$_4$）

5.4.2 天津市地下水系统状态解析

根据天津市地下水观测井监测资料,以地下水位(埋深)表征地下水系统状态,依据地下水动态资料,采用线性倾向、滑动平均、Mann-Kendall、滑动 t 检验、R/S、小波分析等技术和方法分析地下水位(埋深)的趋势性、持续性、突变性、周期性等时空变化规律。

根据各区县长系列地下水位统计,变化特征统计变量见表 5-14。从计算结果可以看出,地下水位平均值和标准差相差较大,变差系数较小,即地下水位年际变化较为平缓。从各区的偏态系数计算结果可看出地下水位序列正偏和负偏情况都存在。

表 5-14 地下水埋深变化统计特征值

区县	系列长度	均值 X/m	标准差 S	变差系数 C_V	偏态系数 C_S	C_S/C_V
宝坻	1975~2007 年	5.93	2.14	0.37	0.32	0.86
北辰	1977~2005 年	42.77	8.88	0.20	0.25	1.25
大港	1988~2007 年	64.29	8.33	0.5	5.33	10.66
东丽	1980~2007 年	52.56	6.88	0.13	-1.84	-14.15
汉沽	1980~2007 年	51.48	12.64	0.31	-0.99	-3.19
蓟州	1979~2007 年	9.69	2.47	0.26	0.32	1.23
津南	1980~2007 年	74.27	8.71	0.12	-0.94	-7.83
静海	1976~2007 年	44.01	14.18	0.34	-1.39	-4.09
宁河	1978~2007 年	27.07	9.93	0.38	0.36	0.95
塘沽	1980~2007 年	54.75	5.93	0.10	0.90	9
武清	1975~2007 年	14.08	5.76	0.43	-1.92	-4.47
西青	1974~2007 年	58.33	15.18	0.27	-1.28	-4.74

根据各区县地下水埋深变化线性倾向估计、趋势系数(表 5-15),可知除塘沽继续呈现上升趋势,平均变化速率为 3.56m/10a 外,大部分地区处于下降阶段,表明天津市整体处于下降趋势,平均趋势系数达 0.7578,除东丽外,其他区域埋深变化趋势显著。

表 5-15 地下水埋深变化趋势

区县	线性倾向拟合公式	变化速率/(m/10a)	趋势系数
宝坻	$y=0.1935x-379.4$	1.935	0.8742
北辰	$y=0.8862x-1723.0$	8.862	0.8439
大港	$y=1.191x-2315.0$	11.91	0.8557

续表

区县	线性倾向拟合公式	变化速率/(m/10a)	趋势系数
东丽	$y=0.7399x-1423.0$	7.399	0.8163
汉沽	$y=1.473x-2883.0$	14.73	0.9617
蓟州	$y=0.2095x-407.8$	2.095	0.7208
津南	$y=0.9913x-1902.0$	9.913	0.9360
静海	$y=0.1425x-2794.0$	1.425	0.9486
宁河	$y=1.006x-1979.0$	10.06	0.9116
塘沽	$y=-0.356x+764.6$	-3.56	-0.4902
武清	$y=0.446x-874.2$	4.46	0.7644
西青	$y=1.448x-2825.0$	14.48	0.9501

其中,西青、北辰地下水埋深变化曲线如图 5-17 所示。西青区 1977~1982 年水位埋深急剧增加,平均 46.29m,比多年平均埋深 41.57m 大 4.7m,在 1983 年,水位下降趋势有所减缓,埋深 51.37m,1984 年后,潜水位处于一个急速回升的阶段,一直到 1992 年潜水位回升速率减慢,甚至在 1993 年,潜水位小幅下降,1995 年水位急速回升,但在 2000 年后潜水位又开始下降。而北辰区,1977~1988 年埋深增加,1989~1993 年,埋深减小,1995~1999 年有一定的回升,2000 年后,潜水位埋深急速增大。

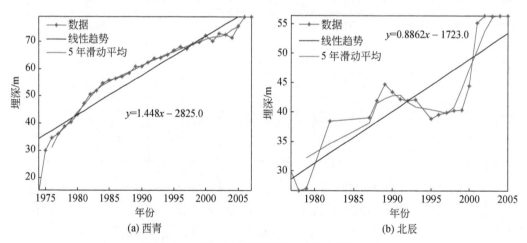

图 5-17　西青区、北辰区地下水埋深变化曲线

采用 RS 分析法,分析地下水埋深持续性。地下水埋深 Hurst 指数拟合如图 5-18 所示,Hurst 指数见表 5-16。Hurst 指数 $H>0.5$,表明地下水具有反持续性或长程相关性,趋势性将持续。

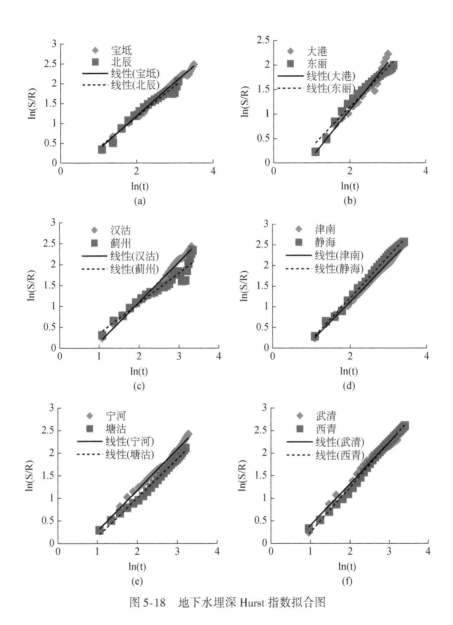

图 5-18　地下水埋深 Hurst 指数拟合图

表 5-16　地下水位 Hurst 指数和容量维

区县	Hurst 指数	容量维 D0
宝坻	0. 8556	1. 1444
北辰	0. 8054	1. 1946
大港	0. 9352	1. 0648
东丽	0. 8298	1. 1702
汉沽	0. 9413	1. 0587
蓟州	0. 741	1. 259

区县	Hurst 指数	容量维 D0
津南	0.917	1.083
静海	0.9749	1.0251
宁河	0.8972	1.1028
塘沽	0.8349	1.1651
武清	0.9231	1.0769
西青	0.9774	1.0226

采用 Mann-Kendall 突变分析法分析地下水埋深突变性。突变曲线如图 5-19。大多数区县，突变特征不明显，表明地下水埋深变化趋势维持不变。突变年份统计见表 5-17。

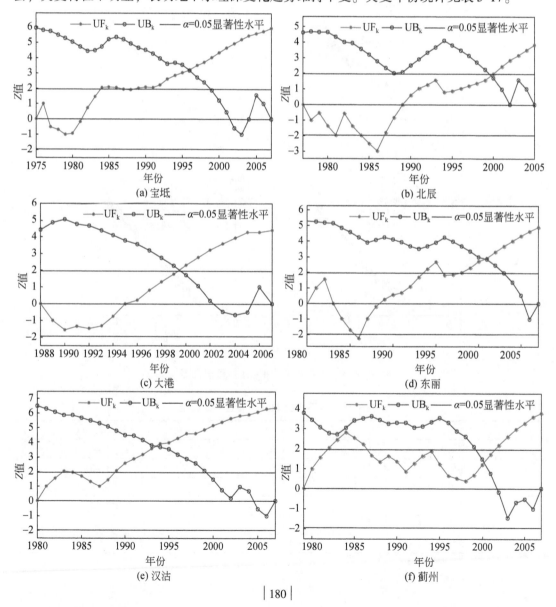

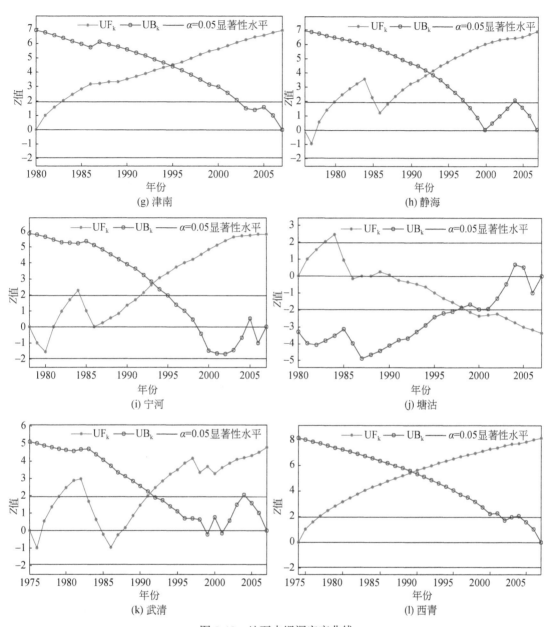

图 5-19　地下水埋深突变曲线

表 5-17　地下水埋深突变情况

区县	突变年份
宝坻	1996
北辰	2000
大港	1999
东丽	2001

区县	突变年份
汉沽	1993
蓟州	2000
津南	1995
静海	1992
宁河	1993
塘沽	1998
武清	1991
西青	1989

利用小波分析方法对地下水埋深进行周期分析，小波方差如图 5-20，周期见表 5-18，可知大部分地区均以 20~25 年为第一主周期变化，以 10~15 年为第二主周期。

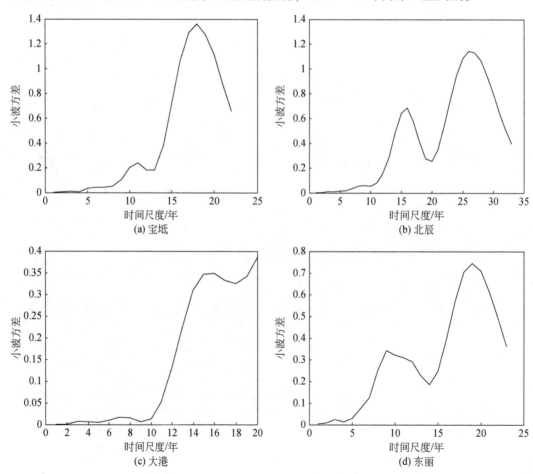

(a) 宝坻

(b) 北辰

(c) 大港

(d) 东丽

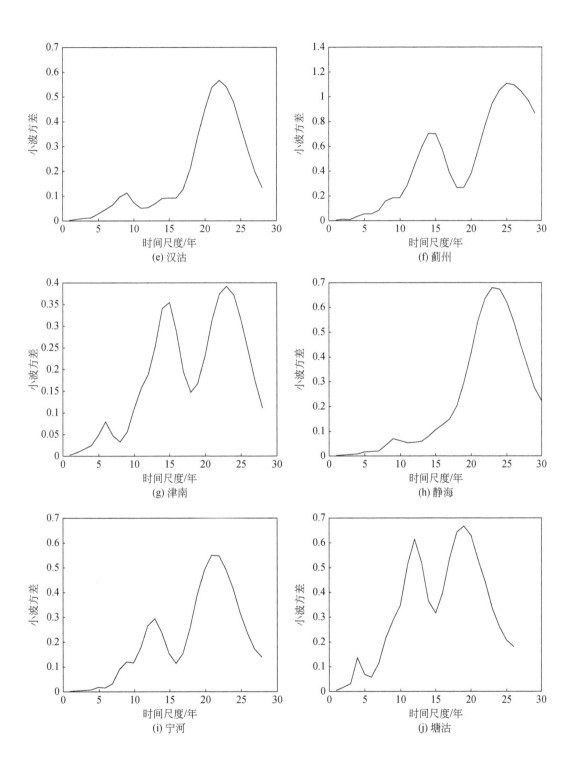

(e) 汉沽

(f) 蓟州

(g) 津南

(h) 静海

(i) 宁河

(j) 塘沽

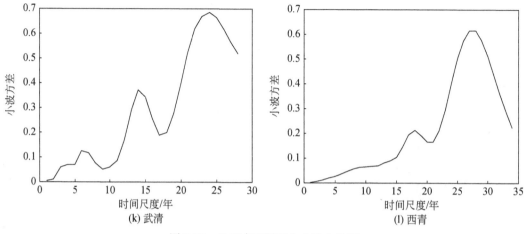

图 5-20 地下水埋深变化小波方差图

表 5-18 地下水埋深变化周期

区县	周期/年
宝坻	26, 16
北辰	18, 11
大港	15, 7
东丽	19, 9
汉沽	22, 9
蓟州	25, 14
津南	23, 16
静海	23, 9
宁河	21, 13
塘沽	19, 12
武清	24, 14, 6
西青	27, 18

注：第一个和第二个数字分别代表第一和第二主周期。

5.4.3 天津市地下水功能评价

1. 天津市地下水功能序参量

根据前面关于信息熵地下水功能评价理论和方法，考虑工作区的实际情况和数据获取难易程度，地下水资源功能评价的序参量包括补给资源模数、可利用资源模数、地下水位变化速率、采补平衡率、含水层导水系数、资源开采程度。地下水生态功能评价的序参量选用地下水矿化度和植被覆盖率。地下水地质环境功能评价的序参量选用地面沉降速率、地下水质量综合指数、地质稳定控制水位偏离率（表 5-19）。

表 5-19 天津市地下水功能评价各要素指标标准值

功能类别	序参量	阈值	
		最大值	最小值
资源功能（B_1）	补给资源模数（B_1C_1）	35 万 $m^3/(a \cdot km^2)$	0
	可利用资源模数（B_1C_2）	25	0
	地下水位变化速率（B_1C_3）	1.5m/a	0
	采补平衡率（B_1C_4）	100%	0
	资源开采程度（B_1C_6）	0	120%
生态功能（B_2）	地下水矿化度（B_2C_8）	10g/L	0
	植被覆盖率（B_2C_9）	100%	0
地质环境功能（B_3）	地面沉降速率（B_3C_{12}）	10mm	0mm
	地下水质量综合指数（B_3C_{13}）	4.25	0
	地质稳定控制水位偏离率（B_3C_{14}）	5%	0

2. 天津市地下水功能

根据序参量有序度（协调度）计算方法，得到天津市资源功能、生态功能和地质环境功能序参量有序度。根据信息熵的定义，地下水系统资源功能演化方向的有序度熵（协调度熵）函数为

$$S_{B_1} = -\sum_{i=1}^{5} \frac{1 - U_j(E_j)}{5} \log \frac{1 - U_j(E_j)}{5} \quad (5-8)$$

地下水资源功能序参量有序度和子系统有序度熵见表 5-20。

表 5-20 地下水资源功能序参量有序度和有序度熵

分区	序参量有序度					子系统有序度熵
	补给资源模数 C_1	可利用资源模数 C_2	地下水位变化速率 C_3	采补平衡率 C_4	资源开采程度 C_6	
市区	0.0728	0.0236	−0.3549	0.0788	−0.2984	0.6711
塘沽	0.0671	0.0172	−0.3701	0.1226	−0.1860	0.6724
东丽	0.0668	0.0120	−0.6040	0.1217	−0.3872	0.6967
津南	0.0663	0.0120	−0.5052	0.1217	−0.3872	0.7050
西青	0.0698	0.0178	−0.8605	0.0994	−0.3283	0.7108
北辰	0.0733	0.0217	−0.3633	0.1091	−0.2096	0.7099
武清	0.0847	0.0588	−0.3260	0.1066	0.0205	0.7108

续表

分区	序参量有序度					子系统有序度熵
	补给资源模数 C_1	可利用资源模数 C_2	地下水位变化速率 C_3	采补平衡率 C_4	资源开采程度 C_6	
宁河	0.0786	0.0238	-0.4663	0.0910	-0.2811	0.7153
蓟州	0.0786	0.0996	0.1614	0.0744	0.0679	0.7162
静海	0.0701	0.0178	-0.4042	0.0994	-0.3283	0.7165
宝坻	0.0875	0.0962	0.1134	0.0946	0.0722	0.7166
汉沽	0.0827	0.0721	-0.7151	0.0910	0.0333	0.7180
大港	0.0610	0.0330	-0.4434	0.1262	0.0333	0.7300

地下水系统生态功能演化方向的有序度熵（协调度熵）函数为

$$S_{B_2} = -\sum_{i=1}^{2} \frac{1 - U_j(E_j)}{2} \log \frac{1 - U_j(E_j)}{2} \tag{5-9}$$

地下水生态功能序参量有序度和子系统有序度熵见表5-21。

表5-21 地下水生态功能序参量有序度和有序度熵

分区	序参量有序度		子系统有序度熵
	地下水矿化度 C_8	植被覆盖率 C_9	
市区	0.3500	0.0351	0.2539
塘沽	0.2500	0.0417	0.2569
东丽	0.3000	0.0586	0.2576
津南	0.3000	0.0619	0.2584
西青	0.3250	0.0567	0.2631
北辰	0.3417	0.1917	0.2631
武清	0.4133	0.0798	0.2634
宁河	0.3250	0.0764	0.2639
蓟州	0.4800	0.1008	0.2649
静海	0.3250	0.0776	0.2649
宝坻	0.4433	0.0776	0.2676
汉沽	0.2500	0.0507	0.2680
大港	0.2000	0.0461	0.2701

地下水系统地质环境功能演化方向的有序度熵（协调度熵）函数为

$$S_{B_3} = -\sum_{i=1}^{3} \frac{1 - U_j(E_j)}{3} \log \frac{1 - U_j(E_j)}{3} \tag{5-10}$$

地下水地质环境功能序参量有序度和子系统有序度熵见表5-22。

表5-22　地下水地质环境功能序参量有序度和子系统有序度熵

分区	序参量有序度			子系统有序度熵
	地面沉降速率 C_{12}	地下水质量综合指数 C_{13}	地质稳定控制水位偏离率 C_{14}	
市区	−0.3478	−0.0588	−0.0083	0.4635
塘沽	−0.4356	−0.0588	−0.3346	0.4638
东丽	−0.3598	−0.0588	−0.6251	0.4641
津南	−0.3598	−0.0588	−0.4789	0.4644
西青	−0.3538	−0.0588	−0.3500	0.4645
北辰	−0.4933	−0.0588	−0.4226	0.4650
武清	−0.2650	−0.0327	−0.4125	0.4668
宁河	−0.2860	−0.0588	−0.1239	0.4670
蓟州	0.2917	0.0784	0.0000	0.4674
静海	−0.3538	−0.0588	−0.1737	0.4716
宝坻	0.1035	−0.0065	0.0858	0.4749
汉沽	−0.6031	−0.0588	−0.1840	0.4773
大港	−0.5114	−0.0588	0.0377	0.4780

根据表5-20~表5-22，天津各行政区资源功能（B_1）评价结果，天津各行政区生态功能（B_2）评价结果和天津各行政区地质环境功能（B_3）评价结果如表5-23。

表5-23　天津各行政区各功能评价表

分区	资源功能 B_1	生态功能 B_2	地质环境功能 B_3
市区	0.712	0.310	0.472
塘沽	0.714	0.312	0.465
东丽	0.715	0.315	0.476
津南	0.704	0.315	0.469
西青	0.766	0.312	0.475
北辰	0.711	0.316	0.465
武清	0.704	0.311	0.464
宁河	0.713	0.314	0.463
蓟州	0.675	0.309	0.462
静海	0.711	0.314	0.464
宝坻	0.672	0.308	0.470
汉沽	0.713	0.314	0.466
大港	0.723	0.310	0.463

根据各功能区评价分级标准，天津市地下水整体资源功能值分布在0.67~0.77之间，评价等级为4级，为可持续性弱，整体资源功能较弱。其中，相对其他区县，蓟县和宝坻

地下水资源功能强,武清、西青和津南地下水资源功能相对较强,静海地下水资源功能相对适中,东丽、市区、塘沽、汉沽、宁河和北辰地下水资源功能相对较差,宝坻区地下水资源功能相对最差。

天津市地下水生态功能中,根据各功能区评价分级标准,天津市地下水整体生态功能值分布在 $0.30 \sim 0.32$ 之间,评价等级为 2 级,为可持续性较强,整体生态功能较强。其中,相对其他区县,蓟县和宝坻地下水生态功能相对最好,西青、东丽、汉沽、塘沽、大港地下水生态功能评价相对一般,应制定保护措施,对现有的生态适当恢复,宁河、静海和津南的生态功能相对较差,应限制生态环境破坏行为,制定保护措施,对现有的生态进行恢复。北辰地下水生态功能相对最差,应加强生态修复。

天津市地下水地质环境功能中,根据各功能区评价分级标准,天津市地下水整体地质环境功能值分布在 $0.46 \sim 0.48$,评价等级为 3 级,为可持续性一般,整体地质环境功能一般。其中,相对其他区县,蓟州、武清、北辰、汉沽、塘沽、大港地下水地质环境功能相对最好。宁河、津南、静海地下水地质环境功能相对较好,应适当减少开采,保护地质环境。西青地下水地质环境功能相对一般,应减少开采。市区地下水地质环境功能相对较差,应限制开采,制定修复措施,加大对地质环境的保护。宝坻、东丽地下水地质环境功能相对最差,应禁止开采,制定修复措施,加大对地质环境的保护,同时要监控地质环境的变化,作好预警。

蓟州位于蓟运河冲洪积扇和潮白河冲洪积扇带,该地区内含水层粒度较粗、单层砂层厚度大、垂向连续性较强,透水性较好,具有较好的强入渗补给和储水条件。总体地下水水质条件也较好。该区域现状开采强度远大于南部各区,但产生的环境地质问题较少,地下水位埋深浅,具有较好的水资源供给能力,适宜作为集中供水水源区。

武清由于位于永定河古河道带,现状条件下,地下水位埋深较浅,接受全淡水区的侧向补给,垂向越流系数也较大,因此,该地区具有较强的地下水资源补给功能,可适度开采,但需强化补给条件保护。

大港为漳卫河冲积海积区,浅层地下水资源较为丰富,深层地层含水条件差,地下水位埋深浅,植被发育。区域近年来地下水开采量大,深层地下水处于超采状态,地下水位持续下降,年均地面沉降量较大。且该区为天津市著名的洼地区和生态环境保护区,具有较强的水环境和景观支持功能。因此可适当扩大浅层地下水的开发利用,但需注意保护地表水环境或水文地质景观的功能;限制深部地下水开采,防止地面进一步沉降。

塘沽、津南、北辰和西青为海河冲积海积区,宁河位于蓟运河古河道带,这些地区浅层地下水资源较为丰富,浅层地下水均为咸水,深层地层含水条件差。近年来地下水开采量大,深层地下水处于超采状态,地下水位持续下降,年均地面沉降量较大。因此,可适当扩大浅层地下水的开发利用,限制开采深层地下水,以防止地面沉降的进一步加剧。

汉沽位于潮白河蓟运河冲积海积区,地表浅层以黏性土为主,浅层地下水资源较为丰富,浅层地下水咸度很高,植被稀疏;深层地层含水条件差。该区域近年来地下水开采量大,深层地下水处于超采状态,地下水位持续下降,年均地面沉降量较大。因此,应限制开采地下水,合理调控地下水位埋深,改善土地质量和生态环境,以防止地面沉降的进一步加剧。

宝坻为潮白河古河道带和部分潮白河蓟运河冲积海积区，这些区域浅层部分地段有浅层地下水，咸度高，地下水资源相对丰富，但深层含水层相对较好，近年来地下水的开采量较大，地下水位下降，地面有所沉降，因此，该地区可合理开采，防止地面沉降加大。

市区、静海为子牙河古河道带，东丽位于海河冲积海积区，该地区由于人口数量多，开采量较大，地面沉降较为明显，地质环境比较差；该地区地下颗粒较细，多以黏性土为主，浅层地下水水位开采破坏大，承压含水层埋深较大，资源功能不强；该地区多有工业集聚区，浅层地下水污染较为严重，生态环境较弱。因此，该地区的地下水功能综合评价较差，应限制开采，加大生态修复。

根据天津市水文地质条件，将天津市区分为 15 地下水子流域。根据天津市不同地下水子系统水文地质条件、地质环境的差异及生态环境状况，利用基于熵值的地下水功能评价方法，计算得到不同子系统地下水功能。

天津市地下水功能评价中，根据各功能区评价分级标准，天津市地下水整体资源功能值分布在 0.67~0.77，评价等级为 4 级，为可持续性弱，整体资源功能较弱。天津市蓟运河冲洪积扇 I_2、潮白河冲洪积扇 II_2 的资源功能相对其他流域分区较好；蓟运河古河道带 I_3、潮白河古河道带 II_3、永定河古河道带 III_3、子牙河古河道带 IV_3 的资源功能相对其他流域分区一般；海河冲积海积区 III_4+IV_4、漳卫河冲积海积区 V_4 的资源功能相对其他流域分区差；山区的资源功能相对其他流域分区一般；潮白河–蓟运河冲积海积区 I_4+II_4 的资源功能相对其他流域分区较差。

天津市地下水生态功能中，根据各功能区评价分级标准，天津市地下水整体生态功能值分布在 0.30~0.32，评价等级为 2 级，为可持续性较强，整体生态功能较强。蓟运河冲洪积扇 I_2、蓟运河古河道带 I_3、潮白河冲洪积扇 II_2、潮白河古河道带 II_3、永定河古河道带 III_3、子牙河古河道带 IV_3、海河冲积海积区 III_4+IV_4 的生态功能相对其他流域分区较好；山区的生态功能相对其他流域分区较好；漳卫河冲积海积区 V_4 的生态功能相对其他流域分区一般；潮白河–蓟运河冲积海积区 I_4+II_4 的生态功能相对其他流域分区一般。

天津市地下水地质环境功能中，根据各功能区评价分级标准，天津市地下水整体地质环境功能值分布在 0.46~0.48，评价等级为 3 级，为可持续性一般，整体地质环境功能一般。山区的地质环境功能好；蓟运河冲洪积扇 I_2、蓟运河古河道带 I_3、潮白河冲洪积扇 II_2 的地质环境功能相对于其他流域分区差；潮白河古河道带 II_3 的地质环境功能相对于其他流域分区较差；永定河古河道带 III_3、子牙河古河道带 IV_3、潮白河–蓟运河冲积海积区 I_4+II_4、海河冲积海积区 III_4+IV_4、漳卫河冲积海积区 V_4 的地质环境功能相对于其他流域分区一般。

5.4.4 地下水数值模拟模型

水文地质概念模型是建模的基础，简化实际水文地质条件并组织相关数据，以便能够分析地下水系统，并为建立地下水流数值模拟模型提供依据。通过水文地质条件的概化，确定模型的范围和边界条件、水文地质结构、地下水流场、水文地质参数和源汇项，为建立地下水数值模型奠定基础。模拟范围和地下水功能评价范围一致。平原松散地层含水砂层分布形态和粒度组成等除在不同构造单元存在差异外，在同一构造单元垂直方向上也存在着差异，并导致垂向上地下水的富水性、循环交替强度、水文地球化学、同位素等水文地质特征发生相应的变化。平原松散地层自地表至埋深500m，划分为5个含水层组（表5-24）。第Ⅰ含水层组大致相当于上更新统（Q_{p3}）和全新统（Q_h）；第Ⅱ含水层组大致相当于中更新统（Q_{p2}）；第Ⅲ含水层组在坳陷区大致相当于下更新统（Q_{p1}）上部，在隆起区大致相当于整个下更新统（Q_{p1}）；第Ⅳ含水层组在坳陷区大致相当于下更新统（Q_{p1}）下部，在隆起区为新近系上新统明化镇组的顶部；第Ⅴ含水层组属明化镇组（N_2m）的上段部分。第Ⅰ含水层组地下水为潜水或微承压水，埋藏较浅，循环较快，习惯上称为浅层地下水。第Ⅱ含水层组及其以下含水层组地下水为承压水，习惯上称为深层地下水。在天津市，还习惯将咸水顶界面以上的地下淡水称为浅层淡水，咸水底界面以下的地下淡水称为深层淡水。

表5-24　平原松散地层含水层组划分一览表

含水层组	层底深度/m	地层时代	分布位置	含水层岩性	厚度/m	水位埋深/m
第Ⅰ	65～95	Q_h+Q_{p3}	山前	中细砂	20～40	3～5
			中西部	粉细砂	5～10	2～4
			中东部	粉细砂、细砂	<5	1～2
第Ⅱ	165～205	Q_{p2}	山前	中砂、中细砂	40～80	2～3
			中南部上段	粉细砂	10～30	10±3
			中南部下段	粉细砂、细砂	20～50	30～50，局部60～80
第Ⅲ	270～290	隆起区 Q_{p1} 坳陷区 Q_{p1}中部	武清、静海和宁河北部	中细砂、细砂	40～50	10～30
			中南部其他区	粉细砂	20～40	40～60，局部70～90
第Ⅳ	370～410	隆起区 N_2m 坳陷区 Q_{p1}下部	武清、静海和宁河北部	细砂、中细砂	40～60	10～40，局部80～100
			中南部其他区	细粉砂	20～40	50～70，局部80～100
第Ⅴ	495～505	N_2m	中南部	中砂、细砂	40～60	20～70，局部80～90

1. 边界条件概化

垂向边界的概化：潜水含水层自由水面为系统上边界，通过该边界，潜水与系统外发生垂向水量交换（入渗补给、蒸发等）。潜水含水层与承压含水层在水头差作用下，通过弱透水层发生越流。底部边界认为是水平的隔水底板。

侧向边界的概化：由于人工大量开采地下水，区域周围存在侧向径流补给或排泄，补排量随时间的变化而变化，故根据含水层的流场确定研究区的边界条件，即侧向流入边界和定水头边界。

2. 水力特征概化

研究区地下水系统符合质量守恒定律；含水层分布广，在常温常压下地下水运动符合达西定律。参数随空间变化，体现了系统的非均质性，有明显的方向性，所以参数概化成各向异性。由于地下水系统渗流运动要素随时空变化，故地下水含水系统概化为非稳定流。

综上所述，评价区可概化为非均质、各向异性、三维非稳定地下水流系统。

3. 参数分区

地下水流模型中的参数主要有两类：一类是含水层的水文地质参数，主要包括浅层水的渗透系数、给水度，承压含水层的渗透系数及释水系数；另一类是计算各种地下水补排量的水文参数，如大气降水入渗系数、灌溉入渗系数、蒸发系数等。

含水层的水文地质参数：根据模拟区的水文地质条件和前人工作成果确定。在综合分析水文地质条件和前期试验研究基础上，给出各水文地质参数分区和初值，作为模型调试的依据。

4. 数值模拟模型的建立

对于非均质、各向异性、三维非稳定地下水流系统，可用如下微分方程的定解问题来描述：

$$\begin{cases} \dfrac{\partial}{\partial x}\left(k_{xx}\dfrac{\partial h}{\partial x}\right)+\dfrac{\partial}{\partial y}\left(k_{yy}\dfrac{\partial h}{\partial y}\right)+\dfrac{\partial}{\partial z}\left(k_{zz}\dfrac{\partial h}{\partial z}\right)+w=s_s\dfrac{\partial h}{\partial t} \\ h\mid_{\Gamma_1}=h_1(x,y,z) \\ K\dfrac{\partial h}{\partial n}\bigg|_{\Gamma_2}=q(x,y,z) \\ h(x,y,z,t)\mid_{t=0}=h_0(x,y,z) \end{cases} \tag{5-11}$$

式中：k_{xx}、k_{yy} 和 k_{zz} 为渗透系数在 x 轴、y 轴和 z 轴方向上的分量。在这里，我们假定渗透系数的主方向与坐标轴主方向一致，量纲为（LT^{-1}）。h 为水头高度（L）；w 为源汇项，单位体积流量（T^{-1}）；S_s 为孔隙介质的储水率（L^{-1}）；t 为时间（T）；h_1 为第 1 类边界水头；$q(x,y,z)$ 为第 2 类边界流量；$h_0(x,y,z)$ 为渗流区初始水头（L）；Γ_1、Γ_2 分别表示第 1 类边界和第 2 类边界。

5. 模拟区域剖分

本次运用 Visual-MODFLOW 软件，对上面所建的数学模型进行求解。模拟区面积约为 10715km²。利用 Visual-MODFLOW 软件将模拟区剖分成间距为 500×500 的单元格，共计单层单元格 80240 个，其中有效单元格 42860 个。

6. 时间离散

模型识别和验证是数值模拟极为重要的过程，通常需要进行多次的参数调整与运算。运行模拟程序，可得到概化后的水文地质概念模型在给定水文地质参数和各均衡项条件下的地下水流场空间分布，通过拟合同时期的流场，识别和验证水文地质参数、边界值和其他均衡项，使建立的模型更加符合评价区的水文地质条件。

根据评价区地下水位统测资料，以 1991~2003 年作为模型识别期，共计 13 年，划分为 156 个应力期。应力期内源汇项大小保持不变。

7. 源汇项的计算

浅层含水层地下水补给来源有降水入渗补给、井灌回归补给、渠系渗漏补给和渠灌田间入渗补给。由于识别期内河流断流或流量很小，河流和地下水之间水量交换很小，暂忽略。浅层含水层排泄方式主要有人工开采、浅层水蒸发和含水层侧向排出等。

深层含水层地下水源汇项有侧向补给量、黏性土挤压释水补给量、弹性释水补给量、含水层间越流补给量和开采量。在模型中，生活用水开采概化为点状开采井，浅层地下水灌溉开采在模型中按照面状排泄处理，深层地下水开采概化为点状开采并以排水井形式加入到模型中。上述源汇项通过以下公式计算之后，在模型内处理为注水井、排水井、补给强度等形式加入到模型中。其中，降水入渗、灌溉回渗处理为补给强度，侧向流入和流出以注水井（抽水井）形式加入到模型之中。

1）浅层地下水资源计算

（1）降水入渗补给量。

$$Q_{降} = P \cdot \alpha \cdot F \tag{5-12}$$

式中：$Q_{降}$为降水入渗补给量（万 m^3/a）；α 为降水入渗系数；P 为计算区降水量（m，采用 1956~2003 年平均值）；F 为计算区入渗补给面积（km^2）。平原降水入渗系数见表 5-25。

表 5-25　平原降水入渗系数一览表

岩性	降水量/mm	地下潜水位埋深			
		1~2m	2~3m	3~4m	4~5m
黏土	500~600	0.11~0.13	0.14~0.15	0.17~0.15	0.14~0.11
	600~700	0.13~0.15	0.15~0.18	0.19~0.17	0.16~0.14
粉质黏土	500~600	0.13~0.18	0.16~0.19	0.20~0.23	0.22~0.20
	600~700	0.18~0.20	0.19~0.23	0.23~0.25	0.24~0.22
粉土与粉质黏土互层	500~600	0.15~0.18	0.19~0.21	0.23~0.25	0.24~0.21
	600~700	0.18~0.20	0.21~0.24	0.25~0.26	0.25~0.23
粉土	500~600	0.17~0.19	0.19~0.22	0.23~0.25	0.24~0.22
	600~700	0.19~0.21	0.22~0.25	0.25~0.27	0.26~0.24

（2）渠系渗漏补给量。

$$Q_{渠补} = m \cdot Q_{渠首} \qquad (5\text{-}13)$$

式中：$Q_{渠补}$ 为渠系渗漏补给量（万 m^3/a）；m 为渠系渗漏补给系数，等于渠系有效利用系数与相应修正系数之积；$Q_{渠首}$ 为渠首引水量（万 m^3/a，采用多年平均值）。

（3）渠灌田间入渗补给量。

$$Q_{渠灌补} = \beta_{渠} \cdot Q_{渠灌} \qquad (5\text{-}14)$$

式中：$Q_{渠灌补}$ 为渠灌田间入渗补给量（万 m^3/a）；$\beta_{渠}$ 为渠灌田间入渗补给系数；$Q_{渠灌}$ 为渠灌进入田间水量（万 m^3/a，采用多年平均值）。平原田间灌溉入渗系数见表5-26。

表5-26 平原田间灌溉入渗系数表

岩性	灌溉定额 /(m^3/hm^2)	地下水埋深			
		1～2m	2～3m	3～4m	4～6m
粉质黏土	50～70	0.19	0.17	0.16	0.13
	40～50	0.18	0.16	0.14	0.12
粉土与粉质黏土互层	50～60	0.20	0.19	0.17	0.14
	40～50	0.19	0.18	0.16	0.13
粉土	50～70	0.22	0.20	0.14	0.15
	40～50	0.20	0.19	0.17	0.14

（4）井灌回归补给量。

$$Q_{井灌补} = \beta_{井} \cdot Q_{井灌} \qquad (5\text{-}15)$$

式中：$Q_{井灌补}$ 为井灌回归补给量（万 m^3/a）；$\beta_{井}$ 为井灌回归补给系数；$Q_{井灌}$ 为地下水井灌用水量（万 m^3/a，采用1991～2003年平均值）。

（5）潜水蒸发量。

$$Q_{蒸} = C \cdot F \cdot \varepsilon_0 \qquad (5\text{-}16)$$

式中：$Q_{蒸}$ 为潜水蒸发量（万 m^3/a）；C 为潜水蒸发系数；F 为计算面积（km^2，扣除道路、地表水面、城镇建筑物等面积）；ε_0 为水面蒸发量（mm/a，采用多年平均值）。

在模型中，地下水蒸发排泄量通过调用 Modflow 中蒸发蒸腾子程序包（EVT）进行计算，在该模块中需要输入最大潜水蒸散发强度以及潜水蒸发的极限深度。对于极限蒸发深度，根据有关研究成果确定潜水蒸发的极限埋深为4m。

潜水蒸发系数为地下潜水蒸发量与水面蒸发量之比，其值的大小与包气带岩性和地下潜水位埋深有关。天津平原未做过此类试验，其值参考河北省石家庄市、山东省鲁北地区均衡试验值（表5-27）。

（6）侧向补给、排泄量。

根据地下水等水线，北部全淡水区，向南部有咸水分布，深层地下水有侧向排泄量。但该量值很小，本次计算忽略不计。

表 5-27 平原潜水蒸发系数一览表

均衡场	包气带岩性	作物情况	地下水埋深							
			0.5m	1.0m	1.5m	2.0m	2.5m	3.0m	3.5m	4.0m
石家庄市	粉土、粉质黏土、粉砂	无	0.53	0.23	0.085	0.055	0.048	0.034	0.031	0.027
		有	—	0.62	0.224	0.113	0.069	0.047	0.032	0.027
		均值	0.775	0.425	0.155	0.084	0.059	0.041	0.031	0.027
德州市	黏土	无		0.05	0.02	0.01	0.01	0.005	—	—
		有		0.26	0.13	0.07	0.05	0.04	—	—
		均值		0.155	0.075	0.04	0.03	0.0225	—	—
	粉质黏土	无		0.29	0.185	0.11	0.06	0.025	—	—
		有		0.47	0.37	0.27	0.18	0.105	—	—
		均值		0.38	0.278	0.19	0.12	0.065	—	—

综上所述，浅层地下水各补排量如表 5-28 所示。浅层地下水补给总量为 140657.95 万 m^3/a，其中降水补给量 97005.69 万 m^3/a，占补给总量的 68.97%。排泄总量为 143400.40 万 m^3/a，其中蒸发量 95785.55 万 m^3/a，占 66.80%。均衡差 -2742.45 万 m^3/a，占补给总量的 1.95%。

2）深层地下水资源计算

（1）深层地下水侧向补给量。

各含水组侧向补给量据达西公式采用断面法计算。公式如下：

$$Q_{侧} = 365 \cdot B \cdot T \cdot I \cdot \cos a \tag{5-17}$$

式中：$Q_{侧}$ 为侧向补给量（m^3/a）；B 为计算断面宽度（m），由等水位线图确定；T 为含水层导水系数（m^2/d）；I 为水力梯度，由等水位线图确定。a 为计算断面与地下水流线法线夹角，$B \cdot \cos a$ 为断面有效长度。计算结果见表 5-29。

（2）黏性土挤压释水补给量。

抽取松散岩类孔隙地下水，水位下降，黏土孔隙压力减小，压密释水。释水量计算公式为

$$Q_{挤} = \sum h_{地沉} \cdot F \tag{5-18}$$

式中：$Q_{挤}$ 为挤压释水量；$h_{地沉}$ 为含水组黏性土年平均压缩量（沉降量）（m/a）；F 为计算单元面积（km^2）。

（3）深层地下水弹性释水量补给量。

$$Q_{弹} = F \cdot S \cdot \Delta H \tag{5-19}$$

式中：$Q_{弹}$ 为弹性释水量（m^3/a）；F 为计算单元区面积（km^2）；S 为弹性释水系数；ΔH 为年平均水位下降值（m/a）。

| 194 |

表5-28 天津市平原区全淡水区及有咸水分布区浅层地下水各均衡项计算成果汇总表（按县区）

县区	面积/km²	补给项/(万m³/a)					排泄项/(万m³/a)			补给量合计/(万m³/a)	排泄量合计/(万m³/a)	重力释水量/(万m³/a)	补排量之差/(万m³/a)	补排差/补给量×100%
		降水入渗补给量	井灌回归补给量	渠系渗漏补给量	渠灌田间入渗补给量	河流补给量	潜水蒸发量	向深层越流量	开采量					
蓟州	707.81	13014.02	874.86	789.62	377.89	720.00	2204.41	2514.89	10186.25	15776.39	14905.55	902.25	870.84	5.52
宝坻	1509.06	14279.79	1465.93	6221.86	5115.91	780.00	13256.24	4879.55	10232.64	27863.49	28368.43	338.99	-504.94	-1.81
宁河	1431.36	11862.86	930.82	2492.61	2131.30	0.00	13849.29	3864.67	74.18	17417.60	17788.14	12.09	-370.54	-2.13
武清	1573.49	14544.73	1627.83	3068.66	2322.01	0.00	16617.38	4513.96	1522.50	21563.23	22653.85	181.89	-1090.62	-5.06
静海	1480.25	11305.64	437.11	1455.95	1147.62	0.00	12115.63	2072.35	454.64	14346.32	14642.63	271.04	-296.31	-2.07
塘沽	683.00	4742.08	85.11	1029.29	986.57	0.00	5729.23	713.74	0.00	6843.06	6442.96	0.00	400.09	5.85
汉沽	364.26	3333.22	359.08	435.72	414.73	0.00	4088.58	740.54	0.00	4542.74	4829.12	0.00	-286.38	-6.30
大港	935.35	7207.09	105.92	92.94	80.30	0.00	7005.31	864.26	0.00	7486.25	7869.58	0.00	-383.32	-5.12
北辰	478.48	4105.33	178.82	681.58	605.16	0.00	4660.31	1312.47	0.00	5570.89	5972.79	0.00	-401.90	-7.21
西青	563.61	4444.91	281.89	1102.05	846.20	0.00	5785.70	845.42	456.89	6675.05	7088.00	0.00	-412.94	-6.19
津南	389.26	2919.07	337.16	1370.52	1140.43	0.00	4565.18	1067.74	0.00	5767.17	5632.92	0.00	134.25	2.33
东丽	478.83	3914.73	85.11	785.83	687.85	0.00	4861.03	957.66	0.00	5473.52	5818.69	0.00	-345.17	-6.31
市区	167.76	1332.25	0.00	0.00	0.00	0.00	1047.25	340.50	0.00	1332.25	1387.75	0.00	-55.51	-4.17
合计	10762.52	97005.69	6769.66	19526.64	15855.96	1500.00	95785.55	24687.76	22927.10	140657.95	143400.40	1706.26	-2742.45	-1.95

表 5-29 天津市深层地下水侧向径流补给量计算表

含水组	断面编号	长度/km	导水系数/(m²/d)	断面性质	水力梯度/‰	侧向补给量/(万 m³/a)	小计/(万 m³/a)
第Ⅱ含水组	Ⅱ1-Ⅱ1′	27.61	300	流入	0.848	256.07	2508.12
	Ⅱ2-Ⅱ2′	42.31	400		1.192	735.60	
	Ⅱ3-Ⅱ3′	22.05	400		1.492	480.02	
	Ⅱ4-Ⅱ4′	18.17	300		1.680	334.18	
	Ⅱ5-Ⅱ5′	13.87	250		2.164	274.11	
	Ⅱ6-Ⅱ6′	14.04	50		0.976	25.01	
	Ⅱ7-Ⅱ7′	17.60	400		2.572	661.12	
	Ⅱ8-Ⅱ8′	14.88	380	流出	-1.252	-257.99	
第Ⅲ含水组	Ⅲ1-Ⅲ1′	27.83	320	流入	1.740	565.37	2421.66
	Ⅲ2-Ⅲ2′	40.95	300		0.688	309.25	
	Ⅲ3-Ⅲ3′	24.79	320		2.104	609.66	
	Ⅲ4-Ⅲ4′	16.45	300		1.380	248.45	
	Ⅲ5-Ⅲ5′	7.20	200		1.380	72.51	
	Ⅲ6-Ⅲ6′	51.02	60		1.428	159.60	
	Ⅲ7-Ⅲ7′	35.46	300		1.176	456.81	
第Ⅳ含水组	Ⅳ1-Ⅳ1′	31.19	240	流入	0.741	202.39	1345.69
	Ⅳ2-Ⅳ2′	33.07	210		0.588	149.11	
	Ⅳ3-Ⅳ3′	21.99	220		1.143	201.84	
	Ⅳ4-Ⅳ4′	9.60	140		1.379	67.68	
	Ⅳ5-Ⅳ5′	28.54	70		2.857	208.35	
	Ⅳ6-Ⅳ6′	19.29	200		0.667	93.90	
	Ⅳ7-Ⅳ7′	19.46	240		1.212	206.62	
	Ⅳ8-Ⅳ8′	11.76	220		1.290	121.83	
	Ⅳ9-Ⅳ9′	11.91	200		1.081	93.97	

续表

含水组	断面编号	长度/km	导水系数/(m²/d)	断面性质	水力梯度/‰	侧向补给量/(万m³/a)	小计/(万m³/a)
第V含水组	V1-V1′	28.58	350	流入	0.565	206.41	1056.66
	V2-V2′	43.80	400		0.373	238.68	
	V3-V3′	15.29	500		0.503	140.24	
	V4-V4′	20.61	400		0.627	188.78	
	V5-V5′	14.91	250		0.600	81.65	
	V6-V6′	35.28	100		0.827	106.52	
	V7-V7′	10.84	100		0.704	27.83	
	V8-V8′	11.87	250		0.615	66.55	

（4）含水组间越流补给量。

越流模数法计算越流量公式为

$$Q_越 = F \cdot S \tag{5-20}$$

式中：$Q_越$ 为越流量（m³/a）；F 为计算分区面积（km²）；S 为越流模数［万 m³/(a·km²)］。

1991～2003年间深层地下水9215.28km²范围内总补给量为45907.71万 m³/a，总开采量为46101.99万 m³/a，均衡差值为-194.28万 m³/a。越流补给量为18405.73万 m³/a，约占总补给量的40.09%；挤压释水量为19688.09万 m³/a，约占总补给量的42.89%；侧向补给量为7332.14万 m³/a，约占总补给量的15.97%；弹性释水量为481.76万 m³/a，约占总补给量的1.05%，各均衡项计算结果见表5-30。

8. 模型校正

模型识别和验证是数值模拟极为重要的过程，通常需要进行多次的参数调整与运算。运行模拟程序，可得到概化后的水文地质概念模型在给定水文地质参数和各均衡项条件下的地下水流场空间分布，通过拟合同时期的流场，识别和验证水文地质参数、边界值和其他均衡项，建立的模型更加符合评价区的水文地质条件。

模型识别期内所有拟合孔计算得到的水位动态与实际水位动态变化相一致，计算水位接近实测水位，二者相差一般不超过±0.5m。个别拟合孔在某些时段计算水位与实际水位相差大于1.0m。这主要因为：第一，参加拟合的长观孔实测水位为动水位；第二，浅层水观测孔水位受农业灌溉、大气降水和其他形式开采的影响，水位波动较大，识别模型没有考虑这些因素在短时间内的突然变化。

从整体拟合效果上讲，根据模拟计算得到的水位绘制的地下水位等值线图与实际一致，说明各分区计算参数符合实际的水文地质条件，模拟模型计算的水位动态与实测水位动态同步升降，计算水位与实测水位相差一般不超过0.5m。说明模拟模型能够准确刻画实际水文地质条件，模拟结果符合实际。

表 5-30　深层地下水各均衡项计算成果汇总表（按县区）

区	面积/km²	平均越流模数/[万m³/(a·km²)]	越流补给量/(万m³/a)	Ⅲ、Ⅳ组间越流量/(万m³/a)	挤压释水量/(万m³/a)		侧向补给量/(万m³/a)		弹性释水量/(万m³/a)		开采量/(万m³/a)		总补给量/(万m³/a)	总排泄量/(万m³/a)	补排差/(万m³/a)	%
					Ⅱ+Ⅲ	Ⅳ+Ⅴ	Ⅱ+Ⅲ	Ⅳ+Ⅴ	Ⅱ+Ⅲ	Ⅳ+Ⅴ	Ⅱ+Ⅲ	Ⅳ+Ⅴ				
宝坻	888.00	2.71	2404.88	300.00	415.05	78.14	-1023.61	-170.70	48.55	18.39	1650.59	0.00	1770.71	1650.59	120.12	6.78
宁河	1416.25	2.70	3823.87	0.00	2061.94	507.13	1181.60	378.43	158.24	64.81	7273.21	841.14	8176.02	8114.36	61.66	0.75
武清	1370.23	2.68	3679.02	150.00	3323.53	244.65	1373.66	136.89	-35.02	-46.93	8384.77	398.30	8675.79	8783.07	-107.28	-1.24
静海	1480.25	1.40	2072.35	0.00	845.36	697.78	583.28	183.19	166.81	206.18	3811.61	1049.31	4754.96	4860.92	-105.96	-2.23
塘沽	683.00	1.05	713.74	0.00	430.69	513.01	-86.42	147.94	-59.93	-8.49	995.67	586.18	1650.54	1581.85	68.69	4.16
汉沽	364.26	2.03	740.54	0.00	617.85	1281.80	1442.48	449.90	50.41	17.30	2694.13	1858.58	4600.29	4552.70	47.59	1.03
大港	935.35	0.92	864.26	750.00	545.17	1904.24	250.63	286.65	16.80	30.76	831.10	3203.32	3898.51	4034.42	-135.92	-3.49
北辰	478.48	2.15	1026.40	300.00	432.66	339.52	292.56	50.80	-29.54	-15.47	1507.17	745.14	2096.94	2252.31	-155.37	-7.41
西青	563.61	1.50	845.42	150.00	935.92	1104.13	646.25	318.95	0.39	-86.96	2378.45	1443.76	3764.11	3822.21	-58.10	-1.54
津南	389.26	2.69	1047.23	100.00	633.06	1113.40	259.91	281.09	-16.99	-14.42	1787.19	1650.65	3303.27	3437.84	-134.57	-4.07
东丽	478.83	2.00	957.66	0.00	511.72	573.96	91.39	260.71	11.28	13.30	1501.81	721.68	2420.01	2223.50	196.52	8.12
市区	167.76	1.37	230.36	0.00	97.34	480.03	-81.96	78.51	2.67	-10.39	248.05	540.18	796.56	788.22	8.34	1.05
合计	9215.28		18405.73	1750.00	10850.29	8837.80	4929.79	2402.35	313.67	168.09	33063.75	13038.24	45907.71	46101.99	-194.28	-0.42

5.4.5 天津市地下水常态与应急调控

本次研究利用地下水模拟模型的替代模型找到地下水开采量和地下水位的关系，并在分析用水量与地下水位之间关系的基础上，结合地下水功能评价的结果及常态与应急管理内涵，利用监测水位数据与临界水位比较，以此来判别当前时段其管理分区的水位所处的状态，然后再根据预先设定的管理原则以及管理策略对地下水资源进行常态与应急综合调控。

替代模型是基于地下水流数值模拟模型基础上建立的，因此首先要建立充分考虑了地下水复杂环境的数值模拟模型。本次研究建立了天津市地下水数值模拟模型，利用掌握的地下水水位和开采量数据，研究地下水动态变化过程与特征，探索其发展和演化趋势。

替代模型质量的好坏取决于建模过程中的两个关键环节，即采样方法和替代模型种类的研究选定。选用一种合适的采样方法，采集输入（抽水量）数据集，结合模拟模型得到输出（水位降深）样品数据集，输入输出数据集是建立替代模型的基本前提。为了满足现实需要，减少工作量提高工作效率，在前期地下水数值模拟工作完成的基础上，在研究区应用两种抽样方法在深层地下水抽水量的可行范围内进行采样，选取有代表性的抽水量作为输入数据集，为建立地下水数值模拟模型的替代模型做数据准备。表 5-31 为天津市地下水实际开采量与临界开采量表，其中临界开采量采用天津市地下水以往研究成果（王家兵，2013）。

表 5-31　研究区地下水实际开采量与临界开采量表　　（单位：万 m³/a）

区	浅层实际开采量	浅层临界开采量	深层实际开采量	深层临界开采量
蓟州	10186.25	9872.06	—	—
宝坻	10232.64	9562.72	1650.59	4089.53
宁河	74.18	65.93	8114.36	5776.33
武清	1522.50	1422.06	8783.07	5355.24
静海	454.64	321.73	4860.92	2404.47
塘沽	0.00	0	1581.85	1002.08
汉沽	0.00	0	4552.70	1129.28
大港	0.00	0	4034.42	1676.05
北辰	0.00	0	2252.31	1436.87
西青	456.89	352.84	3822.21	1400.55
津南	0.00	0	3437.84	1366.37
东丽	0.00	0	2223.50	1464.86
市区	0.00	0	788.22	401.81

1. 蒙特卡罗抽样结果

抽样结果和替代模型在此以深层含水层为例说明。使用 VB 中的 Randomize（ ）函数产生随机数，进行蒙特卡罗方法抽样。

（1）抽水量数据满足均匀分布。首先对抽水量数据进行离散化处理，例如将宝坻的取值离散为 1650.59 到 4089.53 的整数，同理对宁河、武清等各区的抽水量数据进行处理。

（2）宝坻抽水量可取范围中的 2439 个数字，每个出现的相对频率为 $\frac{1}{2439}$，按从小到大的顺序，将各个数字与其伪随机数区间对应，如表 5-32 所示。其他抽水井数据同理进行处理。

表 5-32　宝坻抽水量数据相对频率与伪随机数区间

抽水量/(万 m³/a)	相对频率	对应的伪随机数区间
1650	1/2439	(0, 0.00041]
1651	1/2439	(0.00041, 0.00082]
1652	1/2439	(0.00082, 0.00123]
……	……	……
4088	1/2439	(0.99917, 0.99958]
4089	1/2439	(0.99958, 0.99999]

（3）将计算机产生的随机数与以上伪随机数区间对应，将得到蒙特卡罗抽样结果，作为抽水试验方案（5 种），如表 5-33 所示。

表 5-33　蒙特卡罗抽样结果

方案	宝坻	宁河	武清	静海	塘沽	汉沽	大港	北辰	西青	津南	东丽	市区
1	1934	7024	6390	4094	1428	3864	3183	2043	3702	3016	2018	684
2	1657	6373	5784	3859	1337	3159	3742	1972	1985	2987	1913	706
3	2065	7015	8064	3037	1094	2084	2968	1583	2085	3137	1864	673
4	3759	6419	7937	2918	1279	3681	3106	1879	2877	2879	2138	585
5	3906	5953	6850	3825	1416	1861	2053	1966	1968	1981	1505	481

2. 拉丁超立方抽样结果

应用拉丁超立方抽样方法对研究区的抽水量数据进行抽样。每个区抽水量数据抽 5 个样，宝坻记为 Q_1，宁河记为 Q_2，依次排列，则市区为 Q_{12}。现定义 $Q_{i,j}$ 表示第 i 个抽水井的第 j 个子区间内的数据，则各个抽水井抽的数据进行编号可以表示如下。

再将子区间内数据进行离散化处理，选用 Randomize 函数在子区间内产生随机数，根据拉丁超立方抽样的计算方式得到每口抽水井每层抽取的随机变量，再根据组合筛选的结果，确定最终的抽样结果。至此，应用拉丁超立方方法抽样结束，整理后的抽样结果，如表 5-34 所示。

表 5-34 拉丁超立方抽样结果

方案	宝坻	宁河	武清	静海	塘沽	汉沽	大港	北辰	西青	津南	东丽	市区
1	1973	7624	8098	4369	1466	3904	3563	2089	3338	3023	2072	711
2	2334	7180	7413	3878	1351	3256	3092	1926	2854	2609	1921	634
3	2821	6713	6728	3387	1236	2608	2621	1763	2370	2195	1770	557
4	3408	6246	6043	2896	1121	1960	2150	1600	1886	1781	1619	480
5	3995	5779	5358	2405	1006	1312	1679	1437	1402	1367	1468	403

由于在抽取相同样品数的情况下，拉丁超立方抽样相比蒙特卡罗方法抽样能够得到更具代表性的样品值。因此，选用拉丁超立方抽样结果作为抽水试验方案的数据，即模拟模型的输入数据集，将其代入数值模拟模型中运行、计算得到观测井水位降深数据集，即输出数据集。为下一步替代模型的建立做数据准备。

根据前面抽样得到的 5 组抽水试验数据，分别输入到地下水数值模拟模型中并运行，每运行一次计算得到一组地下水水位降深数据集。利用输入输出数据集分别应用回归分析和人工神经网络两种方法建立地下水数值模拟模型的替代模型。

3. 双响应面模型

响应面方法（response surface methodology，RSM）采用多项式回归方程来拟合输入（变量）与输出（响应）之间的函数关系，通过对回归方程的分析来寻求最优参数，是解决多变量问题的一种统计方法。响应面方法通过一个超曲面近似地替代实际变量的输入与输出关系，它的基本思想是应用数值仿真分析或试验方法建立响应 Y 和随机变量 x_1，x_2，$\cdots$，x_n 之间的关系，响应面通常由二次多项式表达：

$$y = \beta_0 + \sum_{i=1}^{n} \beta_i x_i + \sum_{i=1}^{n} \beta_{ii} x_i^2 + \sum_{p<i}^{n} \beta_{pi} x_p x_i + \varepsilon \tag{5-21}$$

式中：β 为响应面的回归系数；ε 为拟合误差；$i = 1$，2，3，$\cdots$，n；$p = 1$，2，3，$\cdots$，n -1。

在响应面方法思想的基础上，Myers 和 Carter 于 1973 年提出双响应面方法用来解决参数设计问题。双响应面方法是一种目标优化方法，它通过建立两个响应曲面实现目标优化，一个曲面拟合响应的均值 μ，另一个曲面拟合其标准差 σ^2，这样使其解在可控因素或不可控因素的干扰下既保证设计目标波动的极小化，又保证目标趋于最优。

随着双响应面方法理论的完善和发展，这种方法越来越得到工程界重视。在水文地质方面可以借助该方法建立双响应面模型替代地下水数值模拟模型。将抽水量数据集输入到地下水数值模拟模型中运行输出水位降深数据集，输入输出数据集通过多项式回归方程分别建立均值和标准差两个响应面，即得到了地下水抽水强度与水位降深之间的响应关系，在功能上逼近地下水数值模拟模型。

设有 n 个抽水井，m 个观测井，并设抽水试验的次数为 N。

首先，建立关于观测井降深均值的回归方程。

不同抽水试验方案对研究区地下水水位降深的影响，可以通过分析观测井水位降深的均值与各抽水井抽水强度的统计关系得出。

某次抽水试验各观测井水位降深的均值 $\bar{y}$：

$$\bar{y} = \frac{1}{m}\sum_{i=1}^{m} y_i \tag{5-22}$$

式中：y_i 表示第 i 个观测井水位降深值，$i=1$，2，3，$\cdots$，m，m 为观测井总数。

以抽水试验中各抽水井的抽水量 x_1，x_2，$\cdots$，x_n 作为自变量，各观测井水位降深的均值 $\bar{y}$ 为因变量，建立多项式回归方程：

$$\bar{y} = \beta_0 + \sum_{j=1}^{n}\beta_j x_j + \sum_{j=1}^{n}\beta_{jj}x_j^2 + \sum_{p<j}^{n}\beta_{pj}x_p x_j + \varepsilon_\mu \tag{5-23}$$

式中：β 为响应面的回归系数；ε_μ 为拟合误差；$j=1$，2，3，$\cdots$，n，n 为抽水井总数；$p=1$，2，3，$\cdots$，$n-1$。

根据各组抽水试验的数据资料：

$$\bar{y}^{(1)}，x_1^{(1)}，x_2^{(1)}，\cdots x_n^{(1)}$$
$$\bar{y}^{(2)}，x_1^{(2)}，x_2^{(2)}，\cdots x_n^{(2)}$$
$$\vdots \quad \vdots \quad \vdots \quad \quad \vdots$$
$$\bar{y}^{(N)}，x_1^{(N)}，x_2^{(N)}，\cdots x_n^{(N)}$$

分别建立回归方程，通过最小二乘法求得回归系数 β，$x_n^{(N)}$ 表示在第 N 次抽水试验中第 n 口井的抽水强度，N 为抽水试验总数。

其次，建立关于观测井水位降深剩余标准差的回归方程。

通过建立观测井水位降深剩余标准差与各抽水井的抽水强度之间的关系式，用来表述和衡量在一次抽水试验的某种抽水强度分配方案下，各观测井水位降深的差异程度。

某次抽水试验观测井水位降深的剩余平方和 Q 的计算：

$$Q = \sum_{i=1}^{m}(\bar{y} - y_i)^2 \tag{5-24}$$

式中：m 为观测井总数；$\bar{y}$ 为某次抽水试验所有 m 个观测井水位降深的平均值；y_i 表示第 i 个观测井的水位降深值；$i=1$，2，3，$\cdots$，m，m 为观测井总数。

关于某次抽水试验观测井水位降深值剩余标准差 S 的计算：

$$S = \sqrt{\frac{Q}{m-n-1}} \tag{5-25}$$

式中：m 为观测井总数；n 为抽水井总数；Q 为抽水总量。

以抽水试验中各抽水井的抽水强度 x_1，x_2，$\cdots$，x_n 作为自变量，各观测井降深的剩余标准差 S 为因变量，建立多项式回归方程：

$$S = \gamma_0 + \sum_{j=1}^{n} \gamma_j x_j + \sum_{j=1}^{n} \gamma_{jj} x_j^2 + \sum_{p<j}^{n} \gamma_{pj} x_p x_j + \varepsilon_\sigma \qquad (5\text{-}26)$$

式中：γ 为响应面的回归系数；ε_σ 为拟合误差；$j=1$，2，3，$\cdots$，n，n 为抽水井总数；$p=1$，2，3，$\cdots$，$n-1$。

利用各组抽水试验的数据资料：

$$S^{(1)},\ x_1^{(1)},\ x_2^{(1)},\ \cdots x_n^{(1)}$$
$$S^{(2)},\ x_1^{(2)},\ x_2^{(2)},\ \cdots x_n^{(2)}$$
$$\vdots \qquad \vdots \qquad \vdots \qquad \vdots$$
$$S^{(N)},\ x_1^{(N)},\ x_2^{(N)},\ \cdots x_n^{(N)}$$

分别建立回归方程，通过最小二乘法求得 γ，N 为抽水试验总数，$x_n^{(N)}$ 表示在第 N 次抽水试验中第 n 口井的抽水强度。

求得观测井水位降深的剩余标准差与抽水强度之间的统计关系，对于每次抽水试验，都可以计算出该次抽水试验观测井水位降深值的剩余标准差，然后可以用这个指标来描述和衡量各观测井水位降深不一致（差异）的程度。

通过建立两个响应曲面就能列出关于抽水强度与地下水水位降深均值和剩余标准差的多项式。关于求解多项式回归系数，一般地，将多项式回归转化为多元线性回归，这样拟合误差为零，即对于包含多个变量的任意多项式：

$$y = b_0 + b_1 x_1 + b_2 x_2 + b_3 x_1^2 + b_4 x_1 x_2 + b_5 x_2^2 + \cdots$$

可以通过假设，令 $z_1 = x_1$，$z_2 = x_2$，$z_3 = x_1^2$，$z_4 = x_1 x_2$，$z_5 = x_2^2$，$\cdots$，把上式化成多元线性回归问题来计算，则上式化为

$$y = b_0 + b_1 z_1 + b_2 z_2 + b_3 z_3 + b_4 z_4 + b_5 z_5 + \cdots$$

再利用最小二乘法原理，求得多项式回归系数 b_1，b_2，$\cdots$，b_n 和常数项 b_0。

基于双响应面方法的替代理论，应用其建立地下水数值模拟模型的替代模型，过程如下。

首先，建立关于观测井水位降深均值的回归方程。

根据上述双响应面方法的理论，首先利用已有数据建立观测井水位降深均值的回归方程。分别输入 12 组抽水试验数据运行地下水数值模拟模型，计算得到各观测井水位降深。将所求得的水位降深均值 $\bar{s}$ 作为回归方程中的因变量，以抽水试验中各抽水井的抽水强度 Q_1，Q_2，$\cdots$，Q_n 作为自变量（$n=1$，2，3，$\cdots$，12）建立观测井水位降深均值的回归方程：

$$\bar{S} = b_0 + \sum_{j=1}^{12} b_j Q_j + \sum_{j=1}^{12} b_{jj} Q_j^2 + \sum_{p<j}^{12} b_{pj} Q_p Q_j + \varepsilon_\mu \qquad (5\text{-}27)$$

式中：b 为多项式回归系数；ε_μ 为拟合误差。

利用上述求解多项式回归系数的方法，将其多项式回归转化为多元线性回归，使拟合误差 ε_μ 为零。

将回归系数代入多项式回归方程就得到关于观测井水位降深均值的回归方程,再将各组抽水试验方案数据代入回归方程计算求得在不同方案下的降深均值的回归值,如表5-35所示。

表5-35   不同抽水试验方案下地下水水位降深均值的回归值

方案	水位降深均值的回归值
1	0.419521
2	0.636926
3	0.583876
4	0.572109
5	0.565555
6	0.691094
7	0.599999
8	0.519590
9	0.679577
10	0.690222

其次,建立关于观测井水位降深剩余标准差的回归方程。

利用输入输出数据集构建另一个响应曲面,即建立关于观测井水位降深剩余标准差的回归方程。利用公式(5-24)、式(5-25)求得观测井水位降深的剩余标准差,如表5-36所示。

表5-36   不同方案下运行模型计算得到水位降深剩余标准差

方案	水位降深剩余标准差
1	0.435609
2	0.450895
3	0.415086
4	0.453291
5	0.417143
6	0.423437
7	0.439367
8	0.440076
9	0.421353
10	0.43635

同样,将所求得的水位降深剩余标准差 S 作为回归方程中的因变量,以抽水试验中各抽水井的抽水强度 Q_1,Q_2,$\cdots$,Q_n 作为自变量($n=1$,2,3,$\cdots$,12),建立观测井水位

降深剩余标准差的回归方程：

$$S = a_0 + \sum_{j=1}^{5} a_j Q_j + \sum_{j=1}^{5} a_{jj} Q_j^2 + \sum_{p<j}^{5} a_{pj} Q_p Q_j + \varepsilon_\sigma \tag{5-28}$$

式中：a 为多项式回归系数；ε_σ 为拟合误差。

将回归系数代入多项式回归方程得到关于观测井水位降深剩余标准差的回归方程，再将各组抽水试验方案数据代入回归方程，计算求得在不同方案下水位降深剩余标准差的回归值，如表 5-37 所示。

表 5-37　不同抽水试验方案下地下水水位降深剩余标准差的回归值

方案	水位降深剩余标准差的回归值
1	0.440694
2	0.452405
3	0.449356
4	0.430187
5	0.465685
6	0.435217
7	0.474011
8	0.435627
9	0.442338
10	0.435394

至此，得到两个响应面回归方程，完成双响应面模型的建立。

4. RBF 神经网络模型

为了模拟计算区内抽水井同时抽水对地下水水位降深的影响，利用 RBF 神经网络建立抽水强度与观测井水位降深的非线性关系模型。将拉丁超立方抽样得到的 5 组不同抽水试验方案作为训练样本，利用输入（抽水量）输出（降深）数据集分别建立抽水井抽水量–观测井水位降深均值、抽水井抽水量–观测井水位降深剩余标准差，两个 RBF 神经网路模型。以 matlab6.5 为平台，调用函数 newrb 创建 RBF 神经网络模型，调用格式为

$$net = newrb（\boldsymbol{P}，\boldsymbol{T}，goal，spread，mn，df)$$

其中：$\boldsymbol{P}$ 为输入向量；$\boldsymbol{T}$ 为目标向量；goal 为均方误差，默认为 0；spread 为径向基函数的分布密度，spread 值越大，函数越平滑，默认值为 1；mn 为神经元的最大数目；df 为两次显示之间所添加的神经元数目。

然后对网络进行仿真训练，验证其识别预测性能。调用格式为

$$y = sim（net，X\_test)$$

其中：X_test 为模型的测试样本。

首先建立抽水井抽水量–观测井水位降深均值的 RBF 神经网络模型。输入层代表抽水井的抽水量，神经元个数与抽水井数目一致，个数定为 12；输出层表示观测井水位降深均

值，神经元个数定为4。设定newrb函数中各参数值：goal = 0.001；spread = 50000；mn = 20；df = 1

通过matlab编程，得到RBF神经网络模型的运行结果，然后建立抽水井抽水量–观测井水位降深剩余标准差的RBF神经网络模型。输入层仍然代表抽水井的抽水量，神经元个数与抽水井数目一致，个数定为12；输出层表示观测井水位降深剩余标准差，神经元个数定为4。

通过matlab编程，得到RBF神经网络模型的运行结果，双响应面模型和RBF神经网络模型两者在功能上都能逼近地下水数值模拟模型。现针对上述两种替代模型——双响应面模型和RBF神经网络模型的应用过程、计算结果等方面进行对比分析，找出这两者中更适合作为地下水数值模拟模型的近似替代模型。

双响应面模型是利用两个多项式回归方程分别建立变量与响应之间的函数关系，应用最小二乘法求得各变量的相关系数，再计算出响应值，最后对双响应面模型的可靠性进行验证。作为地下水数值模拟模型的替代模型，双响应面模型的有效性检验必须在计算出相关系数的基础上完成，通过两个多项式回归方程分别计算出水位降深均值的回归值、水位降深剩余标准差的回归值，通过得到的回归值与模拟模型的计算结果进行拟合，判断双响应面模型替代效果的好坏。当变量数目比较少的时候，双响应面模型的两个多项式回归方程求得的回归值与模拟模型的计算结果逼近程度较好。但是，当变量数较多情况时，双响应面模型的建立必须有大量的样本支持，且样本总数要远大于自变量个数才能求得其方程的相关系数，然后才能对替代的有效性做进一步验证。

RBF神经网络模型作为地下水数值模拟模型的近似替代模型，在足够多的训练样本数的条件下，输入层中输入抽水井的抽水量，输出层能够得到观测井水位降深均值或水位降深剩余标准差，它把输入输出关系的问题转变为数字，通过调用newrb函数应用matlab软件编程来建立RBF神经网络模型，使网络具有识别输入信息的能力。而且RBF神经网络模型不限定输入层神经元的个数，即使输入层的变量数（神经元）较多也能顺利完成模拟；RBF神经网络模型的模拟计算结果可以直接利用，不用再对数据进行处理就可以拟合RBF神经网络模型运行结果与模拟模型的计算结果，且能够自动生成误差拟合曲线，表达效果更直接；且利用相同的验证数据检验模型替代的有效性时发现，双响应面模型计算得到的水位降深均值与模拟模型计算结果的拟合平均相对误差为0.061；水位降深剩余标准差的拟合平均相对误差为0.043，而RBF神经网络模型输出得到的水位降深均值与模拟模型计算结果的拟合平均相对误差为0.054；水位降深剩余标准差的拟合平均相对误差为0.047。可见，RBF神经网络模型运行的结果精度要略高于双响应面模型，更逼近地下水数值模拟模型。

因此，与双响应面模型相比，RBF神经网络模型计算过程简单便于操作，对样本数量要求低，且运行得到的结果与模拟模型计算结果拟合的误差小，表达方式更直接，更适合作为地下水数值模拟模型的近似替代模型。

5. 天津市地下水常态与应急调控

通过总结关于天津市地下水的控制性水位的研究成果，得出本次研究所用到的各个区县各沉降速率下的控制性水位。如将整个天津市的年平均沉降量控制在 30mm 以内，中心城区年平均沉降量控制在 15mm 以内，滨海新区年平均沉降量控制在 20mm 以内，不同区域地下水控制性水位见表 5-38。

表 5-38 天津市各区县各含水层控制性水位

区县	第Ⅱ层	第Ⅲ层	第Ⅳ层	第Ⅴ层
蓟州	14.00	—	—	—
宝坻	16.25	23.93	28.08	41.01
武清	29.54	48.40	54.08	57.54
宁河	38.75	43.32	44.87	51.39
汉沽	62.52	62.57	64.14	62.16
塘沽	42.71	48.57	73.03	76.29
北辰	52.12	71.07	71.37	76.69
东丽	40.44	65.02	79.88	81.41
津南	39.67	80.20	95.75	95.82
西青	39.28	84.75	92.22	92.35
市区	34.23	64.27	88.82	92.20
静海	57.21	71.00	75.35	83.95
大港	42.17	57.71	72.87	79.54

根据地下水功能评价结果，在所有的区县中，蓟州和宝坻地下水资源功能强，武清、西青和津南地下水资源功能相对较强，静海地下水资源功能相对适中，东丽、市区、塘沽、汉沽、宁河和北辰地下水资源功能相对较差，大港地下水资源功能相对最差。天津市地下水地质环境功能中，相对其他区县，蓟州、武清、北辰、汉沽、塘沽、大港地下水地质功能相对最好，宁河、津南、静海地下水地质功能相对较好，西青地下水地质功能相对一般，市区地下水地质功能相对较差。宝坻、东丽地下水地质功能相对最差。根据天津市地下水实际开采量和临界开采量数据，算出调控模型计算计算得到地下水开采量数据（即调控开采量），以此推算天津市地下水系统临界水位。地下水调控开采量见表 5-39，地下水水位临界值见表 5-40。

表 5-39 研究区地下水调控开采量表　　　　　　（单位：万 m³/a）

区县	浅层调控开采量	深层调控开采量
蓟州	8753.61	—
宝坻	8963.75	4089.53
宁河	71.82	5776.33
武清	1376.39	5355.24
静海	362.48	2404.47

区县	浅层调控开采量	深层调控开采量
塘沽	0	1314.69
汉沽	0	1129.28
大港	0	1676.05
北辰	0	2252.31
西青	302.79	3822.21
津南	0	3437.84
东丽	0	1824.50
市区	0	775.24

表 5-40　天津市各区县各含水层控制性水位　　　　（单位：m）

区县	第Ⅱ层	第Ⅲ层	第Ⅳ层	第Ⅴ层
蓟州	10.44	—	—	—
宝坻	11.36	16.97	21.22	25.77
武清	26.47	33.66	36.15	41.69
宁河	36.62	37.54	39.43	40.63
汉沽	47.48	48.57	49.34	52.52
塘沽	36.71	39.47	48.76	55.21
北辰	49.69	51.08	54.48	58.53
东丽	38.44	52.75	60.32	63.24
津南	37.67	65.29	78.07	80.19
西青	35.55	65.66	73.24	76.37
市区	23.79	50.93	72.89	76.91
静海	54.77	57.12	59.94	67.44
大港	38.17	41.71	55.66	63.83

天津市地下水第Ⅱ含水层临界平均埋深控制在 34.40m，第Ⅲ含水层临界平均埋深控制在 46.73m，第Ⅳ含水层临界平均埋深控制在 54.13m，第Ⅴ含水层临界平均埋深控制在 58.53m。

地下水埋深的时空动态深刻影响着盐分在地下水和包气带之间的交换。由于上升的地下水将盐分从深层土壤带至土壤表层，因此地下水水位的上升、地下水含盐是土壤盐碱化的关键因素。在时空上要掌握起关键作用的临界值，即确定天津市地下水临界水位的上限水位至关重要。天津市春季干旱多风，地气上升，蒸发强烈，是返盐返碱的高峰期，在此依据已有研究结果确定：汛前为了既有利于防涝，又有利于降雨（地表水）回补地下水储备水源，确定地下水埋深 4~5m；汛期为了防渍，确定地下水埋深 0.5~1.0m；汛后为防次生盐碱化及充分提高蓄存水量，确定地下水埋深 1.5~2.0m。综上，本次研究确定天津市防次生盐碱化的地下水临界埋深为2.0m。

根据地下水系统常态与应急理论分析天津市地下水系统状态，结论如下。

蓟州、武清的现状水位与临界水位差距较小，但考虑其所具有的地下水资源相对丰富，可以在不破坏地下水地质功能的情况下，可适度增加开采，管理等级定为"常态管理"。

静海、市区、津南现状水位与临界水位埋深有部分差距，可以在不破坏地下水功能的情况下，维持现状开采，管理等级定为"常态管理"。

西青、北辰、宁河、塘沽和汉沽的现状水位低于临界水位，应减少该地区的开采，使地面沉降问题得到缓解，管理等级定为"应急管理"。

宝坻、东丽、大港现状水位远远低于临界水位，说明该地区地下水资源亏缺非常大，应限制该地区的开采，使地下水资源得到恢复，管理等级定为"应急管理"。

第6章 | 流域水资源系统临界特征识别与调控

6.1 流域水资源系统及其构成要素

6.1.1 流域水资源系统构成要素

流域水循环系统包括大气水、地表水、土壤水、地下水和生物水五个基本要素，它们之间通过降水、径流、下渗、蒸散发、水汽输送等过程实现气态、液态、固态之间的动态转化与循环，与此同时，水的自然循环转化过程受到人类活动的显著影响。流域水循环主要过程要素见表6-1。

表6-1 流域水循环主要过程要素

储水空间	水循环过程	
	自然过程	人工影响
大气层	水汽输送 降水	人工降水
地表层 （河流、渠系、水库、坑塘、洼地等）	蒸发 蒸腾 下渗 产流 汇流	农业用水 工业用水 生活用水 生态用水
土壤孔隙	土壤蒸发 土壤下渗	农田灌溉 农田排水
地下含水层 （浅层与深层）	潜水蒸发 越流补给	地下水超采 人工补给地下水

6.1.2 海河流域北系水循环过程解析

1. 海河流域北系河网水系分布

海河流域北系位于东经111°~120°，北纬38°~42°，地跨5省（自治区、直辖市），包括北京、天津两市全部，河北省、山西省以及内蒙古自治区的小部分，总面积为 8.34 万 km²，其中山丘区面积 5.22 万 km²，占 62.5%；平原面积 3.12 万 km²，占 37.5%。多年平均降水量为 497mm，年均水资源总量为 83.8 亿 m³，其中地表水资源量为 45.9 亿 m³，地下水资源量为 55 亿 m³，重复量为 17.1 亿 m³，年均入海水量为 18.2 亿 m³。

海河北系是海河流域的二级水资源分区，其水系主要由永定河、蓟运河、潮白河及北运河组成，并以此为基础划分为永定河册田水库以上、永定河册田水库至三家店区间、北三河山区及北四河下游平原共四个水资源三级分区。其中，永定河上游有桑干河、洋河两大支流，分别发源于蒙古高原和山西高原，两河在河北省怀来县汇流后称永定河，1963 年后辟永定新河直接入海，永定河由于水土流失严重，素有小黄河之称。北三河水系由原蓟运河、潮白河、北运河三个单独入海的水系组成，中华人民共和国成立以来大兴水利工程，三条水系经闸、坝控制工程实现河道互联相通，因而将原有三个水系划为一个整体称为北三河。潮白河发源于河北省丰宁和沽源，在山区汇集大量支流，并有一条主干河道穿越山区而入平原，源远流长，流域调蓄能力强，泥沙较多；蓟运河和北运河发源于燕山、太行山迎风山区，源短流急，调蓄能力小，泥沙较少。

2. 海河流域北系水循环要素拓扑关系

流域尺度水循环联系实质是一个三维空间中不同维度循环要素间相互作用所构成的立体水信息拓扑关系网络，如图 6-1 所示。可以从横向水平和垂向剖面两个二维平面对其要素间的拓扑关系进行解析。其中，在小单元尺度，主要体现循环要素的垂向拓扑关系，以降水—蒸散发—入渗—产流这一路径为主线，而人类活动对水循环的影响也是通过水资源开发利用等影响上述路径实现的，进而改变水资源系统的状态。在流域尺度上，主要体现水循环要素之间的水平拓扑关系，以汇水单元—沟道/渠系—水库/闸坝—河道—入海为主要路径，体现了水资源在自然与社会作用下的空间聚集效应。

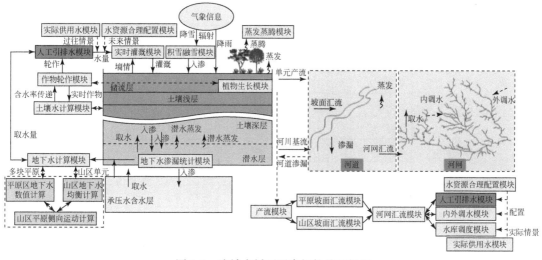

图 6-1 流域水循环要素拓扑关系解析

结合海河流域北系河网水系分布，可以看出，海河北系几条主要河流均在山区，永定河上游的桑干河和壶流河主要汇集山西忻州、朔州、大同及河北张家口南部区县的产流量，并通过册田水库的调蓄控制再排往下游。张家口西北大部地区、乌兰察布、大同东部地区则通过洋河汇集到永定河干流，在上游受友谊水库的调蓄控制。桑干河与洋河在官厅水库上游汇合，汇流量进入官厅水库库区，经水库调蓄后再排泄到下游河段，经三家店、屈家店排入海河干流。北京南部、河北廊坊与天津部分平原区域经温榆河、凤河、天堂河等汇入永定河下游河道。张家口东北部、承德市西部及北京市北部地区通过潮河与白河汇流至密云水库，经密云水库调蓄后排泄至下游的潮白新河，其间又受到怀柔水库调蓄的怀河汇入，向下经天津与青龙湾河汇集后排入渤海湾。北京及河北廊坊东部部分地区、天津北部、河北唐山大部地区经蓟运河、沙河、还乡河汇集，其中蓟运河上游受到海子水库、沙河上游受于桥水库、还乡河上游受邱庄水库调蓄，在天津境内与潮白新河一起汇入渤海湾。与此同时，海河北系的水资源系统还受到来自南水北调中线调水及引滦入津调水的补充和影响，进一步增加了海河北系水资源系统的复杂性。

3. 海河流域北系水资源储存空间及其变化

海河流域北系分布着各种水资源储存的空间载体，根据各类载体自然属性可以分为地表储水空间、土壤储水空间和地下水储水空间三大类，再根据各种空间的差异性和功能特征，还可以进一步细分，如地表储水空间可根据其自然和人工属性分为地表洼地、河道等自然储水空间，以及渠系、水库、输水管网等人工储水空间，每个储水空间都具有各自的功能属性，详见表 6-2 所示。

表 6-2　流域水资源储存空间及分类

一级空间	二级空间	功能属性
地表储水空间	地表洼地	生态
	自然河道	防洪、供水、生态、航运
	坑塘	供水、灌溉、生态
	渠系	灌溉、生态
	水库	防洪、供水、发电、灌溉
	输水管网	供水
土壤储水空间	表层土壤层	生态、水源涵养
	浅层土壤层	生态、水源涵养
	深层土壤层	生态、水源涵养
地下储水空间	浅层地下含水层	供水、生态、盐碱化
	承压地下含水层	供水、地表沉降

以水库为例，作为人工修建的拦洪蓄水和调节水流的水利工程建筑物，具有灌溉、城市供水、发电、防洪和养鱼等多种功能。自 20 世纪 50 年代开始，海河流域进行了大

规模的水利基础设施建设，修建了一大批水库、水闸及灌溉渠系。据统计，截至2000年底，海河流域北系共有大中型蓄水工程44处，其中大型水库9座（表6-3），总库容为113.61亿 m^3，设计供水能力为34.31亿 m^3；中型水库35座，总库容为10.97亿 m^3，设计供水能力为7.26亿 m^3。流域内共有大中型引水工程53处，其中大型引水工程6处，中型引水工程47处，设计供水能力分别为12.64亿 m^3 和8.37亿 m^3。流域内共有大中型提水工程69处，其中大型提水工程5处，中型提水工程64处，设计供水能力分别为0.43亿 m^3 和7.2亿 m^3。1999年以来，华北平原进入一个相对枯水期，降水偏少，地表、地下水资源锐减，各地区的水库蓄水量远低于设计蓄水水平。

表6-3 海河北系大型水库基本情况

序号	水库名称	所在水资源三级区	地级行政区	正常蓄水位/m	总库容/亿 m³	兴利库容/亿 m³	供水能力/(亿 m³/a)	蒸发损失/(万 m³/a)
1	密云水库	北三河山区	北京	157.5	43.75	23.34	8.20	8786
2	官厅水库	永定河山区	北京	479	41.60	2.50	4.79	6917
3	怀柔水库	北四河平原	北京	62	1.44	0.6	0.58	601
4	海子水库	北三河山区	北京	114.5	1.21	0.95	0.52	297
5	于桥水库	北三河山区	蓟州	21.16	15.59	3.85	3.80	6900
6	邱庄水库	北三河山区	唐山	66.5	2.04	0.66	0.16	643
7	云州水库	北三河山区	张家口	1030.93	1.02	0.20	0.30	398
8	友谊水库	永定河山区	张家口	1197	1.16	0.59	0.35	503
9	册田水库	永定河山区	大同	960	5.80	1.57	0.48	495
合计				—	113.61	34.31	19.18	25540

6.2 流域水资源系统功能解析及其状态分析

6.2.1 流域水资源系统功能解析

水本身不仅为人类的生存所必需，而且一定质与量的供水，又是国民经济发展的重要物质基础，在生产、生活、经济发展、生态文明建设中具有非常广泛的用途。例如，利用大坝和水轮机可以把天然径流中蕴藏的巨大势能积累起来并转化为电能，通过水库一方面可以拦蓄洪水减轻灾害，又可以发展灌溉，保障粮食安全；河流可兴舟楫之利，湖泊可以发展水产养殖和旅游业。在生态环境方面，水可以调节气候，保持森林、草原的生态稳定以及湿地的生物多样性。在表6-2中，水赋存于不同的储水空间会发挥不同的功能特性，如水库具备防洪、发电、城市供水、灌溉、养殖、旅游等诸多功能，到具体的水库则根据其设计目标确定主要功能目标。

6.2.2 海河流域北系水资源系统状态及其变化

根据《海河流域水资源综合规划》和《海河流域水资源公报》以及流域所涉省市公布的《水资源公报》，收集整理了各行政区 1951~2009 年水资源开发利用数据及水资源量数据。其中，1970 年以前水资源开发利用数据是参照"七五"攻关项目专题报告《华北地区大气水–地表水–土壤水–地下水相互关系研究》中用水定额及经济发展数据估算得到的。海河北系 1951~2009 年水资源开发利用情况变化见表 6-4 和图 6-2、图 6-3。

表 6-4 海河北系不同年代年均供水量和用水量

时段	供水量/亿 m³			用水量/亿 m³			
	地表水供水量	地下水供水量	总供水量	生活	工业	农业	总用水量
1951~1959 年	13.99	2.69	16.68	1.27	3.28	12.13	16.68
1960~1969 年	30.34	8.97	39.31	2.49	7.24	29.58	39.31
1970~1979 年	40.82	24.19	65.01	4.09	12.56	48.36	65.01
1980~1989 年	30.84	40.22	71.06	7.79	13.82	49.45	71.06
1990~1999 年	32.56	41.08	73.64	14.23	16.50	42.91	73.64
2000~2009 年	25.21	51.60	79.35	20.05	13.16	45.88	79.05

图 6-2 海河北系 1951~2009 年供水量

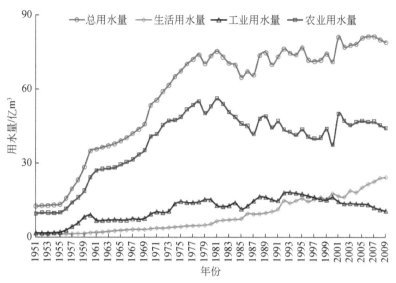

图 6-3 海河北系 1951～2009 年用水量

由表 6-4 和图 6-2 可以看出，供水量变化呈现如下规律：①1951～1959 年，海河北系总供水量相对较小，且以地表水供水为主，地下水供水量很小；②1960～1969 年，总供水量开始增加，地表水供水量增加较快，地下水供水量增加相对缓慢；③1970～1979 年，总供水量迅速增加，地下水供水量快速增加，但依然以地表水供水为主；④1980 年以后，供水量波动增加，年供水量均超过 70 亿 m³，地下水供水量快速增加并成为主要供水水源，地表水供水量和供水比例逐渐减小。

由表 6-4 和图 6-3 可以看出，用水量变化呈现如下规律：①1951～1959 年，海河北系年均总用水量 16.68 亿 m³，且农业用水占总用水量 70% 以上，工业和生活用水都很少；②1960～1969 年，工农业用水量缓慢增加使总用水量开始增加，而生活用水量增加较少；③1970～1989 年，总用水量快速增加，由 20 世纪 70 年代初的 40 亿 m³ 迅速增加至 80 年代的 70 多亿 m³，生活、工业和农业用水均迅速增加，农业依然是第一大用水部门；④1990～1999 年，总用水量依然在缓慢增加，但由于产业结构的调整，农业用水量有所减少，工业用水量缓慢增加，而生活用水量快速增加；⑤2000 年以后，随着产业结构的进一步调整，农业用水和工业用水向生活部门转移，生活部门超过工业成为第二大用水部门，总用水量依然呈增加趋势。

随着人类活动对海河北系水资源系统干扰的不断加大，海河流域水资源量呈现明显的衰减趋势。从海河北系 1956～2009 年水资源量变化来看（图 6-4），地表水资源量、地下水资源量及水资源总量均呈减小趋势，尤其是 1980～1982 年、2000～2002 年连续枯水年，同时地下水又严重超采使产流条件发生变化，水资源量处于历史较低水平。从海河北系 1956～2009 年入海水量来看（图 6-5），衰减趋势也十分明显，在某些年份甚至入海水量为零。

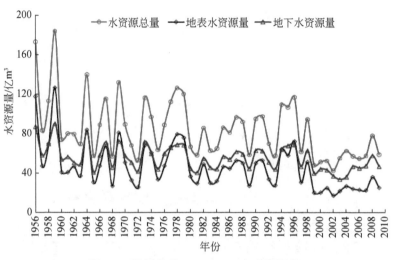

图 6-4　海河北系 1956～2009 年水资源量

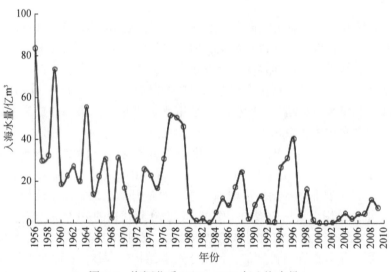

图 6-5　海河北系 1956～2009 年入海水量

6.3　流域水资源系统过程演变与预测

6.3.1　模型原理

随着人类活动对自然水循环过程的扰动不断加剧，尤其是在平原区等人类活动频繁的区域，自然水循环过程和人工影响过程构成了自然-人工复合水循环系统。而传统的水文模型或水循环模型还无法对这一复合系统进行客观、真实的模拟，而相关科研及开发应用工作对此需求迫切。在此背景下，分布式水循环模型（water allocation and cycle model，WACM）应运而生。模拟的主要过程包括蒸发蒸腾、积雪融雪、产流入渗、河道汇流、土壤水、地下水和人工水循环过程，模型的结构见图 6-6 所示。

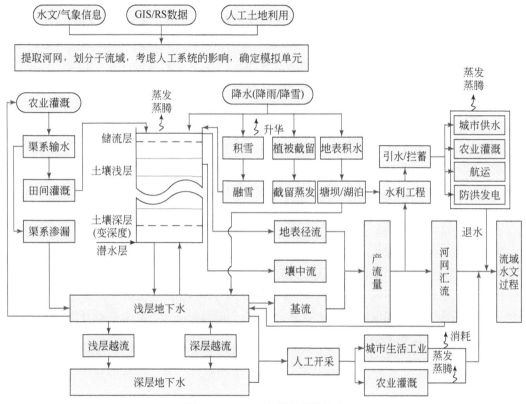

图 6-6　WACM 水循环模块结构

1. 蒸散发

蒸发蒸腾是水循环运动的关键环节之一，对流域水循环演变规律起着重要的作用，同时还是生态用水和农业节水等应用研究的重要着眼点。蒸发形成及其大小主要受气象条件、水源条件、植物生理特性、土壤属性及地下水埋深这几种因素的影响，这也是蒸散发过程模拟重点考虑的因子。其中，水面蒸发主要受气象因素的影响，裸地蒸发主要受前两个因素的影响，植被覆盖的陆地蒸发受前三个因素的影响，潜水蒸发受上述五个因素的影响。

WACM 对蒸散发过程的模拟主要包括水面蒸发、裸地蒸发、植被覆盖域蒸散发和不透水域蒸发。水面蒸发采用 Penman 公式进行模拟计算；裸地蒸发采用修正的 Penman 公式进行计算；植被覆盖域的蒸散发包括土壤蒸发、植被蒸腾、植被截留蒸发，分别采用修正的 Penman 公式、Penman-Monteith 公式和 Noilhan Planton 模型进行模拟计算；不透水域的蒸发主要根据 Penman 公式计算，并结合降水量、地表（洼地）储流能力和潜在蒸发能力进行模拟计算。

2. 积雪融雪过程

积雪融雪过程是北方地区水循环过程的重要环节，对于调节流域水量的时空分布具有重要作用。WACM 模型对积雪融雪过程的模拟采用了双层积雪融雪模型，最早应用在美国 DHSVM 模型中。该模型基于能量和质量平衡计算积雪和融雪过程，其中，能量平衡部分主要模拟融雪、再结冰以及积雪热含量的变化过程；质量平衡部分主要模拟积雪、融雪、雪水当量变化及融雪产流量。详细的计算过程可参考相关文献。

3. 土壤水运动

土壤层是控制地表水和地下水交换的关键区域，不仅影响着水循环过程，还是植物生长，氮、碳循环等过程发生的重要场所。土壤水系统是地表以下水分运动最为活跃的区域，从水量平衡的角度来说，降水、灌溉、蒸发是其上边界收支项；变动的潜水面是其下边界，收支项为渗漏补给地下水量和潜水蒸发量；地表产流及壤中流是其侧边界的收支项，各边界收支的平衡结果即为土壤水的蓄变量变化，反映了土壤的湿润或干燥程度。

下垫面条件是影响降水、产流及土壤水运动的一个重要因素，比如在灌溉农田，由于存在人工修筑的田埂，降水或灌溉水深只有超过了田埂的挡水高度才会产流，这与天然情况下地表产流入渗过程有着显著的差异。因此，为了计算灌溉田面排水和地表径流，模型在土壤层上考虑了地表储流层，将土壤分为三层，采用 Richards 方程进行计算，如图 6-7 所示。详细的计算过程可参考相关文献。

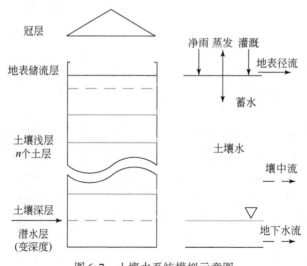

图 6-7　土壤水系统模拟示意图

4. 地下水运动

地下水过程主要考虑浅层地下水（潜水）和深层地下水（承压水）运动过程的模拟。模拟方程及求解方法如下。

在不考虑水的密度变化条件下，孔隙介质中地下水在水平二维空间的流动可以用下面的偏微分方程来表示。

1）浅层地下水

$$\frac{\partial}{\partial x}\left[K_{xx}(h_1 - h_b)\frac{\partial h_1}{\partial x}\right] + \frac{\partial}{\partial y}\left[K_{yy}(h_1 - h_b)\frac{\partial h_1}{\partial y}\right] + w = \mu\frac{\partial h_1}{\partial t} \tag{6-1}$$

2）深层地下水

$$\frac{\partial}{\partial x}\left(K_{xx}M\frac{\partial h_2}{\partial x}\right) + \frac{\partial}{\partial y}\left(K_{yy}M\frac{\partial h_2}{\partial y}\right) + w = S\frac{\partial h_2}{\partial t} \tag{6-2}$$

令 $T = K(h_1 - h_b)$ 或 $T = KM$，以上两式可统一表示为

$$\frac{\partial}{\partial x}\left(T_{xx}\frac{\partial h}{\partial x}\right) + \frac{\partial}{\partial y}\left(T_{yy}\frac{\partial h}{\partial y}\right) + w = S\frac{\partial h}{\partial t} \tag{6-3}$$

式中：T 为潜水含水层或承压含水层的导水系数，量纲为 L^2/T；K_{xx} 与 K_{yy} 为渗透系数在 X 和 Y 方向上的分量，假定渗透系数的主轴方向与坐标轴的方向一致；h_1、h_2、h_b 分别为潜水水位、承压含水层的水头、潜水底板高程；w 为地下水单元的源汇项；S 为贮水系数或释水系数，即该孔隙介质条件下单位水平面积的含水层柱体（柱体高为潜水层水头 h 或承压含水层厚度 M）当水头下降（或上升）一个单位时所释放（或储存）的水量，对于承压水来说为该承压含水层的贮水率与层厚的乘积，对于潜水含水层来说，为该潜水含水层的给水度 μ；t 为时间。

5. 流域汇流过程

坡面汇流是指地表径流在坡面上流动并向河道汇集的过程。若将坡面流看作是一种特殊形式的简单非恒定流，则可对圣维南方程组进行简化，忽略其惯性力项和压力项的影响，即得到运动波方程，具体见式（6-4）。

$$\begin{cases} \dfrac{\partial A}{\partial t} + \dfrac{\partial Q}{\partial x} = q \\ i = J \\ Q = \dfrac{A}{n}R^{2/3}J^{1/2} \end{cases} \tag{6-4}$$

式中：A 为过水断面面积（m²）；Q 为过水断面的流量（m³/s）；q 为坡面旁侧入流单宽流量（m²/s）；x 为坡面长度（m）；i 为坡面地表坡降（m/m）；J 为水力坡度（m/m）；R 为过水断面水力半径（m）；n 为曼宁糙率系数（s/m^{1/3}）。根据曼宁公式和运动方程，河道过水面积与流量之间的关系可以写成指数函数的形式如下：

$$A = \alpha \cdot Q^{\beta} \tag{6-5}$$

式中：$\alpha = \left(\dfrac{nP^{2/3}}{J^{1/2}}\right)^{0.6}$，其中 P 为过水断面的湿周（m）；$\beta=0.6$。

　　河道汇流是指由坡面汇流来的或由支流流入的径流在河道中演进的过程。考虑到流域水系的复杂性及方程求解的难易程度，仍选择运动波方程来模拟流域河网水系的水流演进过程，需要考虑河段之间的拓扑关系及其水流交换。

6. 水库

　　根据水库防洪、供水的需要（暂不考虑发电需水），将模拟时段分成汛期、汛末和非汛期三类。由于水库的实时调度过程因多种原因往往很难获取到，因此，对模拟期内的水库调度规则进行适度的简化，简化后的水库一般调度规则如表 6-5 所示。

表 6-5　水库运行的一般规则

时期	判断条件	水库调度措施	备注
汛期	水库蓄水位≤水库死水位 （水库蓄水量≤水库死库容）	下泄流量=0	①按日计算 ②判断条件中水库蓄水量为扣除人工引水、损失消耗等剩余的水量 ③下泄流量包括发电弃水在内
	水库死水位<水库蓄水位≤汛限水位 （水库死库容<水库蓄水量≤汛限水位库容）	按汛期调度流量①下泄	
	汛限水位<水库蓄水位≤正常蓄水位 （汛限水位库容<水库蓄水量≤正常水位库容）	按汛期调度流量②下泄	
	正常蓄水位<水库蓄水位<防洪高水位 （正常水位库容<水库蓄水量<防洪水位库容）	按汛期调度流量③下泄	
	水库蓄水位≥防洪高水位 （水库蓄水量≥防洪水位库容）	按水库最大出流能力下泄	
汛末	水库蓄水位≤水库死水位 （水库蓄水量≤水库死库容）	下泄流量=0	
	水库死水位<水库蓄水位≤正常蓄水位 （水库死库容<水库蓄水量≤正常水位库容）	按汛末基本流量①下泄	
	正常蓄水位<水库蓄水位<防洪高水位 （正常水位库容<水库蓄水量<防洪库容）	按汛末基本流量②下泄	
	水库蓄水位≥防洪高水位 （水库蓄水量≥防洪库容）	按水库最大出流能力下泄	
非汛期	水库蓄水位≤水库死水位 （水库蓄水量≤水库死库容）	下泄流量=0	
	水库死水位<水库蓄水位<防洪高水位 （水库死库容<水库蓄水量<防洪库容）	按非汛期基本流量下泄	
	水库蓄水位≥防洪高水位 （水库蓄水量≥防洪库容）	按水库最大出流能力下泄	

按照表6-5中的水库调度的一般规则，分别模拟相应调度规则下的水库出流量。具体如下所示。

1）汛期

$$
\begin{cases}
Q_{out} = 0 & V_{store} \leqslant V_{dead} \\
Q_{out} = f_{X1}(Q) & V_{dead} < V_{store} \leqslant V_{Lowflood} \\
Q_{out} = f_{X2}(Q) & V_{Lowflood} < V_{store} \leqslant V_{normal} \\
Q_{out} = f_{X3}(Q) & V_{normal} < V_{store} < V_{Highflood} \\
Q_{out} = Q_{max} & V_{store} \geqslant V_{Highflood}
\end{cases}
\tag{6-6}
$$

式中：Q_{out} 为水库出流流量（m³/s）；V_{store} 为当前时段末水库的蓄水量（m³）；V_{dead} 为水库的死库容（m³）；$V_{Lowflood}$ 为水库的汛限水位对应的库容（m³）；V_{normal} 为水库的正常蓄水位对应的库容（m³）；$V_{Highflood}$ 为水库的防洪高水位对应的库容（m³）；$f_{X1}(Q)$、$f_{X2}(Q)$、$f_{X3}(Q)$ 分别为汛期不同情况下水库调度流量的下泄过程（m³/s），需要针对具体的水库和来水情况确定；Q_{max} 为水库的最大下泄能力（m³/s）。

2）汛末

$$
\begin{cases}
Q_{out} = 0 & V_{store} \leqslant V_{dead} \\
Q_{out} = f_{XE1}(Q) & V_{dead} < V_{store} \leqslant V_{normal} \\
Q_{out} = f_{XE2}(Q) & V_{normal} < V_{store} < V_{Highflood} \\
Q_{out} = Q_{max} & V_{store} \geqslant V_{Highflood}
\end{cases}
\tag{6-7}
$$

式中：$f_{XE1}(Q)$、$f_{XE2}(Q)$ 为汛期末不同情况下水库调度流量的下泄过程（m³/s）；其他符号意义同上。

3）非汛期

$$
\begin{cases}
Q_{out} = 0 & V_{store} \leqslant V_{dead} \\
Q_{out} = f_{NX}(Q) & V_{dead} < V_{store} < V_{Highflood} \\
Q_{out} = Q_{max} & V_{store} \geqslant V_{Highflood}
\end{cases}
\tag{6-8}
$$

式中：$f_{NX}(Q)$ 为非汛期水库流量的下泄过程（m³/s）；其他符号意义同上。

7. 人工用水过程

WACM模型对人工用水过程分两类进行模拟，即灌溉用水和工业生活用水。

1）灌溉用水过程

（1）干渠渠系的水量平衡如下。

$$
Q_{k+1} = Q_k + P - E_W - Q_S - Q_C - Q_L
\tag{6-9}
$$

式中：P 为降水量；E_W 为干渠水面蒸发损失量；Q_S 为干渠渠段渗漏水量；Q_C 为从干渠引水进入支渠的水量；Q_L 为干渠补给湖泊湿地的水量；Q_k 与 Q_{k+1} 分别为进入和流出干渠渠段的水量。

（2）支渠渠系的水量平衡如下。

$$Q_C = E_W + Q_Z + Q_{ZS} + Q_{ZP} - P \tag{6-10}$$

式中：P 为降水量；E_W 为支渠水面蒸发损失量；Q_{ZS} 为支渠渠段渗漏水量；Q_{ZP} 为进入排水沟的水量；Q_C 为从干渠引水进入支渠的水量；Q_Z 为供给用户的水量。

2）工业和生活用水过程

（1）工业和生活耗水量。

$$Q_D = \sum_{i=1}^{2} \lambda_i \cdot Q_{oi} \tag{6-11}$$

式中：Q_D 为城镇与农村工业生活耗水量；Q_{oi} 为工业和生活用水量；λ_i 为工业和生活的耗水率；数字 1、2 分别表示工业和生活。

（2）废污水排放量。

$$Q_W = \sum_{i=1}^{2} (1 - \lambda_i) \cdot Q_{oi} \tag{6-12}$$

式中：Q_W 为工业和生活废污水排放量；其他符号意义同上。

6.3.2 模型构建

1. 模拟子流域划分

子流域按流域的 DEM 提取，DEM 数据来自美国国家航空航天局（National Aeronautics and Space Administration，NASA），分辨率为 30m，精度符合流域分布式水文模型的要求。划分子流域前首先对流域的河网水系进行提取，根据 D8 最大坡降单流向算法计算出流向，根据流向提取出流域的河网水系，提取的河网和实际河网对比发现，提取河网基本与实际河网分布一致，根据提取的河网划分出 534 个子流域，每个子流域对应一条水系。由于社会经济用水一般是按行政区域划分，为了方便对人工用水信息的输入，在划分好的子流域上进一步叠加县市区的信息，得到 863 个计算单元，另外考虑灌区分布的情况，将灌区的范围与子流域叠加，划分出 1106 个计算单元。按照计划需要对平原区地下水运动进行详细数值模拟，按照计算需要，在保留平原区划分的子流域、行政区和灌区等信息的基础上，按照 2km×2km 的网格对平原区进一步剖分，最终得到全流域有效计算单元 8143 个，每个单元分别具有子流域、行政区、灌区、地下水模拟的信息。

2. 土地利用分布

采用的土地利用数据由中国科学院地理科学与资源研究所提供，选取 2005 年土地利用图作为基准，通过对海河流域北系部分的土地利用空间分布信息的提取、重分类、校正后得到所需的土地利用情况。为了准确计算灌区的水文循环和人工取用水配置，对农田部分根据各地区种植结构进行详细的划分。根据各县市区的经济发展年鉴和公报数据，在海河流域北系选取冬小麦、玉米、蔬菜①等 12 种作物作为主要的农田种植结构，各作物所占的比例情况如表 6-6 所示。

表 6-6　海河流域北系主要作物种植面积及其比例

序号	作物类型	作物代码	播种面积/hm²	比例/%
1	小麦	6	25078	11.12
2	油菜	7	27947	1.2
3	大豆	8	139474	6.2
4	玉米	9	1107507	48.9
5	棉花	10	51206	2.3
6	高粱	11	3990	0.2
7	谷子	12	104590	4.6
8	花生	13	157848	7.0
9	蔬菜	14	366265	16.2
10	瓜类	15	20700	0.9
11	果树	16	2100	0.1
12	水稻	17	34062	1.5
	合计		2266471	100

3. 土壤类型空间分布

土壤类型是影响流域水文过程的一个重要因素，对水分的入渗、水分的垂向分布有直接的影响。根据我国土壤类型划分标准及土壤类型分布情况，海河流域北系提取到的土壤有 58 种，主要由褐土、淋溶褐土和潮土组成。

4. 气象数据的整理

本次模型构建中使用了 19 个气象站点的数据，气象要素包括风速、辐射、气温、降水等数据，模型认为每一个子流域气象条件是一样的，采用泰森多边形法将气象数据分配到每一个子流域，即每一个子流域形心点最近的气象站数据为本子流域的气象驱动数据。

5. 社会经济用水数据

1）城市工业生活用水过程

城市工业生活用水数据从流域以及各地公布的《水资源公报》中统计得到。由于存在一个行政区部分在海河北系范围内、部分在海河北系范围外，因而统计得到的各行政区用水量不能直接输入模型中，需要进行适当的处理，根据工业用地和居民用地（居工地）面积分布情况将海河北系外的工业用水部分扣除。同样，各计算单元取用的工业生活用水量也是根据单元居工地面积占所在地居工地总面积的比例进行分配，如表 6-7 所示。

---

① 将不同种类蔬菜当作一种作物，不作区分。

表 6-7   海河北系各地城市工业生活用水总量   （单位：亿 m³）

区域	2000 年	2001 年	2002 年	2003 年	2004 年	2005 年	2006 年	2007 年	2008 年	2009 年
北京	18.62	15.82	13.84	15.82	14.35	14.85	14.96	14.06	14.38	14.40
天津	3.57	3.30	3.59	3.31	3.84	3.70	3.82	3.78	3.61	3.69
承德	0.12	0.15	0.09	0.10	0.16	0.17	0.21	0.19	0.20	0.18
廊坊	0.71	0.77	0.78	0.82	0.89	0.79	0.84	0.83	0.85	0.80
唐山	1.37	1.64	1.82	2.14	2.16	2.07	2.06	2.06	2.12	2.10
张家口	1.76	1.75	1.73	1.10	1.66	1.52	1.76	1.77	1.68	1.71
大同	1.25	1.42	1.53	1.52	1.53	1.95	1.96	1.88	1.91	1.56
朔州	1.30	0.94	0.92	0.86	0.80	1.16	1.00	0.78	0.58	0.52
忻州	0.014	0.014	0.014	0.015	0.03	0.03	0.03	0.03	0.03	0.02
乌兰察布	0.09	0.07	0.11	0.12	0.13	0.10	0.13	0.15	0.16	0.15
合计	28.80	25.87	24.42	25.81	25.55	26.34	26.77	25.53	25.52	25.13

注：表中数据为各行政区在海河北系部分的用水量。

2）农村生活用水过程

农村生活用水数据从流域以及各地公布的《水资源公报》中统计得到。处理的方式与工业生活用水处理类似，海河北系各地农村生活用水量见表 6-8。一般来说，农村生活用水均取自于地下水。因此，模拟时农村生活用水认为全部取自地下水。

表 6-8   海河北系各地农村生活用水总量   （单位：亿 m³）

区域	2000 年	2001 年	2002 年	2003 年	2004 年	2005 年	2006 年	2007 年	2008 年	2009 年
北京	2.34	2.36	2.50	2.81	2.95	2.78	2.68	2.42	2.31	2.24
天津	0.50	0.55	0.69	0.55	0.63	0.63	0.69	0.77	0.73	0.66
承德	0.09	0.11	0.06	0.07	0.10	0.10	0.10	0.11	0.11	0.10
廊坊	0.68	0.7	0.67	0.76	0.8	0.74	0.85	0.9	0.91	0.88
唐山	0.50	0.52	0.51	0.6	0.57	0.49	0.52	0.55	0.56	0.53
张家口	0.54	0.57	0.59	0.46	0.79	0.54	0.67	0.72	0.67	0.69
大同	0.21	0.23	0.25	0.24	0.23	0.3	0.29	0.31	0.35	0.36
朔州	0.15	0.12	0.12	0.14	0.15	0.24	0.18	0.17	0.13	0.13
忻州	0.004	0.004	0.004	0.005	0.01	0.01	0.01	0.01	0.01	0.01
乌兰察布	0.06	0.06	0.08	0.11	0.13	0.13	0.14	0.15	0.14	0.14
合计	5.07	5.22	5.47	5.75	6.36	5.96	6.13	6.11	5.92	5.74

6.3.3   模型率定与验证

结合资料获取的情况，确定以 2000～2002 年作为模型预热，分别以 2003～2004 年和 2005～2006 年作为模型率定期和验证期，从蒸散发过程、地表径流过程、流域出口年输出水量、土壤含水量、地下水埋深、土壤氮、河流氮、作物产量等几个方面对流域水-氮-碳循环转化模型进行率定和验证。

1. 蒸散发验证

蒸散发的验证选择密云水库水面蒸发量进行验证。率定期相对误差为14%，纳什效率系数为0.89；验证期相对误差为-3.4%，纳什效率系数为0.92。如图6-8所示。

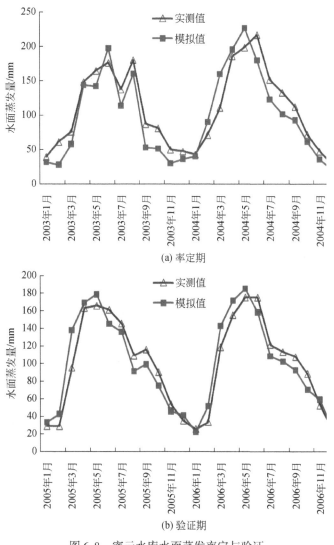

(a) 率定期

(b) 验证期

图 6-8　密云水库水面蒸发率定与验证

2. 地表水径流的验证

海河北系地表水径流的率定与验证分两个方面：一方面是河道控制水文站的月径流过程，根据资料获取情况，选取通州区水文站和三家店水文站的月径流过程进行率定和验证；另一方面是流域出口入海水量。其中，2003～2004 年作为率定期，2005～2006 年作为验证期（图 6-9～图 6-11）。通州区水文站率定期的相对误差和纳什效率系数分别为 12% 和 0.82；验证期的相对误差和纳什效率系数分别为 10% 和 0.89。三家店水文站率定期的相对误差和纳什效率系数分别为 10% 和 0.79；验证期的相对误差和纳什效率系数分别为 9% 和 0.91。

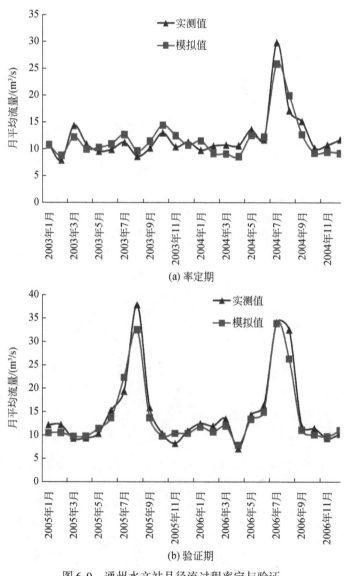

图 6-9　通州水文站月径流过程率定与验证

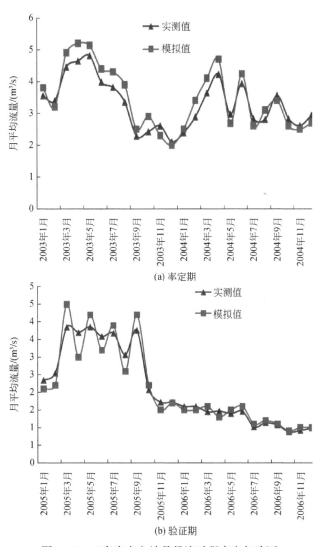

(a) 率定期

(b) 验证期

图 6-10　三家店水文站月径流过程率定与验证

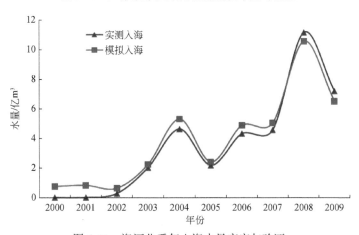

图 6-11　海河北系年入海水量率定与验证

3. 土壤水的验证

土壤水的验证以北京市大兴区的某试验站 2006 年的土壤水监测资料进行验证，验证结果如图 6-12、图 6-13 所示。从图中可以看出，模拟的土壤含水量与实测在趋势上基本一致。

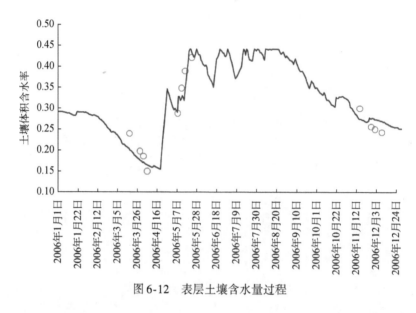

图 6-12　表层土壤含水量过程

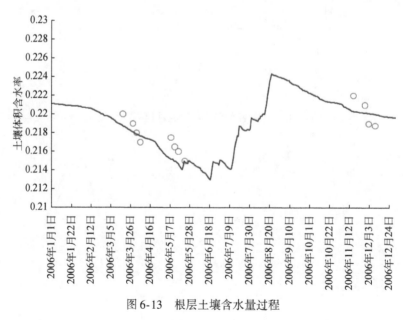

图 6-13　根层土壤含水量过程

4. 地下水的验证

地下水以 2005 年末以及 2009 年末的潜水埋深和水头与实测值进行比较验证。详见图 6-14 所示。从拟合效果来看，模拟值基本反映了地下水的实际分布情况。

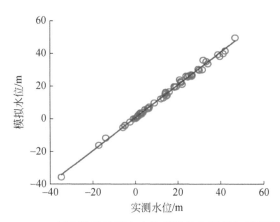

图 6-14　2005 年末浅层地下水水位观测井实测值与模拟值对比

6.4　流域水资源系统临界特征值识别与分析

6.4.1　流域水循环要素时空演变

1. 蒸散发

在时间分布上，2000 ~ 2009 年海河北系年蒸散发量在 317.3 亿 ~ 387.2 亿 m³ 变化，2008 年最大，2003 年蒸散发量最小，如图 6-15 所示。从降水及农田灌溉用水总量与其对应的蒸散发总量对比分析可以发现，二者之间具有显著的相关关系，相关系数达到 0.826，即降水丰富，供水充足条件下，流域蒸散发量也随之增加，降水偏少，供水供应不足时，蒸散发量也随之减少，详细如图 6-16 所示。

受气象条件的影响，蒸散发量的年内分布情况也存在明显的差异，各月平均蒸散发总量为 11.5 ~ 72.4mm，与降水的各月分布有较大关系，5 ~ 8 月蒸散发总量占全年的 55% 以上。空间上各月蒸散发量的分布如图 6-17 所示。

受区域气象条件、地形地貌、下垫面状况、人类活动影响等因素作用，流域蒸散发量在空间的分布上存在较为显著的差异。不同区域空间上的年蒸散发总量为 225 ~ 1143mm，分布差异十分明显，总体来看，在人类活动频繁的平原区，尤其是城市地区的年蒸散发总量较大。

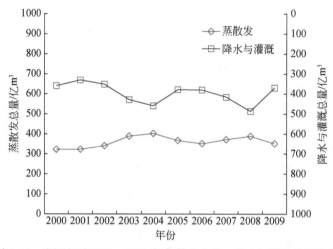

图 6-15　海河北系 2000～2009 年蒸散发总量、降水与灌溉总量变化

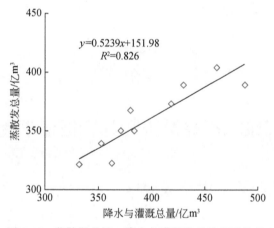

图 6-16　蒸散发总量、降水与灌溉总量的相关关系

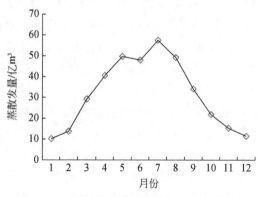

图 6-17　海河北系蒸散发量年内分布情况

2. 地表产流

地表产流过程是流域水循环的关键环节之一，其时空变化的分布特征是研究流域整体的水循环演变规律、驱动机制及归因分析，进行水资源评价、水资源管理、水环境及水生态的相关研究的重要基础。2000～2009 年，海河北系陆面年平均降水量为 347.9 亿 m³，年平均径流量为 24.6 亿 m³（图 6-18），平均径流系数为 0.07，平均径流模数为 2.9 万 m³/km²。下面对海河北系 2000～2009 年间的陆面产流过程的时间、空间变化规律进行分析。

时间上，地表径流存在着年际变化特征。2000～2009 年，海河北系的地表径流系数平均为 0.07，最大为 0.1（2006 年），最小为 0.05（2001 年、2002 年和 2007 年），地表产流效率较低，一方面反映出海河北系土壤层较为干燥，大部分降水首先入渗到土壤及地下。海河北系的年径流模数为 1.79～4.04 万 m³/km²，最大值、最小值分别出现在 2006 年和 2002 年，如图 6-19 所示。

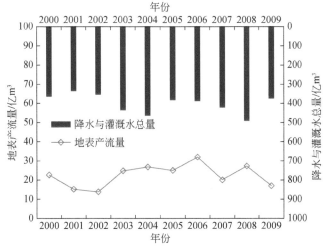

图 6-18　海河北系 2000～2009 年地表年径流量变化

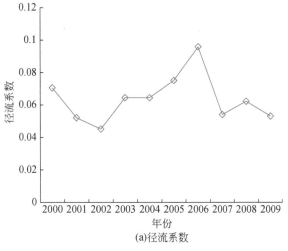

(a)径流系数

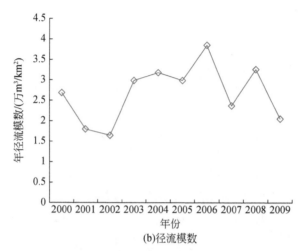

(b)径流模数

图 6-19　海河北系 2000~2009 年径流系数与径流模数变化

　　降水变化是影响地表径流过程的主要因素。图 6-20 为海河北系各月产流的分布情况，从图中可以看出，产流主要集中在汛期的 6~9 月，产流量占全年的 89%；11 月至翌年 2 月，几乎没有产流。在时间分布上，降水、产流具有很好的对应关系。

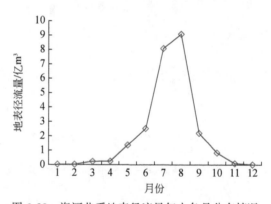

图 6-20　海河北系地表径流量年内各月分布情况

　　与此同时，人类涉水活动对地表产流过程的影响也日益突出，成为影响产汇流过程的重要因素。2000~2009 年，海河北系降水偏少，处于干旱期，而流域内农业灌溉、工业生活用水需求日益增大，地下水超采严重，各类蓄水、引水、输水等水利设施对地表径流过程的干预程度增大，上游地区水土保持工程的建设等因素在一定程度上降低了降水对流域产流的影响强度。这种影响主要体现在地表径流对降水量（强度和时间）的响应方面。其主要表现在两个方面：一是枯水期几乎没有产流，即使有降雨产生，由于土壤层厚度增大、土壤干燥，降水主要通过入渗补给土壤层和蒸发被消耗，很难有富余的水量形成地表径流；二是这种效应在汛期也有明显的表现，在过去一次降水 20~30mm 即会形成可观的径流，而现在在农田、林草等多种下垫面中，一次超过 50mm 的降水的径流量仍然十分有限。

3. 土壤水

土壤水是流域内重要的水资源，其蓄变量变化与降水、灌溉、产流、渗漏补给地下水等循环关键过程都有着密切的关系，同时对评价和掌握流域水资源状况，保障流域内农业生产、自然生态的健康发展具有重要的作用。下面根据模拟计算结果分析海河北系土壤水的时空动态变化规律。

受降水、灌溉等外源水的影响，流域土壤水蓄量呈波动变化的特征。图 6-21 为 2000~2009 年海河北系土壤蓄变量的变化过程，可以看出，随着年降水量的丰枯变化，土壤水蓄变量也随之增加或减少，不断交替变化，总体上基本保持平衡，略有减少，10 年平均减少约 7mm；2000 年、2003 年、2004 年、2007 年、2008 年的土壤水蓄量为正值，其中 2003 年最大，达到 83mm；其余 5 年的蓄变量为负值，2009 年的负蓄变量最大，达到 −63mm。

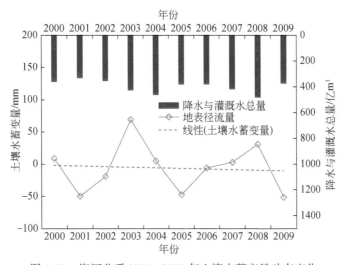

图 6-21　海河北系 2000~2009 年土壤水蓄变量动态变化

与土壤水的年蓄变过程类似，随着降水时空分布的变化，土壤水蓄变量也随之丰增枯减。图 6-22 为海河北系 2000~2009 年的土壤水蓄变月过程，可以看出土壤水蓄变过程表现为汛期增加和枯水期减少的交替动态变化特征。对上述月过程进行统计，如图 6-23 所示，可以发现全年内 11 月到翌年 5 月之间土壤水蓄变量为负值，即土壤水资源的消耗量大于补给量，并且在 3 月达到最大；随着农田灌溉及降水补给量的逐渐增多，土壤水蓄变量在 6~9 月逐渐为正，即补给量大于消耗量，且在 7 月达到最大值。

4. 地下水

由于 2000 年以来，海河北系处于一个连续干旱的时期，降水偏少，地下水超采日益严重，北京地区平均浅层地下水埋深已达到 24.1m（2009 年末），近 10 年地下水水位年均下降 1.02m。因而，虽然在各年汛期及降水偏丰年份地下水得到一定程度的补给，但多数年份仍属于入不敷出、蓄变量持续为负的状况，如图 6-24 所示，近 10 年只有 2008 年的地

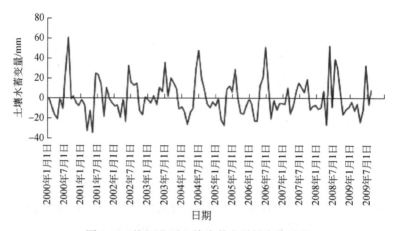

图 6-22　海河北系土壤水蓄变量月变化过程

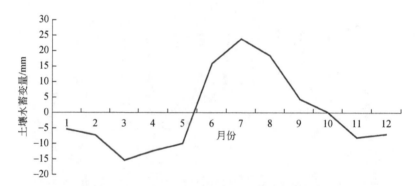

图 6-23　海河北系土壤水蓄变量年内分布情况

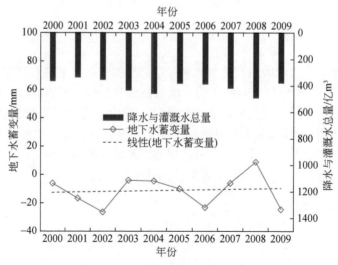

图 6-24　海河北系地下水蓄变量变化

下水蓄变值为正。影响地下水补给的主要因素为降水，灌溉、河湖渗漏等也会对地下水的补排产生一定的影响。

6.4.2 不同储水空间的水资源量变化规律

1. 农田

图 6-25 为海河北系 2000～2009 年农田土壤层水量平衡结果。由于海河北系农业灌溉用水的 2/3 左右来自地下，地下水超采严重，加上近年来降水偏少，地下水水位连年下降，土壤不饱和层厚度增大，土壤水蓄存空间增大，客观上增大了土壤水资源量。与此同时，地表水或地下水灌溉也在一定程度上增加了一部分水资源量。

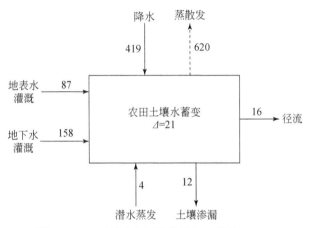

图 6-25 农田储水空间水量平衡（单位：mm）

2. 林地

图 6-26 为海河北系 2000～2009 年林地土壤层水量平衡结果。从图中可知，林地多年平均土壤水蓄变为 –6mm，说明林地土壤层平均含水量降低，土壤正在趋向干燥。

3. 草地

图 6-27 为海河北系 2000～2009 年草地土壤层水量平衡结果。从图中可知，草地多年平均土壤水蓄变为 –7mm，说明草地土壤层平均含水量降低，土壤正在趋向干燥。

4. 居工地

图 6-28 为海河北系 2000～2009 年居工地土壤层水量平衡结果。从图中可知，居工地多年平均土壤水蓄变为 17mm，说明居工地土壤水资源量增加，主要由两方面原因造成：一方面是居工地多分布在平原地区，平原地区地下水超采严重，地下水水位下降，客观上

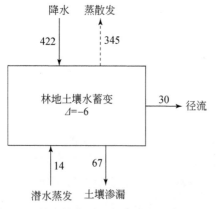

图 6-26　林地储水空间水量平衡（单位：mm）

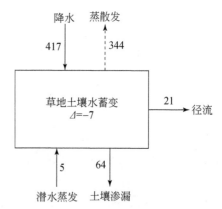

图 6-27　草地储水空间水量平衡（单位：mm）

造成土壤不饱和层增大；另一方面，居工地不透水地面较多，这些不透水地面在阻隔了降水入渗通道的同时，也阻隔了一部分土壤水蒸发损失。

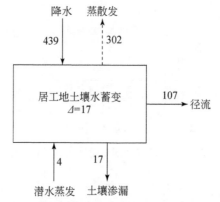

图 6-28　居工地储水空间水量平衡（单位：mm）

6.4.3　流域水资源系统临界特征值识别

1. 海河流域北系水资源系统临界值评价单元划分

为方便流域的旱涝评价，研究采用 16km×16km 的矩形网格对海河流域北系进行剖分，得到 373 个旱涝评价单元。由于评估矩形单元与水循环模型计算单元并不是相互匹配，评估单元和计算单元的边界未必重合，评估单元中既有完整的计算单元也有相交的计算单元，对于相交的计算单元研究采用的方法是根据面积分割，评估单元的水资源量等于完整计算单元的水资源量加上相交计算单元的水资源量乘以相交部分的面积比例。对于水资源管理来说，通常比较关注的有三种属性单元，即城市单元、农田单元和生态单元，海河流域北系共分为城市单元 43 个、农田单元 163 个及林草生态单元 167 个。

2. 各评价单元水资源系统评价指标的计算

海河流域北系共计被剖分为 373 个评价矩形单元格，每个单元格包含 1990～2013 年逐月的水资源量信息，对每个单元格的旱涝等级划分不考虑其他单元格的影响，仅对本单元格 1990～2013 年的水资源数据进行标准化水资源量指数的计算，为对比不同条件下区域内标准水资源量指数的评价结果，选取了 1993 年 4 月、1993 年 7 月、2003 年 4 月、2003 年 7 月、2012 年 4 月和 2012 年 7 月作为对比对象，1993 年、2003 年和 2012 年分别在 1990～2013 年序列中分别属于枯水年、平水年和丰水年，而 4 月通常处于作物播种期，区域的水资源量对农业生产极为重要，7 月海河流域北系水资源管理进入防洪警戒阶段，区域的旱涝评价也非常重要，另外，4 月和 7 月通常属于海河流域的旱季和涝季，选择这几个月份对比是考虑了选取样本的代表性。图中旱涝等级共分为 7 级，从 1～7 分别为"重度洪涝""中度洪涝""轻度洪涝""正常状态""轻度干旱""中度干旱"和"重度干旱"。

1993 年属于枯水年，根据标准水资源量指数的评价结果，大部分区域处于轻度干旱到重度干旱之间的状态，说明 4 月的区域整体水资源量低于 4 月的多年平均水平，其中，76 个单元评价为正常状态，占区域评价单元总数的 20.4%，大部分分布在海河流域北系的山丘区域，99 个单元评价为轻度干旱，占评价单元总数的 26.5%，145 个单元评价为中度干旱、53 个单元评价为重度干旱，分别占评价单元总数的 38.9% 和 14.2%。

在 2003 年 4 月的旱涝等级评价中，有 6 个单元评价为中度洪涝，占评价单元总数的 1.6%，说明这些单元的水资源量较往年偏多；52 个单元评价为轻度洪涝，占评价单元总数的 13.9%；159 个单元评价为正常状态，占评价单元总数的 42.6%；75 个单元股评价为轻度干旱，占评价单元总数的 20.1%；39 个单元评价为中度干旱，占评价单元总数的 10.5%；42 个单元评价为重度干旱，占评价单元总数的 11.3%。

2012 年 4 月旱涝等级评价结果为，25 个单元评价为中度洪涝，占评价单元总数的 6.7%；60 个单元评价为轻度洪涝，占评价单元总数的 16.1%；145 个单元评价为正常状态，占评价单元总数的 38.9%；96 个单元评价为轻度干旱，占评价单元总数的 25.7%；45 个单元评价为中度干旱，占评价单元总数的 12%；2 个单元评价为重度干旱，占评价单元总数的 0.6%。

1993 年 7 月的旱劳等级评价结果为，依然处于干旱状态的单元居多，说明 1993 年 7 月区域的不同单元可利用水资源量也比往年偏少，有 10 个单元评价为中度洪涝，占评价单元总数的 2.7%；有 15 个单元评价为轻度洪涝，占评价单元总数的 4%；有 73 个单元评价为正常状态，占评价单元总数的 19.6%，139 个单元评价为轻度干旱，占评价单元总数的 37.3%；82 个单元评价为中度干旱，占评价单元总数的 22%；7 个单元评价为重度干旱，占评价单元总数的 14.5%。

2003 年 7 月的旱涝等级评价结果显示，55 个单元评价为中度洪涝，占评价单元总数的 14.7%；70 个单元评价为轻度洪涝，占评价单元总数的 18.8%；97 个单元评价为正常状态，占评价单元总数的 26%；59 个单元评价为轻度干旱，占评价单元总数的 10.7%；57 个单元评价为中度干旱，占评价单元总数的 15.3%；35 个单元评价为重度干旱，占评价单元总数的 9.4%。

2012 年 7 月旱涝等级评价结果为，38 个单元评价为重度洪涝，主要分布在东部地区，占评价单元总数的 10.2%；83 个单元评价为中度洪涝，占评价单元总数的 22.2%；117 个单元评价为轻度洪涝，占评价单元总数的 31.4%；78 个单元评价为正常状态，占评价单元总数的 20.9%；40 个单元评价为轻度干旱，占评价单元总数的 10.7%；15 个单元评价为中度干旱，占评价单元总数的 4%；2 个单元评价为重度干旱，占评价单元总数的 0.6%。

3. 不同等级旱涝概率及累积概率分布

对于一个流域来说，合理的评价指标应该能反映流域不同旱涝等级单元的分布情况和累积情况，流域内只有一个单元处于严重干旱或严重洪涝状态并不能说明流域进入了严重干旱或严重洪涝状态，同样流域内所有的单元都处于轻微干旱或者轻微洪涝时，也不能说明流域进入了干旱或洪涝状态。我们对流域内发生不同等级旱涝的单元个数进行频率分析和累积频率分析，目的就是通过统计分析研究流域的干旱或洪涝状态。

图 6-29 为 1993 年、2003 年和 2012 年的 4 月发生不同旱涝等级的单元个数概率分布曲线，从图 6-29 中可以看出，1993 年 4 月的概率分布曲线明显偏右，说明 1993 年的更多的单元评价为干旱的状态，而中度干旱发生的概率最大，2003 年和 2012 年 4 月的概率密度曲线相似，说明两组数据的旱涝等级分布相似。图 6-30 为 1993 年、2003 年和 2012 年 4 月不同等级旱涝发生的累积概率分布曲线，累积曲线偏左说明流域发生洪涝的概率更大，累积曲线偏右则说明流域发生干旱的概率更大，累积曲线变化的速率则反映流域中不同等级旱涝发生的离散情况，曲线变化速率越大，说明流域中分布的不同等级旱涝发生的概率越接近，流域内的旱涝等级相对分散，发生不同等级的单元个数相近，反之，曲线变化速率越小，流域内发生同一等级的旱涝事件的概率越大，更多的单元集中在较少的几个旱涝

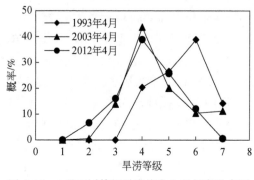

图 6-29 4 月不同等级旱涝均发生的概率分布图

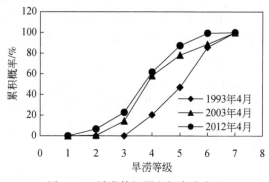

图 6-30 旱涝等级累积概率分布图

等级中。从图 6-30 中可以看出 1993 年 4 月的曲线变化速率最小，意味着 1993 年 4 月更多的单元集中在某几个旱涝等级中，结合图 6-29 也能看出 1993 年 4 月大部分单元都集中在轻度干旱到中度干旱等级中。综上所述，不同等级旱涝均发生累积概率分布可以反映流域旱涝等级发生的规模和分布情况。

图 6-31 为 7 月不同等级旱涝均发生的概率分布，选取的典型年份依旧是 1993 年、2003 年和 2012 年，由于 7 月为海河流域北系汛期的开始，降水量增多，枯水年、平水年和丰水年的不同属性单元的水资源量的旱涝状态差异比 4 月要明显。从图 6-31 也可以看出，1993 年为枯水年，7 月的不同等级旱涝发生的概率明显偏左，说明 7 月的降水少于多年平均水平。2012 年为丰水年，尤其是 7 月海河流域北系的东部地区降水量骤增，北京地区发生了 "7.21" 洪涝灾害，在图 6-31 中也表现出了概率分布曲线偏右的情况，对流域来说，反映出较多的单元为洪涝状态。2003 年为平水年，概率分布曲线处于中间位置，处于正常状态的单元居多，也有部分地区出现轻微洪涝或轻微干旱，总的来说，平水年的流域大部分单元没有出现极端的旱涝事件。从累积概率分布上看（图 6-32），2012 年 7 月的累积概率分布曲线较为上扬，反映了流域整体的情况为偏洪涝，1993 年 7 月的累积概率分布曲线偏下，反映了当时流域整体情况为偏干旱，2012 年 7 月的曲线斜率较 1993 年 7 月的曲线斜率大，也说明了 2012 年 7 月旱涝等级较为集中，发生洪涝的单元较多，1993 年 7 月旱涝等级在不同单元上分布稍分散。

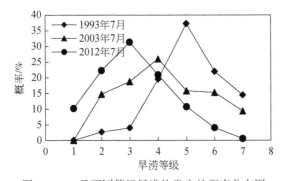

图 6-31　7 月不同等级旱涝均发生的概率分布图

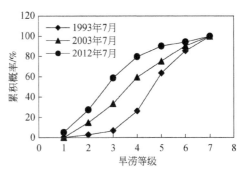

图 6-32　7 月旱涝等级累积概率分布图

通过以上的分析可以了解到不同旱涝等级累积概率分布曲线可以反映流域的不同旱涝事件发生的强度（曲线的位置）、影响的范围（曲线的斜率）及影响的时间（不同月份曲线的偏移），以上三个指标是评价流域旱涝情势的关键因素，通过量化这条曲线就能定量的分析流域的旱涝状态。概率累积分布曲线大致呈 S 形，表现为 S 形的函数有很多种，包括 Sigmoid 函数曲线、双曲正切函数曲线、Gompertz 函数曲线以及 Boltzmann 函数曲线等，如表 6-9 所示。

表 6-9　S 形相关曲线及其函数表达式

曲线名称	函数表达式
Sigmoid 函数曲线	$S(x) = \dfrac{1}{1 + e^{-x}}$

曲线名称	函数表达式
双曲正切函数曲线	$\tanh x = \dfrac{\sinh x}{\cosh x} = \dfrac{e^x - e^{-x}}{e^x + e^{-x}}$
Gompertz 函数曲线	$G(x) = k e^{-b e^{-ax}}$
Boltzmann 函数曲线	$B(x) = \dfrac{a_1 - a_2}{1 + e^{(x-x_0)/dx}} + a_2$

尽管不同的函数都能绘制出 S 形曲线，但是不同函数中的参数表达的物理意义是不同的，在累积概率分布曲线中，我们关注的是曲线的偏移量和曲线的斜率，在 Boltzmann 函数中 x_0 为曲线的中点（y 为波高的一半时对应的值），$x - x_0$ 即表现为曲线的偏移情况，而 dx 代表的是 S 形曲线的坡度，即反映了曲线的斜率，因此，用 Boltzmann 函数拟合累积概率曲线最为合适，有关 Boltzmann 函数的更详细表述请见第 3 章。用 Boltzmann 函数拟合不同年月的累积概率分布曲线情况如图 6-33 ~ 图 6-38 所示。

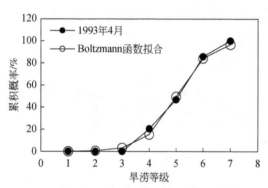

图 6-33　1993 年 4 月累积概率分布函数拟合

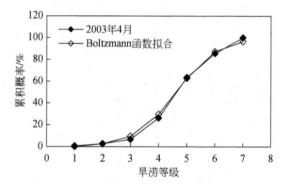

图 6-34　2003 年 4 月累积概率分布函数拟合

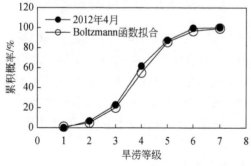

图 6-35　2012 年 4 月累积概率分布函数拟合

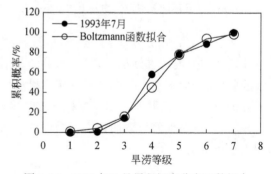

图 6-36　1993 年 7 月累积概率分布函数拟合

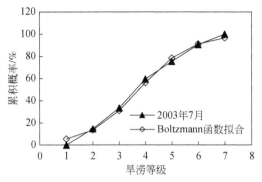

图 6-37 2003 年 7 月累积概率分布函数拟合

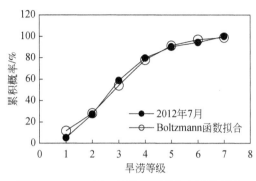

图 6-38 2012 年 7 月累积概率分布函数拟合

通过 Boltzmann 函数拟合不同年月旱涝等级累积概率曲线后，曲线的关键参数值就可以定量地表现出来，从表 6-10 可以看出不同参数所代表的意义，参数 x_0 表示累积概率曲线的中点值，即纵坐标累积概率为 S 形曲线高度一半时对应横坐标旱涝等级的值，它反映了曲线偏向，x_0 为 4 附近说明流域整体处于正常状态，x_0 偏向于 1 方向说明流域整体偏洪涝状态，x_0 偏向于 7 方向说明流域整体偏干旱状态。1993 年 4 月的 x_0 最大为 5.01，说明流域整体偏干旱，而 2012 年 7 月的 x_0 最小为 2.65，说明流域整体偏洪涝。dx 表示概率累积曲线的斜率，dx 越小表示所有单元旱涝等级间的转化平均速率越快，即该时段流域内更多的单元分布在更少的旱涝等级中，流域发生干旱或洪涝的一致性越强。1993 年 4 月的 dx 最小，说明流域内的单元分布在较少的旱涝等级中，流域整体发生干旱的风险大，而 2012 年 4 月 dx 最大，说明流域内的单元出现的不同旱涝等级较多，有的单元评价为干旱，有的单元评价为洪涝，不同单元间差异较大。

表 6-10 通过 Boltzmann 函数拟合不同年月旱涝等级累积概率曲线参数结果

日期	参数 x_0	参数 dx	相关系数 R^2
1993 年 4 月	5.01	0.59	0.997
2003 年 4 月	4.62	0.72	0.994
2012 年 4 月	3.87	0.63	0.992
1993 年 7 月	4.13	0.68	0.983
2003 年 7 月	3.76	0.96	0.981
2012 年 7 月	2.65	0.91	0.993

4. 流域水资源系统旱涝指数标准化

通过 Boltzmann 函数拟合不同年月旱涝等级累积概率曲线可以得到反映流域旱涝状态的参数值，但是这些值只能反映特定的时间尺度和特定的区域下的干旱或洪涝状态，因为这些参数都是针对该区域的水资源情况计算出来的，不能在其他区域推广和对比，因此需要对计算水资源系统旱涝指数进行标准化，标准化的方法采用下式。

$$\text{RCI} = \frac{x_0 - x_{c0}}{x_{c0}} \tag{6-13}$$

$$\text{RCVI} = \frac{\mathrm{d}x - \mathrm{d}x_c}{\mathrm{d}x_c} \tag{6-14}$$

式中：RCI（regional water critical index）为流域水资源系统的旱涝临界指标，反映流域干旱或洪涝状态；RCVI（regional water critical variance index）为流域水资源系统临界指标分布状态指标，反映流域中不同旱涝等级的分布情况；x_{c0}、$\mathrm{d}x_c$ 为各单元处于平均水资源量水平下对应的累积概率分布曲线时的值，标准化的思路是采用 1990~2013 年流域全部单元旱涝平均指数对逐月的水资源旱涝指数进行标准化。

$$\overline{p_c(R)} = \frac{\sum\limits_{j}^{k} \sum\limits_{i=1}^{m} \dfrac{n_{i,j}(R)}{N}}{k \times m}, R = 1, 2, \cdots, 7 \tag{6-15}$$

$$p_c(R) = \sum\limits_{1}^{R} \overline{p_c(R)} \tag{6-16}$$

式中：m 代表 12 个月；k 代表 1990~2013 年共 24 年；R 代表不同的旱涝等级；$n_{i,j}(R)$ 代表某年区域内旱涝等级为 R 的单元个数；$p_c(R)$ 代表研究区不同等级水资源旱涝等级平均发生概率；$\overline{p_c(R)}$ 代表不同单元网格旱涝等级发生概率的均值。式中的意义为 1990~2013 年流域内所有评价单元的逐月水资源旱涝等级占全部单元的百分比累积后进行算术平均，得到流域内不同等级水资源旱涝等级平均发生概率 $p_c(R)$。最后绘制平均值对应的流域旱涝等级累积概率分布曲线，并由 Boltzmann 函数拟合，得到 x_{c0}、$\mathrm{d}x_c$ 的值，如图 6-39 所示。

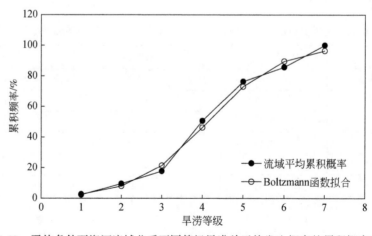

图 6-39　平均条件下海河流域北系不同等级旱涝单元均发生概率的累积概率分布

通过对流域不同单元水资源量平均值进行分析，得到流域平均状态下的累积频率曲线，并由 Boltzmann 函数拟合得到 x_{c0} 值为 4.13，$\mathrm{d}x_c$ 值为 0.87。1993 年 4 月海河流域北系的旱涝等级强度为 5.01，经标准化后 RCI =（5.01-4.03）/4.03 = 0.24；2003 年 4 月流域旱涝等级强度为 4.62，经标准化后 RCI =（4.62-4.03）/4.03 = 0.15；2012 年 4 月流域旱涝等级强度为 3.87，经标准化后 RCI =（3.87-4.03）/4.03 = -0.04；1993 年 7 月流域旱涝等级强度为 4.13，经标准化后为 RCI =（4.13-4.03）/4.03 = 0.025；2003 年 7 月，流域旱涝等级强度为 3.76，经标准化后 RCI =（3.76-4.03）/4.03 = -0.06；2012 年 7 月流域旱涝等级为 2.65，经标准化后 RCI =（2.65-4.03）/4.03 = -0.34。RCI 值为正，说明该月份由降水形成的地表水、地下水资源量少于整个流域的平均状态，流域有干旱的风险；RCI 值为负，则说明该月份由降水形成的地表水、地下水资源量多于流域的平均状态，流域有洪涝的风险。通过比较不同年份同一个月的 RCI 值即可了解到该月份在不同年份中所处的位置，从而评价某一年该月份形成的有效水资源量值与洪涝的关系。

得到海河流域北系逐月的 RCI 值后，便可根据 RCI 值对流域的水资源系统的旱涝强度进行等级划分，本研究采用的是最大信息熵的方法，系统的信息熵越高，说明该系统在该尺度的无序性越高，系统在该时刻的变化或异常信息越丰富，即表现的等级差异越明显，详细的介绍可参见第 3 章。本研究将区域的干旱洪涝等级分为 7 个等级（表6-11），划分的旱涝等级的临界点集合为 $\{mc_1, \cdots, mc_8\}$，对于流域的 RCI 序列，其临界点集合为 $\{c_{n1}, \cdots, c_{n8}\}$，每个集合中的 $c_{n1} = \min[\text{RDI}(n)]$，$c_{n8} = \max[\text{RDI}(n)]$，其他的 6 个临界点 $\{c_{n2}, \cdots, c_{n7}\}$ 均在 c_{n1} 和 c_{n8} 之间以 0.01 为梯度取值。

表6-11　流域水资源系统旱涝等级划分

范围	状态	范围	状态
RCI$_i \geqslant 0.29$	RRCI$_i$ = "重度干旱"	$-0.24 <$ RCI$_i \leqslant -0.16$	RRCI$_i$ = "轻度洪涝"
$0.23 <$ RCI$_i \leqslant 0.29$	RRCI$_i$ = "中度干旱"	$-0.28 <$ RCI$_i \leqslant -0.24$	RRCI$_i$ = "中度洪涝"
$0.12 <$ RCI$_i \leqslant 0.23$	RRCI$_i$ = "轻度干旱"	RCI$_i \leqslant -0.28$	RRCI$_i$ = "重度洪涝"
$-0.16 <$ RCI$_i \leqslant 0.12$	RRCI$_i$ = "正常"		

根据划分的临界值可以得出 1993 年、2003 年和 2012 年 4 月海河流域北系的水资源系统状态分别是中度干旱、轻度干旱和正常状态，1993 年、2003 年和 2012 年 7 月海河流域北系的水资源系统状态分别是正常状态、正常状态和重度洪涝。

图6-40 为 1990~2013 年 4 月和 7 月 RCI 值变化趋势图。红色直线以上说明该年的 4 月或 7 月水资源系统属于干旱状态，蓝色直线以下说明该年的 4 月或 7 月水资源系统属于洪涝状态。1994 年和 1995 年的 4 月水资源系统为中度干旱，而 7 月水资源系统转为中度洪涝，说明 1994 年和 1995 年 4 月流域内的水资源量少于多年平均水平，而到了 7 月水资源量迅速多于该月多年的平均水平，出现了一次旱涝急转现象。1999 年海河流域北系按降水来说是一个枯水年份，从图6-40 中可知，4 月时流域内的水资源量仍属于正常状态，而 7 月的水资源量则远小于多年的平均值，说明汛期干旱是 1999 年干旱的主要表现。2002 年则正好相反，4 月的水资源量较多年平均量少，而 7 月降水形成的水资源量则比往年偏多，虽然出现了春旱，对作物播种不利，但是到了汛期降水量增多，阻止了干旱的进一步

发展。2012 年海河流域北系属于丰水年份，4 月流域的水资源系统处于正常状态，而 7 月流域的水资源量急剧增多，导致流域整体表现出水资源系统中度洪涝状态。

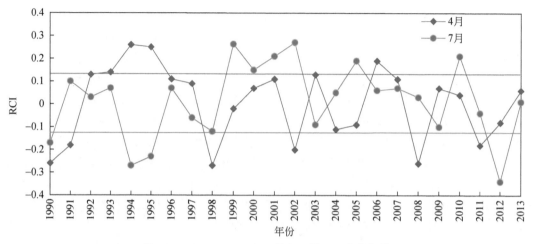

图 6-40　1990～2013 年 4 月和 7 月 RCI 变化规律

1993 年、2003 年和 2012 年分别属于枯水年、平水年和丰水年，1993 年流域逐月的水资源量除了 11 月水资源量较多年平均情况多，其余月份都处于正常状态或干旱状态，主要干旱时间发生在 3 月、4 月和 5 月，属于春季干旱。2003 年 1～8 月流域的水资源量基本都处于正常状态，9～11 月流域的水资源量较多年平均值稍多，12 月水资源量少于多年平均状态。2012 年 7 月、11 月和 12 月流域的水资源量多于多年平均水平，水资源系统表现为洪涝状态，但是 2 月和 8 月流域的水资源量却少于多年平均水平，这与海河流域降水集中、年内分配极为不均的情况一致，如图 6-41 所示。

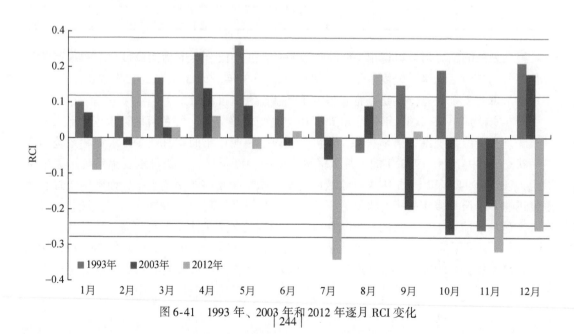

图 6-41　1993 年、2003 年和 2012 年逐月 RCI 变化

5. 流域水资源系统临界值方法适用性分析

海河流域北系面临的最主要水资源系统灾害是干旱灾害，为了验证 RCI 指数和 RCVI 指数对干旱过程评价的效果，研究将 1999 年 3～11 月海河流域北系的干旱过程提取出来着重分析。1999 年 3～11 月 RCI 和 RCVI 计算的结果如图 6-42 所示。对于流域来说，1999 年 3 月流域水资源系统表现为轻度干旱，4 月又恢复到正常状态，可能只是局部单元表现出干旱，还不足以影响对整个流域的评价。从 5 月到 6 月 RCI 表现为流域的水资源系统由正常状态进入干旱状态，同期的 RCVI 指数为下降趋势，RCVI 减小说明流域内不同单元的旱涝等级分布更加集中，原先分散的等级分布逐渐转变为集中的几个等级分布，这意味着干旱规模的扩张，原来个别单元可能处于轻度洪涝等其他状态，现在逐渐转化到干旱状态的区间内，从而表现出流域整体的旱涝分布等级减少。6 月到 7 月 RCI 和 RCVI 都表现为增长的趋势，RCI 指标显示流域水资源系统由轻度干旱进化到中度干旱，干旱程度进一步加重；RCVI 指标反映干旱范围，RCVI 指标减小说明流域的干旱等级分布又开始发散，这个过程可以理解为在干旱发生初期，流域内单元的干旱等级趋于集中，随着干旱过程的进一步加深，一部分单元由低等级的干旱状态向高等级的干旱状态转化，同时也有一部分单元干旱程度没有进一步加深，因此由于各个单元转化的速率不同，导致了流域内干旱等级分布在集中后又出现了分散的现象。7 月到 8 月，RCI 反映流域整体的干旱强度有所减轻，流域内高等级干旱的单元旱情得到缓解，低等级的干旱单元恢复到正常状态，RCVI 略有增加但是变化不明显。8 月到 9 月干旱强度进一步减小，RCVI 也开始减少，说明越到越多的单元回落到正常状态，干旱灾情基本得以缓解，预示着一次干旱事件的结束。在《区域干旱形成机制与风险应对》（严登华和翁白莎，2014）一书中，有对海河流域 1999 年 3～11 月的干旱过程的描述，分别通过降水距平百分率、降水 Z 指数和干旱监测指数（PDSI）

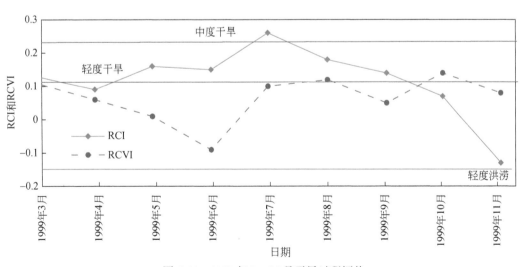

图 6-42　1999 年 3～11 月干旱过程评价

进行评价，三种方法是基于十几个气象站点数据计算得出，而本研究是对 373 个单元分别评价，在评价精度上相差很大，并且评价的是气象干旱，因此干旱强度的分布并不具备可比性，但是从各自识别出的干旱发展过程上看，都是 5~7 月干旱处于发展阶段，干旱影响的范围不断扩大，7~10 月是干旱衰退阶段，干旱灾情逐渐缓解。

6.4.4　海河流域北系水资源系统临界状态分析

1. 海河流域北系水资源系统临界状态特点

水资源系统干旱、洪涝和正常状态之间的临界值就是本研究关注的水资源系统临界值，对于流域常态与应急综合管理来说，干旱和洪涝就是常态和应急管理采取不同措施的界限。由于本研究中对干旱、洪涝的划分是基于时间序列值分析的结果，其干旱和洪涝的识别是指在分析时段内（1990~2013 年）某一月份的流域的水资源情势偏离分析时段的平均值的程度而划分的，也就是说某一年的某一月份流域评价为重度干旱，表示这一月流域内降水形成的水资源量远小于 1990~2013 年流域内该月平均可形成的水资源量。下面从旱涝强度以及旱涝发生的频率两个方面分析海河流域北系水资源系统临界状态特点。

1）海河流域北系不同旱涝强度发生特征

图 6-43 为 1990~2013 年各月份发生的旱涝情况，从图中可以看出 24 年间海河流域北系有 6 个月份发生重度洪涝，分别是 1991 年的 6 月、1996 年的 8 月、2002 年的 12 月、2007 年的 3 月以及 2012 年的 7 月和 11 月。由于本书采用的方法是基于逐月的历史数据序列计算得出，"洪涝"的概念是指本月的水资源量值超过序列内的同期水平一定程度，因此，识别出的"洪涝"是否会引起灾害，还需要看"洪涝"发生的时间，"洪涝"发生在汛期（7 月、8 月、9 月）应格外关注，相对全年来说，汛期的降水量远超非汛期，若此时识别为"严重洪涝"等级，极有可能形成灾害，必须采取有效的措施应对；对于其他月份，本身水资源量较少，即使识别为"严重洪涝"等级，因为绝对的水资源量少，未必形成灾害，此时只需要警戒。从图 6-43 来看，仅 1996 年 8 月和 2012 年的 7 月识别的"重度洪涝"可能形成严重的灾害，其他月份识别为"重度洪涝"并不具备产生灾害的条件。对于识别为"重度干旱"的月份也需要与农作物生长季结合判断其危害性，在 3 月、4 月、5 月、6 月发生的重度干旱对农业影响比较大，农作物的播种期和生长期的可利用水资源量减少会造成农业减产；在汛期（7 月、8 月、9 月）发生"重度干旱"则不但影响农业生产，而且对城市供水、生态用水都有不利的影响，从图中可知 2000 年的 6 月和 2001 年的 5 月对区域的影响较大。根据以上的分析可知，4~6 月发生的干旱、7~9 月发生的干旱以及 7~9 月发生的洪涝对区域影响最大，我们分别称之为春旱、夏旱和夏涝。分析图 6-43 可知，1991~1993 年海河流域北系发生春旱；1994~1996 年海河流域北系夏涝现象明显；1997~2002 年海河流域北系夏旱比较严重，是全流域最缺水的几年；2003~2006 年又出现春旱的现象；2007~2010 年流域水资源量为正常状态，虽然有的月份识别为干旱状态或洪涝状态，或者发生在非关键月份，或者等级比较低对流域影响有限；2011

~2013年流域内的旱涝等级分布呈现相邻月份旱涝等级相差较大的现象，前一个月份和后一个月份出现旱、涝相反等级的情况，说明这几年气候不稳定，旱涝急转的情况更加频发，水资源管理难度增大。

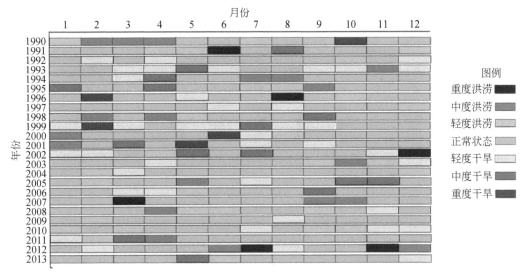

图6-43　1993~2012年各月份平均发生不同强度旱涝事件分布

2) 海河流域北系不同旱涝等级发生频率特征

统计海河流域北系1990~2013年识别的逐月旱涝等级结果显示，有61%的月份流域水资源量为正常状态，发生重度洪涝和重度干旱的月份仅占到2%和1.7%，如果只统计发生在汛期（7月、8月、9月）的洪涝事件则重度洪涝发生的概率为5.5%左右，统计作物生长期的重度干旱（4~9月），重度干旱发生的概率为2.7%；中度洪涝和中度干旱发生的概率分别是6%和5%，汛期发生中度洪涝的概率为5.5%，作物生长期发生中度干旱的概率为13.8%；轻度洪涝和轻度干旱发生的概率分别为9.8%和14.5%，汛期发生轻度洪涝的概率为19.4%，作物生长期发生轻度干旱的概率为23.6%。总的来说，1990~2013年，在高等级的干旱或洪涝防御上，重度洪涝发生的频次稍高，但是在中、低等级的干旱和洪涝灾害防御上，作物生长期干旱发生的频次要高于汛期洪涝发生的频次，如图6-44所示。因此，在海河流域北系的水资源管理中倾向于对中、低等级的干旱进行重点防御。

2. 水资源系统临界值在干旱预警中的作用

流域的RCI和RCVI分别反映出流域发生干旱的强度、范围和空间分布情况，通过两个指标可以定量地分析流域水资源干旱的发展、缓解过程。RCI和RCVI的变化可以分为四种情况，即RCI上升，RCVI下降；RCI上升，RCVI上升；RCI下降，RCVI上升；RCI下降，RCVI下降。当RCI上升，RCVI下降时，表示流域干旱的强度增加，并且流域内的干旱等级更加集中，更多的单元发展到干旱状态，意味着流域的干旱灾害在强度上和范围上都在发展，因而有必要采取预警措施，及时地制订应对策略。当RCI上升，RCVI也上

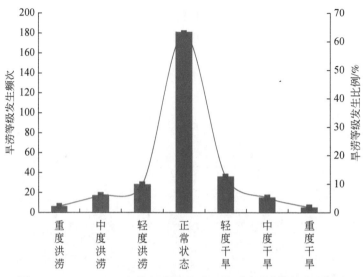

图 6-44　1990～2013 年海河流域北系逐月不同旱涝等级发生频次

升时，表示流域干旱强度有所增加，但是流域上分布的旱涝等级分散，说明流域内部分单元或者区域发生干旱现象，但是流域内其他单元或区域没有发生干旱，甚至局部地区有洪涝现象，这意味着干旱不会在区域上蔓延，只需解决局部的干旱问题即可。RCI 下降，RCVI 上升，说明流域内干旱等级在下降，但是流域内分布的旱涝等级增多，表示流域内干旱缓解过程并不稳定，有些单元干旱缓解过程比较迅速，但是有些单元干旱缓解较慢，甚至部分单元会发生新的干旱，整体来说并不能断定干旱已经结束，仍需要观察流域内干旱情势的发展。RCI 下降，RCVI 也下降，说明流域内干旱等级下降，并且流域内旱涝等级分布更加均一，最大的可能是大部分干旱单元回落到正常状态范围内，流域的干旱情势缓解显著，干旱不再发生、发展。

对于流域水资源管理来说，可以根据天气预报结合水文模型对未来时期流域的水资源情势进行评估，通过计算 RCI 和 RCVI 来划分干旱等级，根据 RCI 和 RCVI 的变化情况，识别干旱发生和结束的过程，判断流域的干旱情势是加剧还是缓解，进而制定不同的应对策略，减轻干旱带来的灾害损失。

6.5　面向常态与应急综合管理的流域水资源系统调控路径

6.5.1　水文过程与管理分析

所谓水资源常态与应急综合管理，就是立足于自然水文的年内与年际整体过程，将正常状态下的水资源管理和非正常状态下的应急管理有机结合起来，实施基于自然水循环全过程调控的水资源管理，从而实现将水资源开发利用、防洪除涝和抗旱减灾等的有机融合，提升水循环调控效率，增强水安全保障程度。

水文过程是指随时间而变化的水文现象，一个完整的水文过程可以通过历年的水文数据进行重现。水文过程是一个十分复杂的过程，包含有两种成分：一是确定性成分，如水文过程周期变化和趋势变化，另一种是随机成分，表现为水文现象的纯随机波动。对于一个完整的自然水文过程来说，周期性是其最大的特征，即年内和年际的丰枯变化，趋势性和随机性特征叠加在周期性特征上，形成水文过程的整体特征。年周期是水文过程最显现的周期。此外，在一个更长的时间尺度上，受太阳黑子、大气环流等其他因素影响，不同流域还有更长的周期性，如中国的海河流域，降水有明显的 5 年和 22 年周期，在百年尺度上有一个约 80 年的丰枯周期。

年内周期是水文过程最显著的统计特征，按照多年统计的年内来水的多寡，年内水文过程可大致划分为三个阶段，即平水段、枯水段和丰水段。在中国，大部分地区 5~9 月为丰水期、12~2 月为枯水期，其余时间为平水期。这种划分对于南北地区有所差异，其中南方丰水期要略早于北方，另外还有冰川区域的春汛、黄河的凌汛等。同时，受随机性的影响，一个地区的丰水段、平水段和枯水段是一个大致相对的概念，每年都存在一定的变化。

对于一个区域的年内水文过程，其水量分布过程如图 6-45 所示，其中绿线表示由降雨形成的对区域地表和地下水的实时补给所提供的供水量，红线表示区域社会经济耗水需求量。丰水期降雨量大，除满足生产生活用水需求外，还形成对当地地表水、地下水的年度补给量，以及河道正常下泄量。当降雨出现峰值，河道正常下泄能力难以满足水量下泄要求时，则出现不可控下泄洪水，严重时形成洪水灾害。在枯水期，由于降雨直接形成的供水能力降低，社会经济耗水需求反而在一定程度上较丰水期有所增加，二者之间呈现一定差额，那么在丰水期或者是丰水年通过地下水、人工调蓄工程等所蓄存的水将发挥供水效用。当地下水、人工调蓄工程等的年内、年际调节供水量总量大于这一差额，则区域水

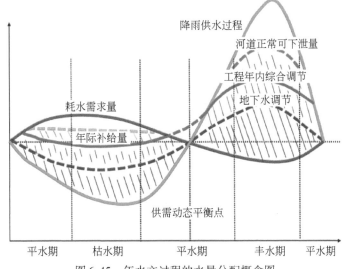

图 6-45　年水文过程的水量分配概念图

资源供需可达到平衡，反之呈现缺水状况，此时区域供水将通过挤占生态用水、限制用水等非常规方式实现，但是当缺水量达到区域不可承受范围时，干旱灾害发生。

为了实现天然水文过程与经济社会用水需求、天然下泄排水能力的平衡，需要对水循环进行科学调控，其中在非汛期主要是供用水的管理，在汛期主要是以排水为主的洪水管理。当来水超出一定标准范围，包括低于某一标准或高于某一标准，水循环调控则转为应急调控，其中非汛期为抗旱管理，汛期为防洪管理。对于单独的枯水期或者丰水期来讲，应急管理与常态管理是可以相互转化的。枯水期，水资源战略储备数量越多，常态管理的范围就越大，应急管理的范围就减小；丰水期，地下水与工程的调蓄能力越大，常态管理的范围就越大，应急管理的范围就越小。对于年内水资源管理来讲，枯水期的抗旱管理与丰水期的防洪管理密切关联。丰水期，随着调蓄能力的增强，不可控下泄洪水量减少，地下水与人工调蓄工程水资源蓄存量增加，直接提高非汛期的干旱抵御能力。另外，枯水期和平水期包括抗旱管理在内的供水管理，为丰水期防洪管理提供必要防洪库容，才能发挥人工调蓄工程的防洪效用。

人工调蓄工程的运行调度是水循环调控的重要手段，但是由于地质条件、资金投入等条件影响，人工调蓄工程建设规模受到限制。另外，即使地质条件适宜和资金投入充沛，也必须科学规划人工调蓄工程调蓄能力，因为降雨的不确定性大，超大规模调蓄能力建设会导致调蓄工程能力冗余，造成浪费。因此，水循环调控必须实行适宜的调蓄工程与科学管理相结合。

6.5.2　全水文过程的区间分析

根据水文过程偏离平均值的程度，结合经济社会发展的用水保障需求，可以将水管理分为常态管理与应急管理。所谓常态，是指一般、普通、经常或平常的状态，对于水文过程的常态管理也就是指对于一定概率范围内的水文事件或是过程进行调控和管理，如 $P=90\%$ 概率范围以内；应急状态是指突然发生的、紧急的状态，对于水文过程的应急管理是指对于一定概率以外的水文事件或是过程进行调控和管理，如 $P=90\%$ 概率范围以外。对于应急状态，可以进一步细分为一般应急状态和危机管理状态，其中危机管理状态指更小概率水文事件发生情境下的管理，如 $P=97.5\%$ 以外或是连续几个 $P=75\%$ 的枯水年。不同水文过程对应的状态详如图 6-46。

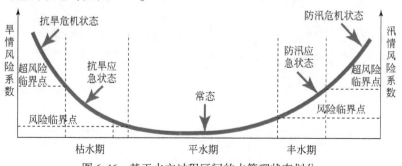

图 6-46　基于水文过程区间的水管理状态划分

6.5.3 基于人类活动影响的水管理状态划分指标

对于天然状态下水文过程，水管理状态指标可以根据其降水或是河川径流（来水）的概率区间来确定，包括定义 $P=90\%$ 为应急状态，$P=97.5\%$ 为危机状态，并采取相应的措施。事实上，一方面在大规模人类活动影响下，天然的水文过程或多或少地被改变或改造，另一方面由于水循环调控的主体和目标均是人和经济社会系统，因此水管理状态的划分还要面向水循环调控服务的对象。基于上述两方面分析，构建两个指标来表征人类活动影响下的水文过程区间变量，作为水管理状态划分依据。

1）水量频率指标

所谓水量频率指标，就是将单一的河道来水频率拓展为综合来水频率，以此综合表征区域水情特征。综合来水在传统的河川径流来水的基础上，进行了两方面的拓展：一是除考虑地表水蓄水和来水情况以外，同时考虑地下水蓄水和土壤水墒情状况；二是将未来一定预见期的来水预报信息纳入增量的范畴。综合上述三方面信息进行系列排频，确定综合水情频率。计算公式如下：

$$Q = f\big[(r + q + g + s + \mu \cdot r'), t\big] \tag{6-17}$$

式中：Q 为综合水量指标；r 为断面来水量；q 为地表蓄水量；g 为地下蓄水量；s 为土壤蓄水量；μ 为风险系数；r' 为预见期内预报来水量；t 为时间。

2）压力频率指标

实际上，对于一个特定的区域，除了区域水量绝对值的排频信息以外，其水管理状态还与供水（包括抗旱）和防洪的能力有着密切关系。实际上，对于枯水期以供水为主的水资源抗旱管理来说，除了实际来水以外，风险程度还与供水能力和需求量有关；对于丰水期的防洪而言，除去实际来水以外，风险程度还与区域的防洪能力有关。因此对于某个特定区域，对不同时段管理状态的划分还需加上上述信息，因此干旱枯水段在式（6-17）的基础上演化为下式：

$$p = Q \cdot f\left(\frac{c}{a}\right) \tag{6-18}$$

式中：c 为区域供水能力；d 为区域用水需求量。

在防洪丰水段，式（6-18）则演化为式：

$$p = Q \cdot f(a) \tag{6-19}$$

式中：a 为区域防洪能力。上述指标的确定和计算需要进一步深入研究。

6.5.4 不同水文过程状态的水资源管理路径

通常说的水资源管理是指常态管理，是指水资源系统各部门正常运转，各功能正常发挥作用的情况下，进行的旨在保持水资源系统正常状态的常规水资源管理活动。水资源应急管理是指管理部门在特殊情境或发生突发事件，带来严重危害的情况下，积极采取技术手段和管理方法，降低突发事件危害的行为。水资源应急管理可分为预防与应急准备、监测与预警、应急处置与救援、事后恢复与重建四个过程。水资源应急管理又是一个动态管理，包括预防、预警、响应和恢复四个阶段，均体现在管理突发事件的各个阶段。

对于水循环的常态管理，无论是以水资源开发利用为目标，还是以防洪除涝为目标，关键是防止调控累积效应的发生，因此其调控的基本路径是控制管理，其中对于水资源开发利用的管理主要有两部分内容：一是满足经济社会合理用水需求，主要是水资源配置和供水管理的内容；二是控制水资源开发利用总量，减轻水资源开发利用的外部影响，核心是实现取耗水和排污总量的控制，主要是需水和用水管理。这种控制管理讲求计划性、制度性、配合性，是理性的控制过程。按照2011年中央一号文件和国务院对于全国水资源综合规划的批复，力争2015年、2020年和2030年将全国年用水总量分别控制在6350亿m³、6700亿m³和7000亿m³以内。对于水资源的应急管理，无论是抗旱和防洪除涝管理，管理的核心是降低损失，规避风险，因此特殊情境下的水循环调控途径是风险管理，如洪水来临时对水位、淹没甚至是溃坝的风险预估，干旱状态下对供水减少、农业生产的风险预估，这种管理讲求时效性、随机性和独立性。风险管理的思想是根据风险的高低，确定合理的调控和管理的目标，选择适宜的调控和管理的措施。

事实上，无论洪水还是干旱均统一在一个完整的水文过程当中，防洪、供水、抗旱是不同水文阶段下针对不同目标进行的水资源调控行为，各阶段之间是相互联系、相互影响、相互冲突和相互转化的，这也是实现雨洪水资源化、实施水资源战略储备的科学前提。例如防洪除涝的"泄"和水资源管理的"供"本身就存在内在的矛盾，但在雨洪水调控措施下，造成洪涝的多余水资源量通过水文过程的调节就能够转化为干旱情况下的抗旱水源。针对平水时期开展的水事活动是常态的水管理范畴，其核心是水资源管理，包括水资源配置、节约和保护，管理行为的基本标的是保障经济社会发展的用水需求，同时控制和降低水资源不合理的开发利用所带来的外部影响，大体可以分为供水管理、需水管理和水生态环境管理；针对丰水期和枯水期开展的水事活动是应急的水管理，核心是防灾减灾管理和特殊标的的管理，前者包括洪涝灾害管理、干旱灾害管理、突发性水事件管理，后者包括特殊需求的水管理，如奥运会、世博会等重大活动的水安全保障管理。

借鉴水资源配置中多次水量平衡分析思路，调控思路如下：一次调控不考虑调控措施，二次调控考虑常态管理措施，三次调控考虑应急管理调控措施。如图6-47所示。

6.5.5 水资源系统综合管理适应性对策

基于中国水资源本底条件、发展情势和管理现状，在对全水文过程综合管理内涵进行解析的基础上，面向水资源系统常态与应急综合管理要求，应有以下几方面适应性对策。

1）变应急管理为风险管理

当前，我国针对洪水与干旱灾害主要采取应急管理手段，防洪与抗旱预案制度不完善，遇到洪灾或旱情，临时采取应急措施，导致防洪与抗旱决策缺乏周密计划和全面考虑。应转变这种被动防洪与抗旱的工作方式，加强风险的识别与管理，采取综合预防措

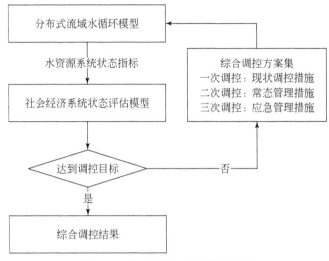

图 6-47　综合调控基本框架示意图

施，实现向洪涝干旱灾害风险管理的战略转变。实现风险管理，首先应建立水资源风险评价机制，加强水资源应急预案编制，科学制订应急预案，进一步健全预案种类，提高基层预案覆盖面；其次应加强水资源综合管理法律法规建设，制订各项配套制度，实现洪涝干旱灾害风险管理的制度化、规范化；再次应加强常态情况下的风险防范意识和极端情况下的灾害应对能力宣传教育，将防灾避险、自救互救等应急救援知识纳入国民教育体系，深入宣传节水的重大意义，倡导节水和低碳生活方式，提高公众的水忧患意识和节约保护意识。

2）实现多部门的信息共享

实现信息共享是促进水资源常态与应急综合管理的基本条件与要求，有必要作为一项基本制度加以规定和执行。洪水与旱情的监测信息对于在灾害发生前降低洪灾与干旱风险，以及在洪水期与干旱期采取适当的防洪与抗旱措施是至关重要的。应构建多元化信息采集、传输、处理、分析、预测与预警等现代化功能于一体的信息服务平台，汇总有关部门和地方的水情旱情时时信息，加强水资源系统常态管理部门与应急管理部门之间、水资源管理部门与气象等其他相关部门，以及政府与公众之间的沟通和共享，实现对水情旱情的综合决策、统筹调度。

3）形成流域互联共通的水系统

加强水资源安全保障，离不开水利工程的基础支撑。在技术经济可行的条件下，在考虑常规供水、节水措施的基础上，加强重要工程建设，形成互联共通的工程调度网络体系，是实现水资源常态与应急综合管理的重要内容。具体包括三个方面：一是构建河湖水系连通工程，打通河湖水系通道，对于维护洪水蓄滞空间、合理安排洪涝出路、降低洪水风险、保障防洪安全有重要作用。二是合理配置和调度水资源，加强防洪控制性工程建设，提高河道堤防标准，加强水库的"拦丰补枯"调蓄能力，实施骨干水库群联合优化调度，切实有效拦蓄降雨资源，提高降雨的河道内直接利用能力，开展区域间联合调度，通过保障上游来水的方式确保当地用水安全。三是构建水的"三网合一"体系，以自然河湖水系为依托，融合河湖水系及其水利基础设施的物理网、水情信息、蓄水信息、水生态信息、水环境信息等的信息网，以及水循环调控规则和指令的调度网，实现实体层面的物理网、信息层面的信息网和管理层面的调度网"三网合一"，实现多目标属性下的水资源统一调配和管理。

4）统筹常态与应急管理制度

促进常态与应急管理部门的融合，使得部门在行使管理职能时更加充分和全面地考虑各方面利益，将常态与应急综合管理落到实处，同时避免职能分离造成的人力、物力和财力的浪费。建立常态与应急管理目标的综合考核机制，避免管理中的单一目标化，进一步促进常态与应急综合管理的实行。通过各级水行政主管部门管理机构、部门联立体系和基层一体化管理体制的建立，形成水资源常态与应急综合管理的构架，并通过各项基本制度的建立，促进和保障常态与应急综合管理的实行。

参 考 文 献

白虎志，李栋梁，陆登荣，等.2005.西北地区东部夏季降水日数的变化趋势及其气候特征.干旱地区农业研究，23（3）：133-140.

陈金风，傅铁.2011.水贫乏指数在社会经济干旱评估中的应用.水电能源科学，29（9）：130-133.

陈业新.2009.清代皖北地区洪涝灾害初步研究——兼及历史洪涝灾害等级划分的问题.中国历史地理论丛，（2）：14-29，86.

仇保兴.2015.聚焦海绵城市建设——海绵城市（LID）的内涵、途径与展望.中国勘察设计，（7）：28-41.

丛振涛，倪广恒，杨大文，等.2008."蒸发悖论"在中国的规律分析.水科学进展，（2）：147-152.

崔亚莉，邵景力，韩双平.2001.西北地区地下水的地质生态环境调节作用研究.地学前缘，（1）：191-196.

戴昌军，梁忠民.2006.多维联合分布计算方法及其在水文中的应用.水利学报，37（2）：160-165.

丁晶.1986.洪水时间序列干扰点的统计推估.武汉水利电力学院学报，（5）：36-40.

丁晶.1997.中国主要河流干旱特性的统计分析.地理学报，（4）：88-95.

丁晶，邓育仁.1988.随机水文学.四川：成都科技大学出版社.

丁伟，梁国华.2013.基于洪水预报信息的水库汛限水位实时动态控制方法研究.水力发电学报，32（5）：41-47.

丁贤法，李巧媛，胡国贤.2010.云南省近500年旱涝灾害时间序列的分形研究.灾害学，25（2）：76-80.

董磊华，熊立华，于坤霞，等.2012.气候变化与人类活动对水文影响的研究进展.水科学进展，23（2）：278-285.

方红远，马瑞辰，等.2006.干旱期供水水库运行策略优化分析.系统工程理论方法应用，（1）：71-76.

冯平.1997.供水系统水文干旱的识别.水利学报，（11）：72-77.

冯平，李新.2013.基于Copula函数的非一致性洪水峰量联合分析.水利学报，（10）：1137-1147.

冯平，王仁超.1997.水文干旱的时间分形特征探讨.水利水电技术，（11）：48-51.

冯平，朱元.1997.供水系统水文干旱的识别.水力学报，（11）：71-76.

冯平，李绍飞，王仲珏.2002.干旱识别与分析指标综述.中国农村水利水电，（7）：13-15.

福雷斯特.1986.系统原理.王洪斌译.北京：清华大学出版社.

付意成.2009.区域洪灾风险评价体系研究.灾害学，（3）：27-32.

高波，吴永祥.2005.水库汛限水位动态控制的实现途径.水科学进展，16（3）：406-411.

顾颖.2006.风险管理是干旱管理的发展趋势.水科学进展，（2）：295-298.

郭海朋.2004.海河流域平原区地下水模拟与地面沉降.北京：中国地质大学.

郭生练，陈炯宏，刘攀，等，2010.水库群联合优化调度研究进展与展望.水科学进展，21（4）：496-503.

郭毅, 毛新军, 董孟高, 等. 2012. 复杂自组织系统的研究综述. 计算机工程与科学, 34 (2): 159-167.

何有世. 2001. 环境经济系统 SD 模型的建立. 江苏理工大学学报, (4): 63-66.

何云雅. 2005. 天津市水资源合理配置研究. 天津: 天津大学.

侯威, 杨杰, 赵俊虎. 2013. 不同时间尺度下气象旱涝强度评估指数. 应用气象学报, 24 (6): 695-703.

黄会平, 张昕, 张岑. 2007. 1949～1998 年中国大洪涝灾害若干特征分析. 灾害学, (1): 73-76.

贾仰文, 王浩, 王建华, 等. 2005. 黄河流域分布式水文模型开发和验证. 自然资源学报, (2): 300-308.

江剑, 周仰效, 王立发, 等. 2014. 荷兰人工补给地下水经验及在北京城市供水安全保障中的应用探讨. 北京水务, (6): 41-44.

蒋磊, 尚松浩, 毛晓敏. 2013. 地下水位对干旱区河谷林耗水影响的数值模拟. 清华大学学报 (自然科学版), 53 (5): 601-605, 612.

赖民基, 方成荣. 1959. 改良盐碱地的排水设施. 水利学报, (3): 53-66.

雷晓辉, 蒋云钟, 王浩. 2009. 分布式水文模型 EasyDHM. 北京: 中国水利水电出版社.

李建芳, 李建军, 陈卫东. 2002. 宝鸡地区的干旱研究. 陕西农业科学, (7): 16-19.

李玮, 郭生练. 2004. 水库汛限水位确定方法评述与展望. 水力发电, 31 (1): 66-71.

李文鹏, 郝爱兵. 1999. 中国西北内陆干旱盆地地下水形成演化模式及其意义. 水文地质工程地质, (4): 30-34.

李响, 郭生练. 2010. 考虑入库洪水不确定性的三峡水库汛限水位动态控制域研究. 四川大学学报, 42 (3): 49-55.

李亚民, 郝爱兵, 罗跃初. 2009. 西北内流盆地地下水资源开发利用的问题及其对策研究. 资源与产业, (6): 48-54.

李致家. 2010. 现代水位模拟与预报制度. 南京: 河海大学出版社.

梁国华, 胡春娟, 何斌, 等. 2014. 基于水文要素的闹德海水库入库沙量预测模型. 水资源与水工程学报, 25 (5): 137-141.

梁杏, 张人权, 牛宏. 2012. 地下水流系统理论与研究方法的发展. 地质科技情报, 31 (5): 143-151.

梁忠民, 胡义明, 王军. 2011. 非一致性水文频率分析的研究进展. 水科学进展, (6): 864-887.

林凯荣, 何艳虎, 陈晓宏. 2012. 气候变化及人类活动对东江流域径流影响的贡献分解研究. 水力学报, (11): 1312-1321.

蔺学东, 张意锂, 姚治君, 等. 2007. 拉萨河流域近 50 年来径流变化趋势分析. 地理科学进展, 26 (3): 58-67.

刘昌明, 刘小莽, 郑红星. 2008. 气候变化对水文水资源影响问题的探讨. 科学对社会的影响, (2): 21-27.

刘翠梅. 2007. 临界动力学的理论分析. 北京: 中国矿业大学出版社.

刘金平, 乐嘉祥. 1996. 萨克拉门托模型参数初值分析方法研究. 水科学进展, 7 (3): 8.

刘宁. 2013. 中国水文水资源常态与应急统合管理探析. 水科学进展, 24 (2): 280-286.

刘宁. 2014a. 公共安全工程常态与应急统合管理. 北京: 科学出版社.

刘宁. 2014b. 中国干旱预警水文方法探析. 水科学进展, 25 (3): 444-450.

刘攀, 郭生练. 2007. 水库分期汛限水位的优化设计研究. 水力发电学报, 26 (3): 5-10.

刘攀, 李立平, 吴荣飞, 等. 2012. 论水库旱限水位分期控制的必要性与计算方法探讨. Journal of Water

Resources Research, 1 (3): 52-56.

刘有昌. 1962. 鲁北平原地下水安全深度的探讨. 土壤通报, (4): 13-22.

娄溥礼, 高志远. 1960 河南省七里营人民公社防止棉田土壤次生盐碱化综合措施的研究. 水利学报, (4): 1-15.

马国斌, 蒋卫国, 李京, 等, 2012. 中国短时洪涝灾害危险性评估与验证. 地理研究, 31 (1): 34-44.

马延庆. 1998. 渭北旱塬地区旱度指数模式及应用结果分析. 新疆气象, (2): 33-34, 42.

米财兴, 张鑫. 2015. 青海省干旱灾害时间序列分形特征研究. 灌溉排水学报, 34 (3): 94-97.

倪华明. 2012. 城市雨水回收利用现状及发展–上海案例. 净水技术, 31 (2): 1-5.

牛军宜, 冯平, 丁志宏. 2009. 基于多元 Copula 函数的引滦水库径流丰枯补偿特性研究. 吉林大学学报 (地球科学版), (11): 1095-1100.

彭高辉, 马建琴. 2013. 黄河流域干旱时序分形特征及空间关系研究. 人民黄河, 35 (5): 38-40.

乔瑞波. 2009. 海河流域地下漏斗区水文生态修复探索性研究. 环境保护, (4): 42-43.

秦波, 田卉. 2012. 城市洪涝灾害应急管理体系建设研究. 现代城市研究, (1): 29-33.

邱瑞田, 王本德, 周惠成. 2004. 水库汛期限制水位控制理论与观念的更新探讨. 水科学进展, (1): 68-72.

尚志海. 2007. 国外灾害风险管理对我国城市洪水保险的启示. 世界地理研究, 16 (2): 107-111.

邵东国. 2012. 水资源复杂系统理论. 北京: 科学出版社.

邵景力. 2009. 银川平原地下水资源—经济—环境综合效应研究. 银川: 宁夏地质工程勘察院.

邵兆凤, 邢国平, 周建芝, 等. 2012. 天津市城市雨水利用前景建议. 中国水土保持科学, 10 (2): 102-106.

孙才志, 刘玉兰, 杨俊. 2006. 下辽河平原地下水生态水位与可持续开发调控研究. 兰州: 中国地理学会 2006 年学术年会.

孙荣强. 1994. 干旱定义及其指标评述. 灾害学, (1): 17-21.

田胜龙, 佟胤铮. 2006. 多元线性回归在地下水资源评价中的应用. 东北水利水电, (3): 23-24, 59, 71.

王皓, 周东辉, 王丽云. 2007. 论北方中、小型地下水水源地水资源量及可开采量核算法. 地下水, (1): 53-54, 120.

王洪恩. 1964. 鲁西北地区地下水临界深度的探讨. 土壤通报, (6): 29-32.

王家兵, 王亚斌, 张海涛. 2007. 控制地面沉降条件下天津深层地下水资源持续利用. 水文地质工程地质, (4): 74-78.

王建华, 江东. 2006. 黄河流域二元水循环要素反演研究. 北京: 科学出版社.

王建华, 王浩, 秦大庸, 等. 2006. 基于二元水循环模式的水资源评价理论方法. 水利学报, (12): 1496-1502.

王劲松, 郭江勇, 周跃武, 等. 2007. 干旱指标研究的进展与展望. 干旱区地理, (1): 60-65.

王玲玲, 康玲玲, 王云璋. 2004. 气象、水文干旱指数计算方法研究概述. 水资源与水工程学报, (3): 15-18.

王其藩. 1995. 高级系统动力. 北京: 清华大学出版社.

王威, 苏小四, 王小元. 2010. 地下水开采下的植被生态风险评价––以鄂尔多斯乌兰淖地区为例. 吉林大学学报: 地球科学版, 40 (6): 9.

王威. 2009. 鄂尔多斯乌兰淖地区地下水开采下的植被生态风险评价与预测. 长春: 吉林大学.

王义民, 吴成国. 2011. 基于不同预泄调度模式的喜河水库汛限水位动态控制研究. 水力发电学报, (2): 26-31.

魏一鸣. 2002. 洪水灾害风险管理理论. 北京: 科学出版社.

文康, 顾文燕, 李琪. 1982. 西北干旱地区–陕北岔巴沟产流模型的研究. 水文, (4): 24-30.

武选民, 史生胜, 黎志恒, 等. 2002. 西北黑河下游额济纳盆地地下水系统研究 (上). 水文地质工程地质, 29 (1): 16-20.

夏军. 2004. 水文非线性系统与分布式时变增益模型. 中国科学, 34 (11): 1062-1071.

夏军, 王纲胜, 吕爱锋, 等. 2003. 分布式时变增益流域水循环模拟. 地理学报, (5): 789-796.

夏军, 叶爱中, 王纲胜. 2005. 黄河流域时变增益分布式水文模型 (Ⅰ) ——模型的原理与结构. 武汉大学学报: 工学版, 38 (6): 10-15.

冼传领. 1964. 中耕对防治棉田盐渍化的作用. 土壤通报, (3): 48-49.

谢平, 陈广才, 雷红富. 2009. 变化环境下基于趋势分析的水资源评价方法. 水力发电学报, (4): 14-19.

谢平, 陈广才, 雷红富, 等. 2010. 水文变异诊断系统. 水力发电学报, 29 (1): 85-91.

谢平, 陈广才, 夏军. 2005. 变化环境下非一致性年径流序列的水文频率计算原理. 武汉大学学报, (6): 6-14.

谢平, 许斌, 陈广才, 等. 2013a. 变化环境下基于希尔伯特–黄变换的水资源评价方法. 水力发电学报, 32 (3): 27-33.

谢平, 许斌, 刘媛, 等. 2013b. 水资源序列变异的时间尺度主因分析方法. 水力发电学报, (6): 24-30.

熊立华, 邝韵琪, 于坤霞, 等. 2017. 年径流频率分析的一次二阶矩法及其应用. 水科学进展, 28 (3): 390-397.

徐东霞, 章光新, 尹雄锐. 2009. 近 50 年嫩江流域径流变化及影响因素分析. 水科学进展, 20 (3): 416-421.

许涓铭, 邵景力. 1986. 地下水系统与管理问题. 工程勘察, (5): 33-38.

许志荣. 1983. 华北黄河冲积平原 (河南地区) 浅层地下水系统. 河南地质, (1): 67-84.

闫宝伟, 郭生练, 肖义. 2007. 南水北调中线水源区与受水区降水丰枯遭遇研究. 水利学报, (10): 1178-1185.

严登华 翁白莎. 区域干旱形成机制与风险应对. 北京: 科学出版社.

杨会峰, 王贵玲, 张翼龙. 2014. 中国北方地下水系统划分方案研究. 地学前缘, 21 (4): 74-82.

杨金虎, 江志红, 王鹏祥, 等. 2008. 中国年极端降水事件的时空分布特征. 气候与环境研究, (1): 75-83.

杨立信. 2003. 国外调水工程. 北京: 中国水利水电出版社.

杨泽元. 2004. 地下水引起的表生生态效应及其评价研究. 西安: 长安大学.

殷丹, 苏小四, 李砚阁, 等. 2006. ANN 技术在岩溶地下水可开采量评价中的应用——以山西晋祠泉域为例. 吉林大学学报 (地球科学版), (S1): 60-64.

余钟波. 2008. 流域分布式水文学原理及应用. 北京: 科学出版社.

袁长极. 1964. 地下水临界深度的确定. 水利学报, (3): 50-53.

袁文平, 周广胜. 2004. 干旱指标的理论分析与研究展望. 地球科学进展, (6): 982-991.

翟家齐. 2012. 流域水-氮-碳循环系统理论及其应用研究. 北京：中国水利水电科学研究院.

张二勇，陶正平，王晓勇，等. 2012. 基于植被结构分析法的生态植被与地下水关系研究——以鄂尔多斯盆地内蒙古能源基地为例. 中国地质，39（3）：811-817.

张改红，周慧成. 2009. 水库汛限水位实时动态控制研究及风险分析. 水力发电学报，28（1）：50-55.

张光辉，费宇红，刘克岩. 2004. 海河平原地下水演变与对策. 北京：科学出版社.

张光辉，刘中培，连英立，等. 2009. 华北平原地下水演化地史特征与时空差异性研究. 地球学报，30（6）：848-854.

张继权. 2007. 主要气象灾害风险评价与管理的数量化方法及其应用. 北京：北京师范大学出版社.

张建云，王国庆，贺瑞敏，等. 2009. 黄河中游水文变化趋势及其对气候变化的响应. 水科学进展，20（2）：153-158.

张俊，赵振宏，王冬，等. 2013. 鄂尔多斯高原地下水浅埋区植被与地下水埋深关系. 干旱区资源与环境，27（4）：141-145.

张丽，董增川，黄晓玲. 2004. 干旱区典型植物生长与地下水位关系的模型研究. 中国沙漠，（1）：112-115.

张天曾. 1981. 中国干旱区水资源利用与生态环境. 资源科学，（1）：62-70.

张宗祜，沈照理，薛禹群. 2000. 华北平原地下水环境演变. 北京：地质出版社.

赵人俊，王佩兰，胡凤彬. 1992. 新安江模型的根据及模型参数与自然条件的关系. 河海大学学报：自然科学版，（1）：52-59.

中国水利水电科学研究院. 2015. 天津市水资源合理配置研究.

周圆圆，师长兴，范小黎. 2011. 国内水文序列变异点分析方法及在各流域应用研究进展. 地理科学进展，（11）：1361-1369.

朱晓华，王健. 2003. 中国洪涝灾害及其灾情的分形与自组织结构研究. 防灾技术高等专科学校学报，（1）：10-16.

左建兵，刘昌明，郑红星，等. 2008. 北京市城区雨水利用及对策. 资源科学，（7）：990-998.

Abbott M B，Bathurst J C，Cunge J A，et al. 1986. An introduction to the European Hydrological System - Systeme Hydrologique Europeen，"SHE"，1：History and philosophy of a physically- based, distributed modelling system. Journal of Hydrology，87（1-2）：45-59.

Alghariani S A. 2010. Rainwater Collection and Utilization as a Potential Resource for Urban Areas，Managing Water@ sCoping with Scarcity and Abundance.

Alley W M，1984. The palmer drought severity index：limitations and assumptions. Journal of Climate and Applied Meteorology，23（7）：1100-1109.

Alrehaili A M，Tahir Hussein M. 2012. Use of remote sensing, GIS and groundwater monitoring to estimate artificial groundwater recharge in Riyadh，Saudi Arabia. Arabian Journal of Geosciences，5（6）：1367-1377.

Arnold J G，Srinivasan R，Muttiah R S，et al. 1998. Large area hydrologic modeling and assessment part Ⅰ：model development 1. Jawra Journal of the American Water Resources Association，34（1）：73-89.

Avraham D，Baruch Z. 2013. Factors affecting isotopic composition of the rainwater in the Negev Desert，Israel. Journal of Geophysical Research Atmospheres，118（15）：8274-8284.

Bak P. 2013. How Nature Works：The Science of Self- organized Criticality. NewYork：Springer.

Bender J，Jensen J. 2014. Ein erweitertes Verfahren zur Generierung synthetischer Bemessungshochwasserganglinien// Vorsorgender und nachsorgender Hochwasserschutz. Wiesbaden: Springer Vieweg.

Bender J, Wahl T, Jensen J. 2014. Multivariate design in the presence of non-stationarity. Journal of Hydrology, (514): 123-130.

Beven K J, Kirby M. 1979. A physically based, variable contributing area model of basin hydrology. Hydrological Sciences Bulletin, (24): 43-69.

Bouwer H. 2002. Artificial recharge of groundwater: hydrogeology and engineering. Hydrogeology Journal, 10 (1): 121-142.

Bower K M. 1996. A numerical model of hydro-thermo-mechanical coupling in a fractured rock mass. Los Alamos National Lab. NM (United States).

Chui T F M, Low S Y, Liong S Y. 2011. An ecohydrological model for studying groundwater-vegetation interactions in wetlands. Journal of Hydrology, 409 (1-2): 291-304.

Chui T, Low S Y, Liong S Y. 2011. An ecohydrological model for studying groundwater-vegetation interactions in wetlands. Journal of Hydrology, 409 (1-2): 291-304.

Daliakopoulos I N, Coulibaly P, Tsanis I K. 2005. Groundwater level forecasting using artificial neural networks. Journal of hydrology, 309 (1-4): 229-240.

Dawen Y, et al. 2002. Mathematical models of small watershed hydrology and application. Colorado: Water Resources Publications.

Doble R, Simmons C, Jolly I, et al. 2006. Spatial relationships between vegetation cover and irrigation-induced groundwater discharge on a semi-arid floodplain, Australia. Journal of Hydrology, 329 (1-2): 75-97.

Draper A J, Lund J R. 2004. Optimal hedging and carryover storage value. Journal of Water Resources Planning and Management, 130 (1): 83-87.

Engelen G B, Kloosterman F H. 1996. Hydroligical systems analysis: methods and applications. Dordrecht Netherlands: Kluwer Academic Publishers.

Eusuff M M, Lansey K E. 2004. Optimal operation of artificial groundwater recharge systems considering water quality transformations. Water Resources Management, 18 (4): 379-405.

Freeze R A, Harlan R L. 1969. Blueprint for a physically-based, digitally-simulated hydrologic response model. Journal of Hydrology, 9 (69): 237-258.

Grayson R B, Moore I D, Mcmahon T A. 1992. Physically based hydrologic modeling: 1. A terrain-based model for investigative purposes. Water Resources Research, 28 (10): 2639-2658.

Hans J H, Troldborg L, Højberg A L, et al. 2008. Assessment of exploitable ground-water resources of Denmark by use of ensemble resource indicators and a numerical groundwater-surface water model. Journal of Hydrology, (348): 224-240.

Hobbins M T, Ramírez J A, Brown T C. 2004. Trends in pan evaporation and actual evapotranspiration across the conterminous US: Paradoxical or complementary? https: //doi. org/10. 1029/2004GL01984

Jia Y, Zhao H, Niu C, et al. 2009. A WebGIS-based system for rainfall-runoff prediction and real-time water resources assessment for Beijing. Computers & Geosciences, 35 (7): 1517-1528.

Kalf F P R. 2005. Woolley D R. Applicability and method ology of determining sustainable yield in ground water systems. Hydrogeology Journal, 13 (2): 295-312.

Klijn F, Van B M, Van Rooij S A. 2004. Flood-risk management strategies for an uncertain future: living with

Rhine river floods in the Netherlands? Ambio, 33 (3): 141-147.

Kouwen N, Mousavi S F. 2002. WATFLOOD/SPL9 hydrological model & flood forecasting system. Mathematical Models of Large Watershed Hydrology: 649-685.

Liu P, Li L P. 2012. Necessity and methods for reservoir seasonal drought control water level. Journal of Water Resources Research, (1): 52-56.

Lohmann D, Raschke E, Nijssen B, et al. 1998. Regional scale hydrology: I. Formulation of the VIC-2L model coupled to a routing model. Hydrological Sciences Journal, 43 (1): 131-141.

Loucks D P, Stedinger J R, Haith D A. 1981. Water re-sources systems planning and analysis. Engle-wood Cliffs, N J: Prentice-Hall.

Lund J R. 1996. Developing seasonal and long-term reservoir system operation plans using HEC-PRM. Developing Seasonal and Long-term Reservoir System Operation Plans using HEC-PRM.

Maass A, Hufschmidt M. 1962. Design of Water Resources Systems. Cambridge: Harvard University Press.

Madsen H, Lawrence D, Lang M, et al. 2014. Review of trend analysis and climate change projections of extreme precipitation and floods in Europe. Journal of Hydrology, (519): 3634-3650.

Mcmichael C E, Hope A S, Loaiciga H A. 2006. Distributed hydrological modelling in California semi-arid shrublands: MIKE SHE model calibration and uncertainty estimation. Journal of Hydrology, 317 (3): 307-324.

Milly P C D, Betancourt J, Falkenmark M, et al. 2008. Stationarity is dead: whither water management? Science, 319 (5863): 573-574.

Mohseni O, Stefan H G, Erickson T R. 1998. A nonlinear regression model for weekly stream temperatures. Water Resources Research, 34 (10): 2685-2692.

Nasr A, Bruen M. 2008. Development of neuro-fuzzy models to account for temporal and spatial variations in a lumped rainfall-runoff model. Journal of Hydrology, 349 (s 3-4): 277-290.

Neelakantan T R, Pundarikanthan N V. 2000. Neural network-based simulation-optimization model for reservoir operation. Journal of Water Resources Planning and Management, 126 (2): 57-64.

Panthou G. 2013. Analyse des extrêmes pluviométriques en Afrique de l'Ouest et de leurs évolution au cours des 60 dernières années. Grenoble: Université de Grenoble.

Panthou G, Vischel T, Lebel T, et al. 2013. From pointwise testing to a regional vision: an integrated statistical approach to detect nonstationarity in extreme daily rainfall (Application to the Sahelian region). Journal of Geophysical Research: Atmospheres, 118 (15): 8222-8237.

Peterson T C, Golubev V S, Groisman P Y. 1995. Evaporation losing its strength. Nature, 377 (6551): 687-688.

Petra S F, Felix N. 2010. More frequent flooding Changes in flood frequency in Switzerland since 1850. Journal of Hydrology, (381): 1-8.

Pisinaras V, Petalas C, Gikas G D, et al. 2010. Hydrological and water quality modeling in a medium-sized basin using the Soil and Water Assessment Tool (SWAT). Desalination, 250 (1): 274-286.

Rubarenzya M H, Graham D, Feyen J, et al. 2007. A site-specific land and water management model in MIKE SHE. Nordic Hydrology, 38 (4-5): 333-350.

Sazakli E, Alexopoulos A, Leotsinidis M. 2007. Rainwater harvesting, quality assessment and utilization in

Kefalonia Island, Greece. Water Research, 41 (9): 2039-2047.

Schanze J. 2006. Flood Risk Management-A Basic framework. Netherlands: Springer.

Schets F M, Italiaander R, Van den Berg H, et al. 2010. Rainwater harvesting: quality assessment and utilization in The Netherlands. Journal of Water & Health, 8 (2): 224-235.

Schuetze T. 2013. Rainwater harvesting and management - policy and regulations in Germany. Water Science & Technology Water Supply, 13 (2): 376-385.

Shukla S, Woo A W. 2008. Use of a standardized runoff index for characterizing hydrologic drought. Geophysical Research Letters, 35 (2): 226-236.

Singh V P. 1995. Computer models of watershed hydrology. Computer Models of Watershed Hydrology: 443-476.

Stedigner J R, Burges S J. 2000. Flood frequency analysis. Ingeniería Del Agua, 7 (2): 309-309.

Strupczewski W G, Kaczmarek Z. 2001. Non-stationary approach to at-site flood frequency modelling II. Weighted least squares estimation. Journal of Hydrology, 248 (1-4): 143-151.

Strupczewski W G, Singh V P, Feluch W. 2001a. Non-stationary approach to at-site flood frequency modelling I. Maximum likelihood estimation. Journal of Hydrology, 248 (1-4): 123-142.

Strupczewski W G, Singh V P, Mitosek H T. 2001b. Non-stationary approach to at-site flood frequency modelling III. Flood analysis of Polish rivers. Journal of Hydrology, 248 (1-4): 152-167.

Sullivan C. 2002. Calculating a water poverty index. World Development, 30 (7): 1195-1210.

Szymkiewicz R. 2002. An alternative IUH for the hydrological lumped models. Journal of Hydrology, 259 (1): 246-253.

Taghian M, Rosbjerg D, Haghighi A, et al. 2014. Optimization of conventional rule curves coupled with hedging rules for reservoir operation. Journal of Water Resources Planning and Management, 140 (5): 693-698.

Tandon P, Barone S, Bonner M J, et al. 1993. The role of the septohippocampal pathway in the mediation of colchicine-induced compensatory changes in the rat hippocampus. Neurotoxicology, 14 (1): 41-50.

Thoms M C, Sheldon F. 2000. Water resource development and hydrological change in a large dryland river: the Barwon-Darling River, Australia. Journal of Hydrology, 228 (1-2): 10-21.

Thorne R, Armstrong R N, Woo M, et al. 2008. Lessons from Macroscale Hydrologic Modeling: Experience with the Hydrologic Model SLURP in the Mackenzie Basin. Berlin Heidelberg: Springer.

Todini E, Ciarapica L, Ciarapica L. 2002. The TOPKAPI model. Mathematical Models of Large Watershed Hydrology.

Tondera D, Grandemange S, Jourdain A, et al. 2009. SLP-2 is required for stress-induced mitochondrial hyperfusion. The EMBO Journal, 28 (11): 1589-1600.

Tóth J. 1963. A theoretical analysis of groundwater flow in small drainage basins. Journal of Geophysical Research, 68 (16): 4795-4812.

Tóth J. 1999. Groundwater as a geologic agent: an overview of the causes, processes, and manifestations. Hydrogeology Journal, 7 (1): 1-14.

Tóth J. 2009. Gravitational Systems of Groundwater Flow: Theory, Evaluation, Utilization. Cambridge: Cambridge University Press.

Vicente-Serrano S M, Juan I. López-Moreno, Santiago Beguería, et al. 2012. Accurate computation of a streamflow drought index. Journal of Hydrologic Engineering, 17 (2): 318-332.

Vicente-Serrano S M, Lopez-Moreno J I, Beguería S, et al. 2014. Evidence of increasing drought severity caused by temperature rise in southern Europe. Environmental Research Letters, 9 (4): 044001.

Vyas S S, Bhattacharya B K, Nigam R, et al. 2015. A combined deficit index for regional agricultural drought assessment over semi-arid tract of India using geostationary meteorological satellite data. International Journal of Applied Earth Observation and Geoinformation, (39): 28-39.

Xiong L H, Du T, Xu C Y. et al. 2015. Non-stationary annual maximum flood frequency analysis using the norming constants method to consider non-stationarity in the annual daily flow series. Water Resources Management, 29 (10): 3615-3633.

Yu Z, Pollard D, Cheng L. 2006. On continental-scale hydrologic simulations with a coupled hydrologic model. Journal of Hydrology, 331 (1-2): 110-124.

Yu Z. 2000. Assessing the response of subgrid hydrologic processes to atmospheric forcing with a hydrologic model system. Global & Planetary Change, 25 (1): 1-17.

Zhao S Z, Liu L P, Wang X K, et al. 2008. Confirming on critical depth of groundwater level in Hetao Irrigation Area and discussion on it's significance. Rock and Mineral Analysis, 27 (2): 108-112.

Zhang Z, Chen X, Xu C Y, et al. 2011. Evaluating the non-stationary relationship between precipitation and streamflow in nine major basins of China during the past 50 years. Journal of Hydrology, 409 (1-2): 81-93.